小波矩阵分析的新视野及其应用

张旭俊　上官帖　张爱民　著

中国电力出版社
CHINA ELECTRIC POWER PRESS

内 容 提 要

本书从小波矩阵分析的全新角度解析小波的本质，能从时域中直接理解正交小波的分解与重构，绕开了傅立叶积分运算的困惑。为了和经典理论学习相衔接，本书对 Daubechies 正交小波族、样条小波和双正交小波作了另类的分析与推导。本书也介绍了"经验模态分解法（EMD）"、"Hanning 窗"、"Prony 分解"等。本书最后介绍了小波矩阵分析在电力系统中的应用，如状态检修、故障预测等。

本书公式推导详尽，图文并茂，并和经典小波理论建立有机联系，有利于读者对比理解。本书可供高等院校计算机、信息、电力类专业师生以及一般工程技术人员参考使用。

图书在版编目(CIP)数据

小波矩阵分析的新视野及其应用/张旭俊，上官帖，张爱民著. —北京：中国电力出版社，2017.8
ISBN 978-7-5198-0224-0

Ⅰ.①小… Ⅱ.①张… ②上… ③张… Ⅲ.①小波理论-矩阵分析-应用-电力系统 Ⅳ.①TM7

中国版本图书馆 CIP 数据核字(2017)第 092687 号

出版发行：中国电力出版社
地　　址：北京市东城区北京站西街 19 号（邮政编码 100005）
网　　址：http://www.cepp.sgcc.com.cn
责任编辑：潘宏娟　崔素媛（010-63412398）
责任校对：常燕昆
装帧设计：左　铭
责任印制：蔺义舟

印　　刷：北京市同江印刷厂
版　　次：2017 年 8 月第一版
印　　次：2017 年 8 月北京第一次印刷
开　　本：787 毫米×1092 毫米　16 开本
印　　张：15.5
字　　数：345 千字
印　　数：0001—2000 册
定　　价：52.00 元

前　言

　　小波分析是近 20 多年来迅速发展起来的新兴学科，它可对非平稳过程的波形进行时频分解，是继傅立叶分析方法之后的重大进展，经典小波理论由数学家 Y. Meyer 与 S. Mallat 合作建立多尺度分析方法，它涉及的数学深奥难懂，推广比较困难。除了 Haar 小波具有显式的公式外，其他人们追求的小波都没有明显的表示式。本书的目的是从小波矩阵另一个角度解析小波的本质，能从时域中直接理解正交小波的分解与重构，绕开了傅立叶积分运算的困惑，概念清晰，理解容易，小波理论不再神秘，只要具有高等数学和线性代数的基础就可理解。

　　本书认为任何复杂的函数均可由密集的等距采样数据序列予以描述，所以用离散小波分析仍不失一般性。把 Haar 小波的正交性用矩阵表达，又引出双尺度分解的 Mallat 循环小波矩阵，使得 Daubechies 正交小波族、双正交小波、样条小波也能用 Mallat 小波矩阵予以表达，并可进行多分辨率分解与重构。多分辨率分析采用二进尺度扩展，正是这一点保证小波矩阵分解能得到唯一的重构结果，且信息没有冗余。本书对各种小波族用小波矩阵进行大量的实例分析。

　　为了和经典理论学习相衔接，本书对 Daubechies 正交小波族的推导作了更简易明了的分析，对样条小波和双正交小波作了另类的分析与推导。本书公式推导详尽，图文并茂，并和经典小波理论建立有机联系，有利于读者对比理解，使之豁然开朗。

　　本书也介绍了"经验模态分解法（EMD）"、"Hanning 窗"、"Prony 分解"等。对状态检修、故障预测作了系统叙述。

　　本书作者曾参与国网江西省电力科学研究院马建教授级高工主持的"广义电能质量分析仪"课题研究，包括三相电参数测量、谐波分析和用"异步电流能量"新观点构成新仪器，对现场电炉炼钢、电气化机车进行大量的测量分析，在书中有大量的引用。特别是后续的"采算分离"课题，在硬件上采用直流电流互感器，能对包括非周分量在内的波形进行采样和数据序列的存储，并应用经典的 MATLAB 软件中"Hanning 窗"、"Prony 分解"、"小波分解"等程序作谐波、小波分析等，以便于仪器测量分析人员学习和理解。

本书由国网江西省电力科学研究院张旭俊、上官帖、张爱民三位教授级高工著。其中，张旭俊教授级高工主笔第 1～7 章，提出小波矩阵分析理论和有关时频分析方法的改进等。上官帖教授级高工主笔第 8 章，从状态检修、故障预测方面作了系统叙述，介绍了小波矩阵分析在电力系统中的应用。张爱民教授级高工是互感器设计制造方面的专家，主笔有关抗铁磁谐振三相电压互感器的特性试验、运行分析等内容。衷心感谢国网江西省电力公司电力科学研究院对本书研究、出版工作的大力支持。

由于本书许多内容是新观点的突破，书中难免有不妥之处，恳请同行专家和读者批评指正。

作 者

2017 年 1 月

目 录

前言

绪论 ……………………………………………………………………………………… 1

第1章　小波分析快速入门和应用 …………………………………………………… 3

　1.1　傅立叶级数 ……………………………………………………………………… 3

　1.2　傅立叶积分 ……………………………………………………………………… 4

　1.3　窗口傅立叶变换 ………………………………………………………………… 5

　1.4　经典小波定义 …………………………………………………………………… 9

　1.5　Haar 小波和 Haar 小波矩阵 ………………………………………………… 10

　1.6　离散数据的小波分析 ………………………………………………………… 15

　1.7　用 Haar 小波矩阵来分析双尺度分解 ……………………………………… 16

　1.8　Haar 小波和 Mallat 矩阵的引出 …………………………………………… 21

　1.9　Haar 小波矩阵的多尺度分解 ………………………………………………… 26

　1.10　用 Haar 小波进行多尺度分解的实例 …………………………………… 32

第2章　Daubechies 小波和 Mallat 矩阵 ………………………………………… 34

　2.1　Db4 小波和它的 Mallat 矩阵引出 …………………………………………… 34

　2.2　Db4 小波矩阵正交性的改进 ………………………………………………… 35

　2.3　Db4 小波大数据矩阵的形成 ………………………………………………… 39

　2.4　Db4 小波矩阵的多尺度分解 ………………………………………………… 42

　2.5　多尺度分解的唯一性 ………………………………………………………… 48

　2.6　用 Db4 小波进行多尺度分解的实例 ……………………………………… 49

　2.7　用 Db6、Db10、Db20 小波在尺度 3 分解的对比实例 ………………… 53

　2.8　用 Db6 小波 16 阶矩阵进行双尺度分解 …………………………………… 56

第3章　经典理论 Daubechies 小波族 …………………………………………… 60

　3.1　用经典理论推出 Daubechies 小波族 ……………………………………… 60

　3.2　Daubechies 小波族 Db4 ……………………………………………………… 63

　3.3　Daubechies 小波族 Db6 ……………………………………………………… 65

　3.4　用 Riesz 定理计算 Db2N 高阶系数 ……………………………………… 67

　3.5　用 Riesz 定理计算 Db2N 高阶系数的程序 ……………………………… 68

3.6　Daubechies 小波族 Db8 ……………………………………………………… 75

3.7　Db8 系数计算的程序调用步骤 ……………………………………………… 78

3.8　Daubechies 思路的分析 ………………………………………………………… 82

3.9　Daubechies 小波族的尺度波形系数 ………………………………………… 84

第 4 章　样条小波和双正交小波矩阵的引入 …………………………………… 87

4.1　样条小波和双正交小波 H（4）的引入 ……………………………………… 87

4.2　Franklin 双正交小波 H（3）的引入 ………………………………………… 99

4.3　双正交小波 $H(6)$、$H(8)$、$H(10)$ 的引入 ……………………………… 101

4.4　用样条函数 $H(7)$ 双正交小波的引入 ……………………………………… 104

4.5　用样条函数 $H(11)$ 双正交小波的引入 …………………………………… 109

4.6　Haar 小波分解和双抛物线光滑插值重构 …………………………………… 114

4.7　三次样条函数的引入 ………………………………………………………… 121

4.8　CHaar 小波的定义 …………………………………………………………… 126

4.9　二维图像的低频滤波过程 …………………………………………………… 127

4.10　二维图像的高频滤波过程 ………………………………………………… 130

4.11　彩色图像的处理原则 ……………………………………………………… 130

4.12　用小波矩阵分析二维图像的经典分解 …………………………………… 131

第 5 章　对采样数据序列进行时频分解法的改进 ……………………………… 134

5.1　经验模态分解（EMD） ……………………………………………………… 134

5.2　按时间尺度分层 CHaar 小波分解方法 …………………………………… 136

5.3　按时间双尺度的数学模态分解的方法 …………………………………… 138

5.4　数学模态分解的实例 ………………………………………………………… 139

5.5　CHaar 小波分解和 Haar 小波分解的关系 ………………………………… 140

5.6　Prony 分解的本质及算法的思路 …………………………………………… 140

5.7　用分段平均值压缩滤波改善 Prony 算法 ………………………………… 143

5.8　高次方程阶 k 的自动确定 ………………………………………………… 144

5.9　压缩滤波倍数对 Prony 计算结果的影响 ………………………………… 145

5.10　根的排序和病态项的剔除 ………………………………………………… 147

5.11　Prony 分析对采样数据的要求 …………………………………………… 148

5.12　四种分析方法的对比 ……………………………………………………… 149

第 6 章　多项式方程求复根和稳定判据 ……………………………………… 151

6.1　林士锷—Bairstow 方法 …………………………………………………… 151

6.2　多项式方程求复根实例 …………………………………………………… 154

6.3　多项式方程求复根的迭代初值选择 ……………………………………… 154

6.4　对特征多项式方程的各种稳定判据的优缺点分析 ……………………… 155

6.5　连分式负定判据 …………………………………………………………… 156

6.6　劳斯判据、古尔维茨判据和连分式判据之间的关系 …………………… 157

  6.7 连分式判据、劳斯判据、古尔维茨判据三者之间的关系 ·········· 159

  6.8 米哈伊洛夫判据 ········· 161

第 7 章 Hanning 窗的本质及其应用 ·········· 163

  7.1 非同步采样时谐波分解和频谱泄漏 ·········· 163

  7.2 Hanning 窗分解 ·········· 165

  7.3 非同步采样数据的谐波分解 ·········· 169

  7.4 含分次谐波非同步采样的谐波分解 ·········· 170

  7.5 谐波幅值变化的非同步采样的分析 ·········· 171

  7.6 非正弦波形下各种无功功率定义的本质 ·········· 173

  7.7 三相功率因素多种定义的剖析 ·········· 178

  7.8 对三相瞬时无功功率理论本质及其缺陷的分析 ·········· 181

第 8 章 小波矩阵分析在电力系统中的应用 ·········· 187

  8.1 故障分析 ·········· 188

  8.2 接地选线 ·········· 195

  8.3 故障测距 ·········· 198

  8.4 波形识别 ·········· 199

  8.5 电能质量分析的新判据 ·········· 203

  8.6 化工厂 12 相全波可控整流负荷 ·········· 208

  8.7 电动机转子断条的特征 ·········· 211

  8.8 变压器励磁涌流和内部故障电流的分辨 ·········· 214

  8.9 半波整流负荷对电能计量的影响 ·········· 216

  8.10 抗铁磁谐振三相电压互感器的暂态响应 ·········· 217

  8.11 绝缘子放电 ·········· 221

  8.12 故障时刻判断 ·········· 222

  8.13 电力负荷预测 ·········· 222

  8.14 小波分析在智能变电站的应用 ·········· 223

参考文献 ·········· 236

绪　论

　　小波分析是 20 世纪的数学里程碑，随着非平稳过程分析的出现，需要对等时间隔采样数据序列进行时频波形分解，这样以往傅立叶级数分解的方法已不能满足要求。小波分析理论发展，是从加窗的傅立叶变换开始，它涉及广义积分，积分范围从 $-\infty$ 到 $+\infty$，理解比较困难。除了 Harr 小波具有显式的公式外，其他小波 $\Psi(t)$ 都没有明显的表示式，在提出小波需满足正交条件下，作了一系列的推导，而最后小波 $\Psi(t)$ 公式依然是"犹抱琵琶半遮面"未能出现。

　　法国数学家 Mayer 指出 Haar 小波是唯一能进行全频次的小波分解[2]，它具有完备的正交基。但由于 Haar 小波分解的结果，包括各个频次的波形都是带有棱角的台阶波，显然它不符合工程上对参数变化函数都具有光滑可微的经验，它的不连续、不可微特点也不被数学家接受。小波理论又提出双尺度分解得以解决[2][4]，即它把原始波形 F 每次只进行一个尺度的分割，把它分解为"低频的主波 F_1"和"高频的细波 X_1"，接着又把"低频的主波 F_1"进行第二次分割为"低频的主波 F_2"和"高频的细波 X_2"，从而达到多分辨率分解。为此数学家 Mallat 作出了重大贡献[4]，它给出了小波分解和小波重构的公式，称作 Mallat 分解，可与傅立叶快速分解的 FFT 比美。为了寻找正交的小波，Daubechies 以她高超和敏锐的数学技巧，找出了一系列的正交小波[3][4]，特称之为 Db2N 小波，其中 Db2 就是 Haar 小波，而 Db4、Db6、…、Db20 等都是 Daubechies 的不同支撑区小波，它们支撑区为 $2N$ 个数据点，本书对 Daubechies 小波推导详尽、严谨，推演方法巧妙，读者容易理解。小波分析理论从连续函数 $f(t)$ 的时频分解开始，而其后的小波推导牵涉的数学内涵更为复杂，难怪有些工程专家也感到"小波理论令人眼花缭乱，不得要领"。

　　本书写作的要旨是开门见山，循序渐进，任何复杂的函数总是可以用等距采样的数据序列来描述，所以本书主要讨论二进小波分析[9][11]，避开连续函数的小波分析，反而使小波分析概念变得清晰，它保证原始函数小波分解的唯一性，同时小波重构原函数时信息没有冗余，所以也不失讨论问题的一般性。用矩阵方法阐明 Haar 小波、Daubechies 小波、Mallat 分解等的意义。把尺度系数、小波系数放入矩阵，验证其正交特性，阐明"二倍压缩分解"和"二倍膨胀重构"的机理，一目了然。用矩阵表达概念相当于从时域理解小波的正交性，绕开了傅立叶积分变换，更便于理解，但当数据很长时，矩阵阶数必然很大，书写就很困难，所以也给出分解程序和重构程序，及其相应的计算公式。本书还改进了 Haar 小波，称作 CHaar 小波分解，它是用 Haar 小波作分解，只保留中心值，再用样条函数插值，能得到光滑可微的低频主波的重构结果，并进行大量的实例应用，能使读者开卷受益。

本书还指出由连续函数推导出的 Daubechies 小波，在应用于有限的数据序列时，会产生正交性的损失[15]，本书对它加以改进，使 Daubechies 小波正交性分析的光彩无损。本书着重于分析离散的采样数据序列，借用矩阵正交性的概念避免了必须用傅立叶积分变换的理论，本书并给出各种尺度下的小波波形的矩阵公式，一开始就摘下小波隐隐约约的面纱，读了本书的方法后，对于阅读经典小波论著有对比启发之功效。

用小波矩阵来说明双正交小波的形成更为方便，也更易于理解。所谓的双正交小波，从矩阵的角度看，就是小波矩阵 A 和它的小波逆矩阵 A^{-1} 组成的双正交小波矩阵，它们彼此不同但互为逆矩阵。至于正交小波矩阵 B，需要满足 $B \cdot B^{\mathrm{T}} = E$，即正交小波矩阵和它的转置矩阵是互逆矩阵。事实上寻找正交小波矩阵艰难，而构成双正交小波矩阵还更容易些[2]，据此还可以给样条小波分解开辟新途径。

1998 年由美籍华人黄博士提出的"经验模态分解法（EMD）"[24]，也是对数据序列进行时频分解的新方法，这个方法的麻烦在于需要求极大值的上包络线和极小值的下包络线，本书简化和规范了这个方法，更便于工程实际上的应用，它和 Haar 小波的改进有密切的关系[16]。

为了配合电力系统中实例应用，本书有专门一章讨论小波在电力系统故障检测中的应用，其中包括电能质量分析方面的创新理念[28][13]。

本书还介绍了对具有振荡衰减函数的分析，即 Prony 分解，它也是属于非平稳过程的分析。Prony 分解对噪声影响非常敏感，为了计算过程稳定和简化，关键是要能自动确定主模态的项数，本书都有重要的改进算法[30]。

作为相应数学知识的补充，书中也介绍了三次样条光滑拟合算法，和高次多项式方程求复根的迭代计算方法[8]，这对于小波分析和线性系统暂态过程的稳定分析有帮助。当高次多项式方程求复根的迭代过程不能收敛时，本书也介绍了几个利用高次多项式方程系数来判定稳定的方法[7][29]。

随着数字变电站的出现，数据采样是按定时间隔采样，它和实际的周期函数不同步，它不便于谐波分析 FFT 计算，本书也介绍了"Hanning 窗"的分析，它也体现了傅立叶积分变换具体应用的一个很好的例子。本书还论述了非正弦波形下两种无功功率定义的优劣分析[26]，三相不对称负荷下三相功率因素定义[27]，以及非正弦波形下三相瞬时无功功率概念的本质及其缺陷[17]等。

本书的宗旨是籍高等数学和线性代数的有限知识，用全新的角度阐明小波矩阵分析的意义，书中公式推导详尽，图文并茂，并和经典小波理论建立有机联系，有利于读者对比理解，使之豁然开朗。

第 1 章

小波分析快速入门和应用

小波分析是当前应用数学中一个迅速发展的新领域，与傅立叶级数主要是研究周期函数频谱分析相比，小波分析着重于非平稳过程中的时频分解，它除了与傅立叶积分变换、加窗的傅立叶变换有关外，还涉及更多数学领域问题。本章先简单回顾傅立叶级数和傅立叶积分变换之间的关系，点明经典小波定义，然后快速转入 Haar 小波和 Haar 小波矩阵的描述，使正交小波的概念先从时域中建立起来，使小波不再神秘。

1.1 傅立叶级数

任何周期函数总是可以分解为由一系列频率递增的正弦波所组成，即傅立叶级数：

$$f(t) = \frac{a_0}{2} + \sum_{k=1}^{\infty} \left[a_k \cos k\omega_0 t + b_k \sin k\omega_0 t \right] \tag{1-1}$$

$$\omega_0 = \frac{2\pi}{T} \tag{1-2}$$

T 是基波周期；ω_0 是基波角频率；

式中，$\sin\omega_0 t$、$\cos\omega_0 t$、$\cdots$、$\sin k\omega_0 t$、$\cos k\omega_0 t$ $\cdots$ 组成正交基。如果把 $\sin\omega_0 t$、$\cos\omega_0 t$ 看成是基波的姐妹，而把 $\sin k\omega_0 t$、$\cos k\omega_0 t$ 看成是基波的子孙，则傅立叶级数展开具有"各代子孙波形都相似；各代子孙波形都正交"的特点

它们各次正弦和余弦之间符合正交的关系，其复数形式为

$$f(t) = \sum_{k=-\infty}^{\infty} c_k \mathrm{e}^{jk\omega_0 t} \tag{1-3}$$

从而可得出傅立叶分解的各项系数如下：

$$a_k = \frac{2}{T} \int_{-T/2}^{T/2} f(t) \cos k\omega_0 t \cdot \mathrm{d}t \tag{1-4}$$

$$b_k = \frac{2}{T} \int_{-T/2}^{T/2} f(t) \sin k\omega_0 t \cdot \mathrm{d}t \tag{1-5}$$

一旦求出了傅立叶各项系数，人们自会联想起各个分项的波形，它们在全数轴都是周期波。用傅立叶级数反演重构时，只要傅立叶级数包含谐波的项数足够多，则不论原始波形多么怪异复杂，都能"鬼斧神工"般地把原始波形再现出来，它适用于平稳过程的研究。

用复数表示傅立叶分解系数，将有：

$$c_k = \frac{a_k - jb_k}{2} = \frac{1}{T} \int_{-T/2}^{T/2} f(t) e^{-jk\omega_0 t} \cdot dt \qquad (1\text{-}6)$$

图 1-1 所示为一个周期函数的谐波分解图。

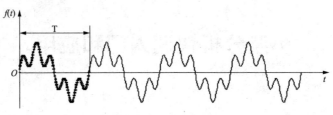

图 1-1　周期函数的谐波分解

1.2　傅立叶积分

将周期函数积分区间扩大 m（$m \in z$）个周期，并将结果缩小 m 倍，则所得结果 a_k、b_k 也应相同，即

$$c_k = \frac{1}{mT} \int_{-mT/2}^{mT/2} f(t) e^{-jk\omega_0 t} \cdot dt \qquad (1\text{-}7)$$

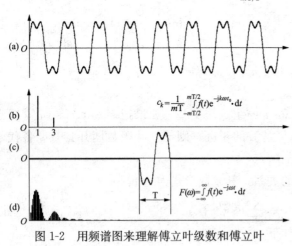

图 1-2　用频谱图来理解傅立叶级数和傅立叶
积分之间的关系

（a）周期函数；（b）频谱；（c）单周小波；（d）频谱

为了揭示傅立叶级数和傅立叶积分的内在联系，现假设 $f(t)$ 除了一个周期 T 内有值，其他都是零，于是 $f(t)$ 就变成小波，如图 1-2 所示。即 $f(t)$ 只在时轴上某个 T 区间有值，而且很快就会向两侧衰减趋于零，用数学方式表达就是 $\int_{-\infty}^{\infty} (f(t))^2 \cdot dt < A$。

若令：$\omega = k\omega_0 ; m \Rightarrow \infty$

$$c_k \cdot mT = F(\omega) \qquad (1\text{-}8)$$

令积分的区间 mT 趋向无穷大，则可得到傅立叶积分式（1-9），这是广义积分，它省略了式（1-7）前面的 $\frac{1}{mT}$ 系数，这是为了避免整个数值趋于零的缘故。傅立叶变换公式为

$$F(\omega) = \int_{-\infty}^{\infty} f(t) e^{-j\omega t} \cdot dt \qquad (1\text{-}9)$$

对比式（1-9）和式（1-7），可以看出傅立叶积分和傅立叶级数之间的差别与联系。傅立叶积分的反演公式可以按 $m \Rightarrow \infty$，而 $\frac{2\pi}{mT} = \frac{\omega_0}{m} \Rightarrow d\omega$ 如下思路推出，即

$$f(t) = \sum_{k=-\infty}^{\infty} c_k \mathrm{e}^{jk\omega_0 t} = \frac{1}{m\mathrm{T}} \sum_{k=-\infty}^{\infty} F(k\omega_0) \mathrm{e}^{jk\omega_0 t}$$

$$= \frac{\omega_0}{m} \cdot \frac{1}{2\pi} \sum_{k=-\infty}^{\infty} F(k\omega_0) \mathrm{e}^{jk\omega_0 t} = \frac{1}{2\pi} \sum_{k=-\infty}^{\infty} F(k\omega_0) \mathrm{e}^{jk\omega_0 t} \frac{\omega_0}{m}$$

$$= \frac{1}{2\pi} \int_{-\infty}^{\infty} F(\omega) \mathrm{e}^{j\omega t} \mathrm{d}\omega \tag{1-10}$$

傅立叶积分是广义积分,一般函数的傅立叶积分通常不能用显式表达,而经典小波理论就是由广义积分即傅立叶积分导出的,这往往是困扰读者的原因。小波快速入门就是想直接由时域的正交理论导出小波分解,就像傅立叶级数分解那样容易理解。有时为了对小波的傅立叶积分有粗略理解,也可以通过 FFT 变换的频谱图加以理解,如图 1-2 所示。

例 1: 高斯函数 $g(t) = \mathrm{e}^{-t^2}$ \hfill (1-11)

$$G(\omega) = \int_{-\infty}^{\infty} g(t) \mathrm{e}^{-j\omega t} \mathrm{d}t = \int_{-\infty}^{\infty} \mathrm{e}^{-t^2} \mathrm{e}^{-j\omega t} \mathrm{d}t$$

$$= \int_{-\infty}^{\infty} \mathrm{e}^{-(t+j\omega/2)^2 - \omega^2/4} \mathrm{d}t = \mathrm{e}^{-\omega^2/4} \int_{-\infty}^{\infty} \mathrm{e}^{-x^2} \mathrm{d}x$$

$$= \sqrt{\pi} \mathrm{e}^{-\omega^2/4} \tag{1-12}$$

本例说明时域中的高斯函数 e^{-t^2} 经过傅立叶积分变换后仍然是频域中高斯函数 $\sqrt{\pi}\mathrm{e}^{-\omega^2/4}$。

1.3 窗口傅立叶变换

经典小波定义是从采样数据要进行时频分解的要求开始的,如图 1-3 所示 $f(t)$ 是等幅的变频曲线,在每一时区其频率不同,为了提取出某一个时区内的波形作分析,需要加一个具有高斯函数的窗口 $g(t-\tau)$ 来提取函数 $f(t) \times g(t-\tau)$,其中 τ 是沿时轴方向的位

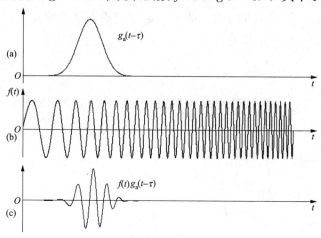

图 1-3 变频函数及其加窗后的波形

(a) 窗口函数波形;(b) 待分析的函数波形;(c) 加窗后的波形

移。之所以采用 $g(t-\tau)$ 窗口，主要是为了避免方波窗口会引起的边缘频谱。

如图 1-4 所示，为了分析时区内的频率，对应窗口的宽度必须要保持两个周波内容，才能较好确定时频分布。

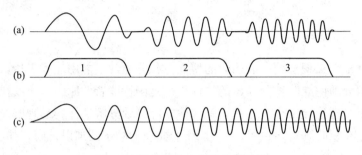

图 1-4　用较宽窗口提取变频波形

(a) 窗口波形；(b) 窗口；(c) 原始波形

如图 1-5 所示，对应窗口的宽度没有保持两个周波内容，就不能确定此刻的时频分布。

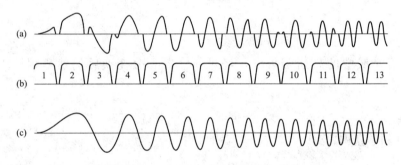

图 1-5　用较窄窗口提取变频波形

(a) 窗口波形；(b) 窗口；(c) 原始波形

时频分解的本意，是要能够依据分解得到的信息重构原函数，这有点像傅立叶级数那样分解又重构的做法。因而最关键的是如何确定窗口的宽度和彼此窗口之间的移位间距。移位间距太密会导致重构时的信息冗余。例如，Gabor 变换如下：

$$g_{\mathrm{a}}(t) = \frac{1}{2\sqrt{\pi a}}\mathrm{e}^{-(t/2a)^2} \tag{1-13}$$

用尺度为 $2a$ 的 Gabor 函数对 $f(t)$ 加窗进行变换，公式如下：

$$Gf(\omega,\tau) = \int_{-\infty}^{\infty} f(t) g_{\mathrm{a}}(t-\tau)\mathrm{e}^{-j\omega t}\,\mathrm{d}t \tag{1-14}$$

再把 $Gf(\omega,\tau)$ 函数进行连续移位积分，却得到 $f(t)$ 不加窗时的变换结果，推导过程如下：

$$\int_{-\infty}^{\infty} Gf(\omega,\tau)\,\mathrm{d}\tau = \int_{-\infty}^{\infty}\int_{-\infty}^{\infty} f(t) g_{\mathrm{a}}(t-\tau)\mathrm{e}^{-j\omega t}\,\mathrm{d}t\mathrm{d}\tau$$

$$= \int_{-\infty}^{\infty} f(t)\mathrm{e}^{-j\omega t}\left(\int_{-\infty}^{\infty} g_{\mathrm{a}}(t-\tau)\,\mathrm{d}\tau\right)\mathrm{d}t$$

$$= \int_{-\infty}^{\infty} f(t) e^{-j\omega t} \left(\int_{-\infty}^{\infty} \frac{1}{2\sqrt{\pi}a} e^{-[(t-\tau)/2a]^2} d\tau \right) dt \tag{1-15}$$

令 $(t-\tau) = -2au$，得到 $d\tau = 2a\,du$，将其代入上式，得出

$$\int_{-\infty}^{\infty} Gf(\omega,\tau) d\tau = \int_{-\infty}^{\infty} f(t) e^{-j\omega t} \left(\int_{-\infty}^{\infty} \frac{1}{2\sqrt{\pi}a} e^{-u^2} \cdot 2a\,du \right) dt$$

$$= \int_{-\infty}^{\infty} f(t) e^{-j\omega t} dt = F(\omega) \tag{1-16}$$

从此可以看出 $f(t)$ 对于任何一个尺度 $2a$ 的 Gabor 函数加窗后作傅立叶变换，经过连续移位积分复原，最后都得到 $F(\omega)$，这是信息极大冗余的结果，其中关键是下一个恒等式：

$$\int_{-\infty}^{\infty} \frac{1}{2\sqrt{\pi}a} e^{-[(t-\tau)/2a]^2} d\tau \equiv 1 \tag{1-17}$$

如前述一个固定的窗口是不能做好时频分解的，如果我们对 $f(t)$ 用同一尺度的 Gabor 函数加窗后作 FFT 变换，可得出中心位置的频率，适当的位移，可得出不同时刻的中心位置的频率，如图 1-6 和图 1-7 所示。图中所说汉宁次数，是把 1024 点的宽度，称作汉宁基波 1 次，从而把窗口波形做汉宁频谱分解，得出谐波次数，特称之为汉宁次数。改变 $f(t)$ 加窗 Gabor 函数的尺度，再做 FFT 变换，不同窗口宽度但在同一位移地点所得出中心位置的频率是一样的，详见表 1-1 和表 1-2。

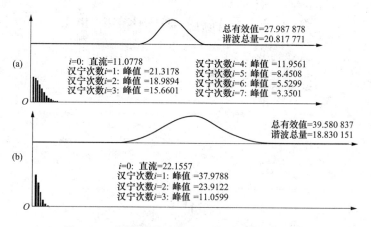

图 1-6 不同宽度的高斯窗口波形及其频率含量

(a) 窄窗口；(b) 宽窗口

表 1-1   用窄窗口移位提取中心频率

宽度 a	窗口中心移位	中心频率谐波次数	中心频率相角	最大幅值
	256	19 次	−181.9686	10.1823
窄窗口 64 点	512	32 次	−127.9289	10.1936
	768	45 次	−181.9685	10.1823
基波点数	1024 点			

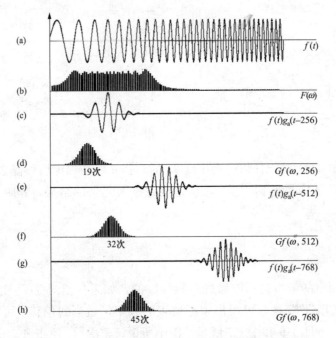

图 1-7　以窄窗口在不同时刻提取波形做频谱分析

（a）原始波形；（b）总频谱分布；（c）A窗口小波；（d）19次频谱分布；
（e）B窗口小波；（f）32次频谱分布；（g）C窗口小波；（h）45次频谱分布

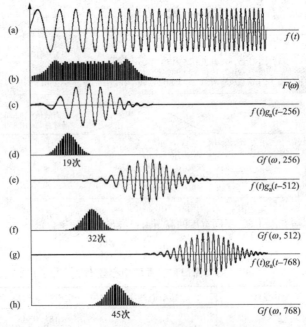

图 1-8　以宽窗口在不同时刻提取波形做频谱分析

（a）原始波形；（b）总频谱分布；（c）A窗口小波；（d）19次频谱分布；
（e）B窗口小波；（f）32次频谱分布；（g）C窗口小波；（h）45次频谱分布

表1-2　　　　　　　　　　　　用宽窗口移位提取中心频率

宽度 a	窗口中心移位	中心频率谐波次数	中心频率相角	最大幅值
宽窗口128点	256	19次	-163.9446	13.4684
	512	32次	-109.8484	13.4713
	768	45次	-183.8901	13.4741
基波点数	1024点			

对比表1-1和表1-2可知，窄窗口和宽窗口在相同的位移点的中心频率是相等的，同一窗口下各位移点的最大幅值是相同的，而不同窗口下各位移点的最大幅值是不同的。

1.4 经典小波定义

经典小波 $\Psi(t)$ 如图1-9所示，它是一个数值集中在某个小区间之内，并向两侧很快衰减的波形，小波可以通过伸缩尺度 a 和移位间隔 b 来形成它的子小波 $\Psi_{a,b}(t)$，即

$$\Psi_{a,b}(t) = \frac{1}{\sqrt{a}}\Psi\left(\frac{t-b}{a}\right) \tag{1-18}$$

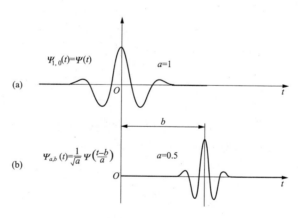

图1-9　经典小波理论小波图像的伸缩和位移示意图

（a）原图；（b）伸缩和位移后

如图1-9所示，其中 $\Psi(t) = \Psi_{1,0}(t)$ 是母小波，它只在原点附近某区间内有值，并向两侧快速衰减到零，$\Psi_{a,b}(t)$ 是和 $\Psi_{1,0}(t)$ 相似的波形，由式（1-18）可知，b 是在时轴上的位移，a 是小波在时轴上的伸缩系数。当 $a=1$ 且 $b=0$ 时，是母小波，$a>1$，小波伸展，$a<1$，小波收缩，但各类小波彼此相似，这就是"各代子孙波形都相似"的概念，且保证

$$\int_{-\infty}^{\infty}\Psi_{a,b}^2(t)\cdot \mathrm{d}t \equiv 定数 \tag{1-19}$$

函数 $f(t)$ 按小波展开的系数为 $W_f(a,b)$，即：

$$W_f(a,b) = \int_{-\infty}^{\infty} f(t) \cdot \Psi_{a,b}(t) \mathrm{d}t \tag{1-20}$$

其实小波的定义远远没有这么简单，只有具有正交特性的小波族才能去分解函数 $f(t)$，即把它分解成一系列的正交小波组合，且结果是唯一的。也只有这样才能将小波组合重构回原始函数。

1.5 Haar 小波和 Haar 小波矩阵

小波理论发展过程中遇到的困扰是：要想得到"各代子孙波形都相似；各代子孙波形都正交"的小波族是很困难的事，只有 Haar 小波才能满足这一条件，但 Haar 小波的不连续、不可微的缺点是数学家不欢迎的原因。法国数学家 Meyer 曾试图证明光滑的子波正交基并不存在，这似乎要妨碍小波理论的发展，好在数学家又从双尺度分解方面找到了突破[4]，这是后话。经典小波分析理论将通过傅立叶积分来推导正交性，从而使小波理论变得深奥难懂，小波的普及推广变得困难重重。这就是为什么作者要通过小波矩阵等办法，把小波族的正交性放在时域中来验证，以便寻求小波分解简单明了的新途径。

Haar 小波 $h(t)$ 的原始定义如下：

$$h(t) = \begin{cases} 1 & 0 \leqslant t < \dfrac{1}{2} \\ -1 & \dfrac{1}{2} \leqslant t < 1 \\ 0 & \text{其他} \end{cases} \tag{1-21}$$

它定义在 $[0,1)$ 区间，当考虑小波压缩、位移等因素后，公式如下：

$$h_{m,n}(t) = 2^{-m/2} h(t-n) = \begin{cases} 2^{-m/2} & n \cdot 2^{-m} \leqslant t < (n+1) \cdot 2^{-m+1} \\ -2^{-m/2} & (n+1) \cdot 2^{-m+1} \leqslant t < (n+1) \cdot 2^{-m} \\ 0 & \text{其他} \end{cases} \tag{1-22}$$

在工程上等时间隔采样数据构成一串数据序列，如 $f(n) = \{f_0, f_1, f_2, \cdots, f_n\}$，所以我们希望 Haar 小波也以整数序列排队方式提供，为了给出一个完备的 Haar 小波族，一般情况下应取 $N = 2^m$ 阶矩阵来表达，为了简便，下面以 8 阶矩阵的方式给出[9]：

$$A[8] = \begin{bmatrix} 1 & 1 & 1 & 1 & 1 & 1 & 1 & 1 \\ 1 & 1 & 1 & 1 & -1 & -1 & -1 & -1 \\ 1 & 1 & -1 & -1 & 0 & 0 & 0 & 0 \\ 0 & 0 & 0 & 0 & 1 & 1 & -1 & -1 \\ 1 & -1 & 0 & 0 & 0 & 0 & 0 & 0 \\ 0 & 0 & 1 & -1 & 0 & 0 & 0 & 0 \\ 0 & 0 & 0 & 0 & 1 & -1 & 0 & 0 \\ 0 & 0 & 0 & 0 & 0 & 0 & 1 & -1 \end{bmatrix} \cdot \begin{matrix} \text{直流} \\ \text{基波} \\ 2\text{次}1\text{相} \\ 2\text{次}2\text{相} \\ 4\text{次}1\text{相} \\ 4\text{次}2\text{相} \\ 4\text{次}3\text{相} \\ 4\text{次}4\text{相} \end{matrix} \tag{1-23}$$

矩阵第 1 行表示直流；第 2 行表示基波，它是交变方波；第 3 行表示 2 次小波，它是压缩了的方波，位于第 1 相位，后面 4 列都是零，简称"2 次 1 相"；第 4 行表示 2 次小波，它是位移了的压缩方波，前面 4 列都是零，简称"2 次 2 相"；第 5～8 行都是 4 次小波，分别位于第 1 相位到第 4 相位，简称"4 次 x 相"。

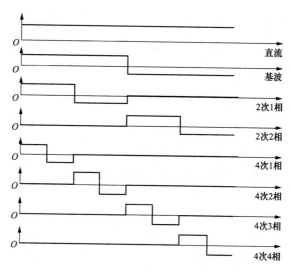

图 1-10　Haar 小波全尺度分解的示意图

下面验证其正交性，求 $A \cdot A^{\mathrm{T}}$ 的结果，其中 A^{T} 是 A 的转置矩阵，计算结果如下：

$$A \cdot A^{\mathrm{T}} = \begin{pmatrix} 1 & 1 & 1 & 1 & 1 & 1 & 1 & 1 \\ 1 & 1 & 1 & 1 & -1 & -1 & -1 & -1 \\ 1 & 1 & -1 & -1 & 0 & 0 & 0 & 0 \\ 0 & 0 & 0 & 0 & 1 & 1 & -1 & -1 \\ 1 & -1 & 0 & 0 & 0 & 0 & 0 & 0 \\ 0 & 0 & 1 & -1 & 0 & 0 & 0 & 0 \\ 0 & 0 & 0 & 0 & 1 & -1 & 0 & 0 \\ 0 & 0 & 0 & 0 & 0 & 0 & 1 & -1 \end{pmatrix}$$

$$\cdot \begin{pmatrix} 1 & 1 & 1 & 0 & 1 & 0 & 1 & 0 \\ 1 & 1 & 1 & 0 & -1 & 0 & 0 & 0 \\ 1 & 1 & -1 & 0 & 0 & 1 & 0 & 0 \\ 1 & 1 & -1 & 0 & 0 & -1 & 0 & 0 \\ 1 & -1 & 0 & 1 & 0 & 0 & 1 & 0 \\ 1 & -1 & 0 & 1 & 0 & 0 & -1 & 0 \\ 1 & -1 & 0 & -1 & 0 & 0 & 0 & 1 \\ 1 & -1 & 0 & -1 & 0 & 0 & 0 & -1 \end{pmatrix}$$

$$
=\begin{pmatrix}
8 & 0 & 0 & 0 & 0 & 0 & 0 & 0 \\
0 & 8 & 0 & 0 & 0 & 0 & 0 & 0 \\
0 & 0 & 4 & 0 & 0 & 0 & 0 & 0 \\
0 & 0 & 0 & 4 & 0 & 0 & 0 & 0 \\
0 & 0 & 0 & 0 & 2 & 0 & 0 & 0 \\
0 & 0 & 0 & 0 & 0 & 2 & 0 & 0 \\
0 & 0 & 0 & 0 & 0 & 0 & 2 & 0 \\
0 & 0 & 0 & 0 & 0 & 0 & 0 & 2
\end{pmatrix} \tag{1-24}
$$

可见 $A \cdot A^T$ 结果是一对角矩阵，不是 E 矩阵，这是由于每行没有标幺化的原因。

把标幺化后 8 阶的 Haar 小波矩阵简称为 B 矩阵，见式 (1-25)，其中 $a = 1/\sqrt{2}$，且 $B \cdot B^T = B^T \cdot B = E$，这样矩阵具有如下的性质：$B^T = B^{-1}$，即 B 的转置矩阵 B^T 就是 B 的逆矩阵 B^{-1}。

$$
B[8] = \begin{pmatrix} P \\ Q \end{pmatrix} = \begin{pmatrix}
a^3 & a^3 & a^3 & a^3 & a^3 & a^3 & a^3 & a^3 \\
a^3 & a^3 & a^3 & a^3 & -a^3 & -a^3 & -a^3 & -a^3 \\
a^2 & a^2 & -a^2 & -a^2 & 0 & 0 & 0 & 0 \\
0 & 0 & 0 & 0 & a^2 & a^2 & -a^2 & -a^2 \\
a & -a & 0 & 0 & 0 & 0 & 0 & 0 \\
0 & 0 & a & -a & 0 & 0 & 0 & 0 \\
0 & 0 & 0 & 0 & a & -a & 0 & 0 \\
0 & 0 & 0 & 0 & 0 & 0 & a & -a
\end{pmatrix}
\begin{matrix}
\text{直流} \\
\text{基波} \\
2\text{次1相} \\
2\text{次2相} \\
4\text{次1相} \\
4\text{次2相} \\
4\text{次3相} \\
4\text{次4相}
\end{matrix} \tag{1-25}
$$

由原始采样数据 $F = f(8) = \{f_0, f_1, f_2, \cdots, f_7\}$，求出小波按时频分解的系数 Z 如下：

$$
Z = B \cdot F = \begin{pmatrix}
a^3 & a^3 & a^3 & a^3 & a^3 & a^3 & a^3 & a^3 \\
a^3 & a^3 & a^3 & a^3 & -a^3 & -a^3 & -a^3 & -a^3 \\
a^2 & a^2 & -a^2 & -a^2 & 0 & 0 & 0 & 0 \\
0 & 0 & 0 & 0 & a^2 & a^2 & -a^2 & -a^2 \\
a & -a & 0 & 0 & 0 & 0 & 0 & 0 \\
0 & 0 & a & -a & 0 & 0 & 0 & 0 \\
0 & 0 & 0 & 0 & a & -a & 0 & 0 \\
0 & 0 & 0 & 0 & 0 & 0 & a & -a
\end{pmatrix} \cdot \begin{pmatrix}
f_0 \\ f_1 \\ f_2 \\ f_3 \\ f_4 \\ f_5 \\ f_6 \\ f_7
\end{pmatrix} = \begin{pmatrix}
z_0 \\ z_1 \\ z_2 \\ z_3 \\ z_4 \\ z_5 \\ z_6 \\ z_7
\end{pmatrix}
$$

$$\tag{1-26}$$

以下以实例说明 Haar 矩阵 B 按多尺度分解的过程和结果，所谓多尺度分解就是把 F 向量按全部尺度分解成各个尺度小波的组合。

应用小波变换矩阵的概念，使我们对输入信号列向量 F 进行小波分解，变得非常容易，设小波分解后的各个系数，用 z_0 表达直流的幅值，z_1 表达 1 次小波的幅值，z_2, z_3 分别表达 2 次小波的第 1 相移和第 2 相移小波的幅值，z_4, z_5, z_6, z_7 表达 4 次小波的依次各相移小波的幅值，用列向量 $Z=\{z_0,z_1,z_2,z_3,z_4,z_5,z_6,z_7\}$ 表达上述小波时频谱的组合。

小波分解可由 $Z=B\cdot F$ 来求出，结果是唯一的，用矩阵方式表示，即式（1-26）。

列向量 Z 是函数 F 进行小波分解的"时频谱"（如图 1-11 所示），频率反映的是小波的频次，小波相位反映时间轴上的时刻。

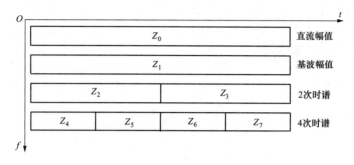

图 1-11　小波分解的"时频谱"示意图

由求出的列向量，重构原函数，可由 $B^{-1}Z=B^{T}Z=F$ 来得到，用矩阵方式表示为

$$
F=B^{T}\cdot Z=
\begin{pmatrix}
a^3 & a^3 & a^2 & 0 & a & 0 & 0 & 0 \\
a^3 & a^3 & a^2 & 0 & -a & 0 & 0 & 0 \\
a^3 & a^3 & -a^2 & 0 & 0 & a & 0 & 0 \\
a^3 & a^3 & -a^2 & 0 & 0 & -a & 0 & 0 \\
a^3 & -a^3 & 0 & a^2 & 0 & 0 & a & 0 \\
a^3 & -a^3 & 0 & a^2 & 0 & 0 & -a & 0 \\
a^3 & -a^3 & 0 & -a^2 & 0 & 0 & 0 & a \\
a^3 & -a^3 & 0 & -a^2 & 0 & 0 & 0 & -a
\end{pmatrix}
\cdot
\begin{pmatrix}
z_0 \\ z_1 \\ z_2 \\ z_3 \\ z_4 \\ z_5 \\ z_6 \\ z_7
\end{pmatrix}
=
\begin{pmatrix}
f_0 \\ f_1 \\ f_2 \\ f_3 \\ f_4 \\ f_5 \\ f_6 \\ f_7
\end{pmatrix}
$$

(1-27)

在用小波函数重构原始信号时，也可以根据不同的要求，进行适当的修正。如果我们要略去信号细节，可以令 4 次小波的时频谱 z_4,z_5,z_6,z_7 等于零，保留小波系数 z_0,z_1,z_2，z_3 不变，用上述重构计算公式，可得到经修正后的复原信号，这样就突出了原始信号的基本概况，达到了信息的压缩。

如果我们要突出信号奇异变化部分，同理我们可以略去低次信号，令 z_0,z_1,z_2,z_3 等于零，保留 z_4,z_5,z_6,z_7 数据不变，这样我们就得到另一种修正信号，突出信号奇异部分。由此可见小波矩阵完全体现了小波变换分析方法的特点，它能同时处理时域和频域的噪声，一目了然。它的正交性，它的时域频域双窗特点是如此的简明。它的稀疏性，保证了计算的简洁。

小波时频谱 $\{z_0,z_1,z_2,z_3,z_4,z_5,z_6,z_7\}$ 相应于一定频次和相位的小波幅值，其对应的时域如图 1-12 所示，呈宝塔型排列。

用 Haar 小波矩阵求出的小波系数，符合能量守恒定理：依 $F=B^{T}Z$，有 $F^{T}=Z^{T}B$，由数量积 $F^{T}F=(Z^{T}B)(B^{T}Z)=Z^{T}(BB^{T})Z=Z^{T}Z$，导出能量守恒公式，即

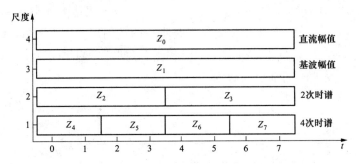

图 1-12　小波系数和时域的对照示意图

$$\sum_{k=1}^{k=N} (f[k])^2 = \sum_{k=1}^{k=N} (Z[k])^2 \qquad (1\text{-}28)$$
$$N = 2^m$$

这是正交小波的特点。

如图 1-13，以 128 点的原始数据进行 Haar 小波分解为例，Haar 矩阵分解的优点在于能进行全尺度分解，也可以直接进行任意尺度的双尺度分解，如尺度 1，相当于压缩 2 倍，尺度 2 相当于压缩 4 倍，尺度 3 相当于压缩 8 倍，直接可得到 F_1, F_2, F_3 的低频主波分解，但它的缺点也暴露无遗。以 F_3 低频主波为例，因为压缩 8 倍，它连续 8 个数据都相等，都是这 8 点原始数据的平均值，因而 Haar 小波分解的结果都是台阶波，这是数学家和工程师都不愿接受的，也和自然界过程一般具有光滑可微的现象不符。小波理论抛弃了 Haar 小波，这是很可惜的，正如我们后文要详细论述的，如果借 Haar 小波作分解，把 8 个相同的点只保留一个，且位于时间区的中点，再用光滑拟合插值膨胀到 8 个点，这样改造后的 Haar 小波，可作出非常满意的时频分解，如图 1-14 所示。

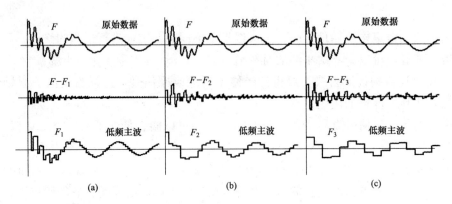

图 1-13　三层尺度的 Haar 小波分解

(a) 尺度 1；(b) 尺度 2；(c) 尺度 3

设采样数据由式（1-29）得到 $f(i)$，称之为 F 列向量，采样点数取 $N = 2^m = 128$ 点，相应的 Haar 矩阵 B 是 128 阶方阵。

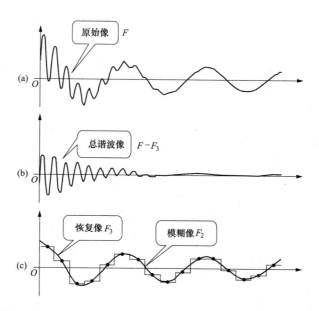

图 1-14　尺度 3 下用 Haar 小波作分解再光滑插值重构的图像

（a）原始像；（b）总谐波像；（c）分解后图像

例 1：$f(i) = 20\mathrm{e}^{-i/200}\sin\left(6\pi \cdot \dfrac{i+8}{128}\right) + 30\mathrm{e}^{-i/20}\sin\left(30\pi \cdot \dfrac{i}{128}\right)$ （1-29）

$$i = 0,1,2,\cdots,127$$

若尺度压缩选择取 $2^m = 8$ 倍，即略去 $m = 3$ 层以上的高次小波，于是只需保留 B 矩阵的上面 $2^{n-m} = 16$ 行的数据，称作 B_{U} 矩阵，它是 16×128 阶矩阵，函数重构解出 $f_1(i)$ 的步骤很简单，它无需写出 128 阶 B 矩阵作运算，其 $f_1(i)$ 的结果就是从 $f_1(0) = f_1(1) = \cdots f_1(7) = \dfrac{1}{8}\sum\limits_{i=0}^{i=7} f(i)$。

开始，每连续 8 个点都用它们相应的平均值代替，由此所形成阶梯波的"模糊像 F_2"，如图 1-14 所示。再将每连续 8 个相同的数据只保留一个（图 1-14 中的小黑点），得到压缩数据 $s(k)$，其中 $k = 0$，1，2，$\cdots$，15

$$s(k) = \frac{1}{8}\sum_{i=0}^{i=7} f(i+8k)$$ （1-30）

再采用光滑插值的方法，在 S_k 和 S_{k+1} 中间求双抛物线的平均值，从而将"模糊像 F_2"这 16 点压缩数据 $S(k)$ 扩展成 128 点，就得到主体成分的"恢复像 F_3"。再将"原始像 F"减去"恢复像 F_3"得到"总谐波像"$W_3 = F - F_3$，它也是光滑曲线，如图 1-14 所示。这样就得到 $f(i)$ 的"时—频"分解结果，过程简单，结果一目了然。

1.6　离散数据的小波分析

双尺度表达的离散小波函数

$$\Psi_{m,n}(t) = 2^{-m/2}\Psi(2^{-m}t - n)$$ （1-31）

用母小波通过尺度放大和位移构成一系列的子小波，而小波之间需要满足正交性的要求如下：

$$\int_{-\infty}^{\infty} \widetilde{\Psi}_{m,n}(t) \cdot \Psi_{i,j}(t) \cdot \mathrm{d}t = \begin{cases} 1 & m = i; n = j \\ 0 & m \neq i; n \neq j \end{cases} \tag{1-32}$$

如果正交小波存在，有如类比公式（1-33）中各行中的波形，经典小波分解系数为

$$Z_{m,n} = \int_{-\infty}^{\infty} f(t) \cdot \widetilde{\Psi}_{m,n}(t) \mathrm{d}t \tag{1-33}$$

经典小波重构的公式为

$$f(t) = \sum_{m=-\infty}^{\infty} \sum_{n=-\infty}^{\infty} Z_{m,n} \Psi_{m,n}(t) \tag{1-34}$$

经典小波分析中，如上式一切都是主观愿望的，寻找另类的小波函数变成十分艰巨的任务。

1.7 用 Haar 小波矩阵来分析双尺度分解

本章提出用 Haar 小波矩阵来分析 Mallat 算法的物理和几何含义，它把"原始像"分隔为"模糊像"和"细节像"。"模糊像"起到信息压缩的作用以利于远距离传输。同时给出如何把得到的"模糊像"经膨胀插值变成光滑的"恢复像"，以体现滤波的效果。把"原始像"减去"恢复像"就得到按时间尺度分布的"总谐波像"，以达到时频双分析效果。

对于非平稳过程的研究，人们希望能够看出在各段时域中频谱分布的差异，这时傅立叶级数就显得无能为力了，小波分析的需要就应运而生。对母小波 $\psi(t)$ 定义的构思应该是波形的能量只集中在某较小的时段，而因此派生的子小波族 $\psi\left(\dfrac{t-b}{a}\right)$ 的正交基，也希望具有"各代波形都相似；各代波形都正交"的特点，其中包括由平移 b 构成小波姐妹族和尺度 a 缩小构成的各代小波子孙。寻找小波正交基的工作是一个艰难的历程。随着小波双尺度的差分方程的采用，寻找小波工作才有了转机。式（1-34）和式（1-35）给出尺度函数、小波函数及其傅立叶变换的关系式。

$$\left. \begin{aligned} \text{尺度函数：} \quad & \varphi(t) = \sqrt{2} \sum_n h_n \varphi(2t-n); \varphi(\omega) = H\left(\frac{\omega}{2}\right) \varphi\left(\frac{\omega}{2}\right) \\ \text{小波函数：} \quad & \psi(t) = \sqrt{2} \sum_n g_n \varphi(2t-n); \psi(\omega) = G\left(\frac{\omega}{2}\right) \varphi\left(\frac{\omega}{2}\right) \end{aligned} \right\} \tag{1-35}$$

特别要指出，此处双尺度函数 $\varphi(t)$ 采用前一级尺度函数 $\varphi(2t-n)$ 的线性组合构成，即同一尺度下的各个位移波形具有相似性，如 $\varphi(2t-n)$ 和 $\varphi(2t-m)$ 位移波形相似，而不同尺度之间的波形不再相似，如 $\varphi(t)$ 和 $\varphi(2t-n)$ 波形不再相似。它抛弃了要求"各代祖孙波形都相似"的要求，这一改进使得寻找出更多正交小波成为可能，这是双尺度分解的重要贡献。同样小波函数 $\psi(t)$ 也是采用前一级尺度函数 $\varphi(2t-n)$ 的线性组合构成，只是

组合系数不同。

小波的正交条件的推导是在其对应的傅立叶变换式的频域中建立的，积分范围遍及全数轴，理解较难。一般小波函数像个隐形人，没有显式的公式表示，唯有 Haar 小波例外。

Mallat 算法是对小波分析的一个里程碑式贡献，它依据双尺度差分方程、尺度函数与子波函数的正交性。它把数据序列 F 的图形分解为"低频主波 F_1"和"高频细波 X_1"：它们对应 Haar 小波分析中称为"模糊像"和"细节像"，即 $F = F_1 + X_1$。并可依次再将第一层低频主波像 F_1 分解为第二层低频主波像 F_2 和第二层高频细波像 X_2，即 $F_1 = F_2 + X_2$。这样小波分析总算可以通过对低频主波像、高频细波像的显示，将小波分析的功能体现出来，促进了小波分析的推广应用。

本书用 Haar 小波矩阵来分析"Mallat 算法"，会更加清晰表明它的物理、几何含义，因为工程上的数据序列都是等间隔采样取得的，数据序列号也是按整数递增的，它和小波矩阵的序列号相应，叙述也要简单得多。

在本章中提出用 Haar 小波矩阵来分析，以 8 阶矩阵为例，完备的小波矩阵波形如图 1-10 所示，在规格化以后，用 B 矩阵表示如下，其中系数 $a = \dfrac{1}{\sqrt{2}}$；$a^2 = \dfrac{1}{2}$；$\cdots$

$$B = \begin{bmatrix} P \\ Q \end{bmatrix} = \begin{bmatrix} a^3 & a^3 & a^3 & a^3 & a^3 & a^3 & a^3 & a^3 \\ a^3 & a^3 & a^3 & a^3 & -a^3 & -a^3 & -a^3 & -a^3 \\ a^2 & a^2 & -a^2 & -a^2 & 0 & 0 & 0 & 0 \\ 0 & 0 & 0 & 0 & a^2 & a^2 & -a^2 & -a^2 \\ a & -a & 0 & 0 & 0 & 0 & 0 & 0 \\ 0 & 0 & a & -a & 0 & 0 & 0 & 0 \\ 0 & 0 & 0 & 0 & a & -a & 0 & 0 \\ 0 & 0 & 0 & 0 & 0 & 0 & a & -a \end{bmatrix} \begin{matrix} \text{直流} \\ \text{基波} \\ \text{2 次 1 相} \\ \text{2 次 2 相} \\ \text{4 次 1 相} \\ \text{4 次 2 相} \\ \text{4 次 3 相} \\ \text{4 次 4 相} \end{matrix} \quad (1\text{-}36)$$

其中 $B[8,8]$ 矩阵是正交矩阵，因为 $B \cdot B^{\mathrm{T}} = B^{\mathrm{T}} \cdot B = E$，而 $F[8]$ 是已知采样数据序列的列矩阵，小波分解系数的列矩阵 $Z[8]$ 的求取，可由 $Z = B \cdot F$ 得到。并将列向量 $Z[8]$ 分解为尺度列向量 $U[4]$ 和小波列向量 $D[4]$ 两部分，详见式 (1-37)。

$$Z = B \cdot F$$

$$= \begin{bmatrix} a^3 & a^3 & a^3 & a^3 & a^3 & a^3 & a^3 & a^3 \\ a^3 & a^3 & a^3 & a^3 & -a^3 & -a^3 & -a^3 & -a^3 \\ a^2 & a^2 & -a^2 & -a^2 & 0 & 0 & 0 & 0 \\ 0 & 0 & 0 & 0 & a^2 & a^2 & -a^2 & -a^2 \\ a & -a & 0 & 0 & 0 & 0 & 0 & 0 \\ 0 & 0 & a & -a & 0 & 0 & 0 & 0 \\ 0 & 0 & 0 & 0 & a & -a & 0 & 0 \\ 0 & 0 & 0 & 0 & 0 & 0 & a & -a \end{bmatrix} \cdot \begin{bmatrix} f_0 \\ f_1 \\ f_2 \\ f_3 \\ f_4 \\ f_5 \\ f_6 \\ f_7 \end{bmatrix} = \begin{bmatrix} z_0 \\ z_1 \\ z_2 \\ z_3 \\ z_4 \\ z_5 \\ z_6 \\ z_7 \end{bmatrix}$$

$$= \begin{bmatrix} u_0 \\ u_1 \\ u_2 \\ u_3 \\ d_0 \\ d_1 \\ d_2 \\ d_3 \end{bmatrix} = \begin{bmatrix} U \\ D \end{bmatrix} \tag{1-37}$$

其中 $D[4]$ 是各个时刻高次小波的幅值系数，简称"小波时谱"，而 $U[4]$ 是所有各次低频小波的幅值系数，简称"多频时谱"。为了将原始数据分解成"小波时谱 D"和"多频时谱 U"，把 $B[8,8]$ 矩阵分隔成上下两半，上面 4 行矩阵标记为 $P[4,8]$，下面 4 行矩阵标记为 $Q[4,8]$。由式（1-37）可得

$$U = P \cdot F \tag{1-38}$$

$$D = Q \cdot F \tag{1-39}$$

这是 2 倍压缩。

由小波系数重构原函数时，可由 $F = B^{\mathrm{T}} \cdot Z$ 得到

$$F = B^{\mathrm{T}} \cdot Z = (P^{\mathrm{T}} \quad Q^{\mathrm{T}}) \cdot Z$$

$$= \begin{bmatrix} a^3 & a^3 & a^2 & 0 & a & 0 & 0 & 0 \\ a^3 & a^3 & a^2 & 0 & -a & 0 & 0 & 0 \\ a^3 & a^3 & -a^2 & 0 & 0 & a & 0 & 0 \\ a^3 & a^3 & -a^2 & 0 & 0 & -a & 0 & 0 \\ a^3 & -a^3 & 0 & a^2 & 0 & 0 & a & 0 \\ a^3 & -a^3 & 0 & a^2 & 0 & 0 & -a & 0 \\ a^3 & -a^3 & 0 & -a^2 & 0 & 0 & 0 & a \\ a^3 & -a^3 & 0 & -a^2 & 0 & 0 & 0 & -a \end{bmatrix} \cdot \begin{bmatrix} u_0 \\ u_1 \\ u_2 \\ u_3 \\ d_0 \\ d_1 \\ d_2 \\ d_3 \end{bmatrix} = \begin{bmatrix} f_0 \\ f_1 \\ f_2 \\ f_3 \\ f_4 \\ f_5 \\ f_6 \\ f_7 \end{bmatrix} \tag{1-40}$$

$$F = (P^{\mathrm{T}} \quad Q^{\mathrm{T}}) \cdot \begin{bmatrix} U \\ D \end{bmatrix} = P^{\mathrm{T}}U + Q^{\mathrm{T}}D \tag{1-41}$$

为了由小波系数重构时能方便地构成模糊像、细节像，把 B^{T} 矩阵分隔成左右两半，左边 4 列矩阵标记为 $P^{\mathrm{T}}[8,4]$，右边 4 列矩阵标记为 $Q^{\mathrm{T}}[8,4]$。同样 Z 列向量也分隔成上下两半，标记为 U、D，详见式（1-40）和式（1-41）。

这样尺度 1 模糊像 F_1（用下脚码标记），可通过 $F_1 = P^{\mathrm{T}} \cdot U$ 得出，同时将 $U = P \cdot F$ 的结果代入可得

$$F_1 = P^T \cdot U = P^T \cdot P \cdot F \tag{1-42}$$

由 $P^T[8,4] \cdot U[4]$ 得到 $F_1[8]$，代入 F 可得出，这是二倍膨胀。

$$F_1 = (P^T \cdot P) \cdot \begin{bmatrix} f_0 \\ f_1 \\ f_2 \\ f_3 \\ f_4 \\ f_5 \\ f_6 \\ f_7 \end{bmatrix} = \frac{1}{2} \begin{bmatrix} f_0 + f_1 \\ f_0 + f_1 \\ f_2 + f_3 \\ f_2 + f_3 \\ f_4 + f_5 \\ f_4 + f_5 \\ f_6 + f_7 \\ f_6 + f_7 \end{bmatrix} = \begin{bmatrix} f_0^1 \\ f_0^1 \\ f_2^1 \\ f_2^1 \\ f_4^1 \\ f_4^1 \\ f_6^1 \\ f_6^1 \end{bmatrix} \tag{1-43}$$

其中模糊像的矩阵 $P^T \cdot P$ 为

$$P^T \cdot P = \begin{bmatrix} a^2 & a^2 & 0 & 0 & 0 & 0 & 0 & 0 \\ a^2 & a^2 & 0 & 0 & 0 & 0 & 0 & 0 \\ 0 & 0 & a^2 & a^2 & 0 & 0 & 0 & 0 \\ 0 & 0 & a^2 & a^2 & 0 & 0 & 0 & 0 \\ 0 & 0 & 0 & 0 & a^2 & a^2 & 0 & 0 \\ 0 & 0 & 0 & 0 & a^2 & a^2 & 0 & 0 \\ 0 & 0 & 0 & 0 & 0 & 0 & a^2 & a^2 \\ 0 & 0 & 0 & 0 & 0 & 0 & a^2 & a^2 \end{bmatrix} \tag{1-44}$$

由式（1-43）最右边的 F_1 可知，第 0、1 两行都是 $\frac{1}{2}(f_0 + f_1)$，同样成对的 2、3 两行都是 $\frac{1}{2}(f_2 + f_3)$；4、5 两行都是 $\frac{1}{2}(f_4 + f_5)$；6、7 两行都是 $\frac{1}{2}(f_6 + f_7)$，这就给模糊像压缩信息提供基础。F_1 列向量的元素 f_0^1、f_2^1、f_4^1、f_6^1 只保留偶数编号。这相当于 Mallat 算法中：$s_k^1 = \frac{1}{2}(s_{2k}^0 + s_{2k+1}^0)$

而尺度 1 细节像：

$$X_1 = Q^T \cdot D = Q^T \cdot Q \cdot F \tag{1-45}$$

由 $Q^T[8,4] \cdot D[4]$ 得到 $X_1[8]$，代入 F 可得出，这也是二倍膨胀。

$$X_1 = (Q^T \cdot Q) \cdot \begin{bmatrix} f_0 \\ f_1 \\ f_2 \\ f_3 \\ f_4 \\ f_5 \\ f_6 \\ f_7 \end{bmatrix} = \frac{1}{2} \begin{bmatrix} f_0 - f_1 \\ -f_0 + f_1 \\ f_2 - f_3 \\ -f_2 + f_3 \\ f_4 - f_5 \\ -f_4 + f_5 \\ f_6 - f_7 \\ -f_6 + f_7 \end{bmatrix} = \begin{bmatrix} x_0^1 \\ -x_0^1 \\ x_2^1 \\ -x_2^1 \\ x_4^1 \\ -x_4^1 \\ x_6^1 \\ -x_6^1 \end{bmatrix} \tag{1-46}$$

其中细节像的矩阵 $Q^\mathrm{T} \cdot Q$，即

$$Q^\mathrm{T} \cdot Q = \begin{bmatrix} a^2 & -a^2 & 0 & 0 & 0 & 0 & 0 & 0 \\ -a^2 & a^2 & 0 & 0 & 0 & 0 & 0 & 0 \\ 0 & 0 & a^2 & -a^2 & 0 & 0 & 0 & 0 \\ 0 & 0 & -a^2 & a^2 & 0 & 0 & 0 & 0 \\ 0 & 0 & 0 & 0 & a^2 & -a^2 & 0 & 0 \\ 0 & 0 & 0 & 0 & -a^2 & a^2 & 0 & 0 \\ 0 & 0 & 0 & 0 & 0 & 0 & a^2 & -a^2 \\ 0 & 0 & 0 & 0 & 0 & 0 & -a^2 & a^2 \end{bmatrix} \qquad (1\text{-}47)$$

由式（1-46）最右边的列向量可知，相邻两行的数值相等但符号相反，第 0、1 两行分别是 $F\frac{1}{2}(f_0 - f_1)$，同样成对的 2、3 两行分别是 $F\frac{1}{2}(f_2 - f_3)$；4、5 两行分别是 $F\frac{1}{2}(f_4 - f_5)$；6、7 两行分别是 $F\frac{1}{2}(f_6 - f_7)$，在 X_1 列向量的元素 x_0^1、x_2^1、x_4^1、x_6^1 只保留偶数编号。这相当于 Mallat 算法中：$d_k^1 = \frac{1}{2}(s_{2k}^0 - s_{2k+1}^0)$

注意计算尺度 1 模糊像的矩阵 $P^\mathrm{T} \cdot P$ 和计算尺度 1 细节像的矩阵 $Q^\mathrm{T} \cdot Q$ 之和等于标幺矩阵 E，即

$P^\mathrm{T} \cdot P + Q^\mathrm{T} \cdot Q = E$，相当于 Mallat 算法中：$HH^* + GG^* = I$。

即"模糊像"和"细节像"之和，就得到"原始像"，这就从另一个角度来看小波分解和重构的意义。"细节像"跨越整个分析的时段，可以看出哪个时段小波的分量最突出，这就是小波分析所关心的。"模糊像"是以相邻两点的平均值来代替原来的两点的数值，故"模糊像"相邻两点的数据相同，如果只保留一个数据，说明图像的信息被压缩了一半，这就减少了图像远传的信息量，它所付出的代价是图像变得模糊了，由于"模糊像"留下的数据是相邻两点的平均值，所以它依然能近似地反映图像的整体状态。

用 Haar 小波矩阵来分析的缺点就是当矩阵阶数较大时，矩阵书写占地太多。但用 Mallat 算法将它转成"模糊像"和"细节像"之后，小波分析的作用就可以用图形加以表达，信息图示被紧凑化了。下面以余弦波形 32 点采样数据为例，看 Mallat 算法的分解与重构。如图

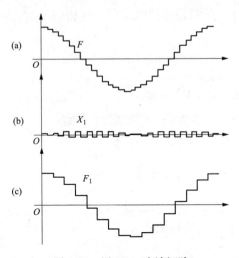

图 1-15　用 Haar 小波矩阵
对余弦波进行双尺度分解

（a）原始像；（b）细节像；（c）模糊像

1-15所示，由于离散 32 点的采样信息也是阶梯波 F ，分解为"模糊像"和"细节像"的和，即 $F = F_1 + X_1$ ，其"模糊像"的台阶宽了一倍，即信息允许压缩一倍，为了和一般小波分析书过程对应，这个压缩后的列向量记为 $S_1 = \{S_0^1, S_1^1, S_2^1, \cdots, S_k^1\}$ ，且列向量的元素 $s_k^1 = f_{2k}^1$ ，它们下脚码差一倍，即压缩后的数据个数减少一半。"细节像"的幅值是相邻两点的差分的一半（相当于导数），沿着整个时轴可以看到"细节像"的整个变化过程，这就是小波分析所企求的结果。

用 Haar 小波矩阵导出的模糊矩阵 $P^{\mathrm{T}} \cdot P$ 和细节矩阵 $Q^{\mathrm{T}} \cdot Q$ ，是可以相继进行的。

1.8　Haar 小波和 Mallat 矩阵的引出

对 8 阶 Haar 小波矩阵可引出双尺度分解的 Mallat 矩阵 M 如下：

$$M = \begin{bmatrix} H \\ G \end{bmatrix} = \begin{pmatrix} a & a & 0 & 0 & 0 & 0 & 0 & 0 \\ 0 & 0 & a & a & 0 & 0 & 0 & 0 \\ 0 & 0 & 0 & 0 & a & a & 0 & 0 \\ 0 & 0 & 0 & 0 & 0 & 0 & a & a \\ a & -a & 0 & 0 & 0 & 0 & 0 & 0 \\ 0 & 0 & a & -a & 0 & 0 & 0 & 0 \\ 0 & 0 & 0 & 0 & a & -a & 0 & 0 \\ 0 & 0 & 0 & 0 & 0 & 0 & a & -a \end{pmatrix} \begin{matrix} \text{尺度 1 相} \\ \text{尺度 2 相} \\ \text{尺度 3 相} \\ \text{尺度 4 相} \\ \text{小波 1 相} \\ \text{小波 2 相} \\ \text{小波 3 相} \\ \text{小波 4 相} \end{matrix} \quad (1\text{-}48)$$

Mallat 矩阵双尺度分解的波形如图 1-16 所示，Haar 小波全尺度分解矩阵的波形如图 1-10 所示。两者矩阵的下面 4 行彼此是相同的，都是 4 次小波。在 8 阶 Mallat 矩阵中，上面 4 行是尺度波形，分别位于各个时刻，称为"尺度 1 相"、"尺度 2 相"、…、"尺度 4 相"，上面 4 行是简称"尺度矩阵" $H[4,8]$ 。下面 4 行是小波波形，分别居于 1、2、3、4 相，称为"小波 1 相"、"小波 2 相"、…、"小波 4 相"，下面 4 行简称"小波矩阵" $G[4,8]$ 。特别注意的是，$M[8,8]$ 矩阵是正交矩阵，即

$$M^{\mathrm{T}} \cdot M = E \quad (1\text{-}49)$$

当用 M 矩阵分析数据系列 $F[8] =$

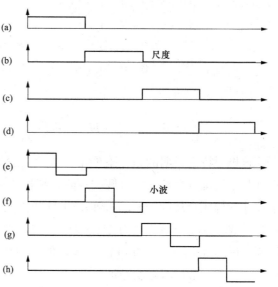

图 1-16　Mallat 矩阵双尺度分解的波形

(a) 尺度 1 相；(b) 尺度 2 相；(c) 尺度 3 相；(d) 尺度 4 相；
(e) 小波 1 相；(f) 小波 2 相；(g) 小波 3 相；(h) 小波 4 相

$\{f_0, f_1, f_2, \cdots, f_7\}$，可得到幅值时谱 $Y[8]$，它共有 8 个数据，即

$$
\begin{pmatrix}
a & a & 0 & 0 & 0 & 0 & 0 & 0 \\
0 & 0 & a & a & 0 & 0 & 0 & 0 \\
0 & 0 & 0 & 0 & a & a & 0 & 0 \\
0 & 0 & 0 & 0 & 0 & 0 & a & a \\
a & -a & 0 & 0 & 0 & 0 & 0 & 0 \\
0 & 0 & a & -a & 0 & 0 & 0 & 0 \\
0 & 0 & 0 & 0 & a & -a & 0 & 0 \\
0 & 0 & 0 & 0 & 0 & 0 & a & -a
\end{pmatrix}
\cdot
\begin{pmatrix}
f_0 \\ f_1 \\ f_2 \\ f_3 \\ f_4 \\ f_5 \\ f_6 \\ f_7
\end{pmatrix}
=
\begin{pmatrix}
c_0 \\ c_1 \\ c_2 \\ c_3 \\ d_0 \\ d_1 \\ d_2 \\ d_3
\end{pmatrix}
=
\begin{pmatrix}
C_1 \\ D_1
\end{pmatrix}
\tag{1-50}
$$

$Y[8] = \{c_0, c_1, c_2, c_3, d_0, d_1, d_2, d_3\}$，其中 $D_1[4]$ 是各个时刻高次小波的幅值系数，简称"小波时谱"，而 $C_1[4]$ 是各个时刻尺度波形的幅值系数，简称"尺度时谱"。为了将原始数据分解成"小波时谱 D"和"尺度时谱 C"，由式（1-50）可得

$$
\left.
\begin{aligned}
C_1 &= H \cdot F \\
D_1 &= G \cdot F
\end{aligned}
\right\}
\tag{1-51}
$$

用 M 的转置矩阵 M^{T} 可以将幅值时谱 Y 转换回原始数据 F，即

$$
M^{\mathrm{T}} \cdot Y =
\begin{pmatrix}
a & 0 & 0 & 0 & a & 0 & 0 & 0 \\
a & 0 & 0 & 0 & -a & 0 & 0 & 0 \\
0 & a & 0 & 0 & 0 & a & 0 & 0 \\
0 & a & 0 & 0 & 0 & -a & 0 & 0 \\
0 & 0 & a & 0 & 0 & 0 & a & 0 \\
0 & 0 & a & 0 & 0 & 0 & -a & 0 \\
0 & 0 & 0 & a & 0 & 0 & 0 & a \\
0 & 0 & 0 & a & 0 & 0 & 0 & -a
\end{pmatrix}
\cdot
\begin{pmatrix}
c_0 \\ c_1 \\ c_2 \\ c_3 \\ d_0 \\ d_1 \\ d_2 \\ d_3
\end{pmatrix}
= \cdot
\begin{pmatrix}
f_0 \\ f_1 \\ f_2 \\ f_3 \\ f_4 \\ f_5 \\ f_6 \\ f_7
\end{pmatrix}
= F
\tag{1-52}
$$

而

$$
M^{\mathrm{T}} \cdot M = (H^{\mathrm{T}} \quad G^{\mathrm{T}}) \cdot
\begin{pmatrix}
H \\ G
\end{pmatrix}
= H^{\mathrm{T}} \cdot H + G^{\mathrm{T}} \cdot G = E
\tag{1-53}
$$

这里要特别说明的是，不论是 B 矩阵还是 M 矩阵，在这儿引用的都是 Haar 小波，B 矩阵是全尺度（多频次）分解的矩阵，特称之为 Haar 全尺度小波矩阵，一般说只有 Haar 小波才能构成全尺度分解的矩阵；而 M 矩阵是双尺度分解的矩阵，特称之为 Mallat 小波矩阵形式，这里应该称之为 Haar 双尺度小波矩阵。在以后的小波矩阵分解中，都采用双尺度分解的 Mallat 小波矩阵的形式，但它引用的实际小波可能是 Haar 小波、Daubechie 小波、样条函数的双正交小波等。

为了书写简便，区分明显，暂时把 Haar 全尺度小波矩阵，简称作 Haar 小波矩阵；而把 Haar 双尺度小波矩阵，简称作 Mallat 小波矩阵。此处要证明的是，在双尺度分解下，这两个矩阵得到的结果完全相同，从而为寻求光滑可微的双尺度分解小波函数开辟新途径。

其中，$H^{\mathrm{T}} \cdot H$ 可得到 Mallat 小波矩阵中的"低频主波矩阵"，即

$$H^{\mathrm{T}} \cdot H = \begin{pmatrix} a & 0 & 0 & 0 \\ a & 0 & 0 & 0 \\ 0 & a & 0 & 0 \\ 0 & a & 0 & 0 \\ 0 & 0 & a & 0 \\ 0 & 0 & a & 0 \\ 0 & 0 & 0 & a \\ 0 & 0 & 0 & a \end{pmatrix} \cdot \begin{pmatrix} a & a & 0 & 0 & 0 & 0 & 0 & 0 \\ 0 & 0 & a & a & 0 & 0 & 0 & 0 \\ 0 & 0 & 0 & 0 & a & a & 0 & 0 \\ 0 & 0 & 0 & 0 & 0 & 0 & a & a \end{pmatrix}$$

$$= \begin{bmatrix} a^2 & a^2 & 0 & 0 & 0 & 0 & 0 & 0 \\ a^2 & a^2 & 0 & 0 & 0 & 0 & 0 & 0 \\ 0 & 0 & a^2 & a^2 & 0 & 0 & 0 & 0 \\ 0 & 0 & a^2 & a^2 & 0 & 0 & 0 & 0 \\ 0 & 0 & 0 & 0 & a^2 & a^2 & 0 & 0 \\ 0 & 0 & 0 & 0 & a^2 & a^2 & 0 & 0 \\ 0 & 0 & 0 & 0 & 0 & 0 & a^2 & a^2 \\ 0 & 0 & 0 & 0 & 0 & 0 & a^2 & a^2 \end{bmatrix} = P^{\mathrm{T}} \cdot P \qquad (1\text{-}54)$$

可见 Mallat 小波矩阵中的"低频主波矩阵 $H^{\mathrm{T}} \cdot H$"和 Haar 小波矩阵中的"模糊像的矩阵 $P^{\mathrm{T}} \cdot P$"相同。

其中，$G^{\mathrm{T}} \cdot G$ 可得到 Mallat 小波矩阵中的"高频细波矩阵"，即

$$G^{\mathrm{T}} \cdot G = \begin{pmatrix} a & 0 & 0 & 0 \\ -a & 0 & 0 & 0 \\ 0 & a & 0 & 0 \\ 0 & -a & 0 & 0 \\ 0 & 0 & a & 0 \\ 0 & 0 & -a & 0 \\ 0 & 0 & 0 & a \\ 0 & 0 & 0 & -a \end{pmatrix} \cdot \begin{pmatrix} a & -a & 0 & 0 & 0 & 0 & 0 & 0 \\ 0 & 0 & a & -a & 0 & 0 & 0 & 0 \\ 0 & 0 & 0 & 0 & a & -a & 0 & 0 \\ 0 & 0 & 0 & 0 & 0 & 0 & a & -a \end{pmatrix}$$

$$= \begin{bmatrix} a^2 & -a^2 & 0 & 0 & 0 & 0 & 0 & 0 \\ -a^2 & a^2 & 0 & 0 & 0 & 0 & 0 & 0 \\ 0 & 0 & a^2 & -a^2 & 0 & 0 & 0 & 0 \\ 0 & 0 & -a^2 & a^2 & 0 & 0 & 0 & 0 \\ 0 & 0 & 0 & 0 & a^2 & -a^2 & 0 & 0 \\ 0 & 0 & 0 & 0 & -a^2 & a^2 & 0 & 0 \\ 0 & 0 & 0 & 0 & 0 & 0 & a^2 & -a^2 \\ 0 & 0 & 0 & 0 & 0 & 0 & -a^2 & a^2 \end{bmatrix} = Q^{\mathrm{T}} \cdot Q \quad (1\text{-}55)$$

可见 Mallat 小波矩阵中的"高频细波矩阵 $G^{\mathrm{T}} \cdot G$"和 Haar 小波矩阵中的"细节像的矩阵 $Q^{\mathrm{T}} \cdot Q$"相同。

注意，这个 Mallat 矩阵是对应 Haar"模糊像矩阵"和"细节像矩阵"组合引出的，

而由此引出的 Mallat 矩阵也是正交矩阵，即 $M^{\mathrm{T}}M = E$，矩阵阶数一般是 2 的 m 次幂，H 和 G 行数减少一半。

$$M[2^m, 2^m] = \begin{bmatrix} H[2^{m-1}, 2^m] \\ G[2^{m-1}, 2^m] \end{bmatrix} \tag{1-56}$$

这样我们就能对原始数据进行如下双尺度分解。简写为：

$$H \cdot F = C_1 \tag{1-57}$$
$$G \cdot F = D_1 \tag{1-58}$$

其中，$C_1[2^{m-1}]$ 是在各个时刻的尺度波形的幅值简称"尺度时谱"，而 $D_1[2^{m-1}]$ 是在各个时刻的小波波形的幅值简称"小波时谱"。

由 Mallat 矩阵双尺度分解可得出"低频主波"F_1 和"高频细波"X_1 图像，见式（1-59）和式（1-60）。

$$H^{\mathrm{T}}H \cdot F = F_1 \tag{1-59}$$
$$G^{\mathrm{T}}G \cdot F = X_1 \tag{1-60}$$

由 Haar 全尺度矩阵分解，对应 Haar "模糊像矩阵"和"细节像矩阵"得出的"模糊像"$P^{\mathrm{T}}P \cdot F$ 和"细节像"$Q^{\mathrm{T}}Q \cdot F$，分别和"低频主波"F_1 和"高频细波"X_1 图像相同，即

$$P^{\mathrm{T}}P \cdot F = F_1 \tag{1-61}$$
$$Q^{\mathrm{T}}Q \cdot F = X_1 \tag{1-62}$$

Mallat 矩阵双尺度分解和 Haar 全尺度矩阵分解的不同点在于"尺度时谱"和"多频时谱"之间的差别。"尺度时谱"对应尺度波形在各个时刻的幅值，而"多频时谱"对应所有低频小波在各个时刻的幅值。下面以 128 点波形数据，将"双尺度分解"和"全尺度分解"的结果示于图 1-17，由此 Harr 矩阵分解也可以转为用 Mallat 矩阵的双尺度分解。

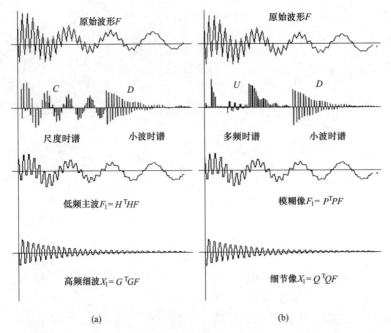

图 1-17　Mallat 矩阵双尺度分解和 Haar 矩阵全尺度分解的对比

（a）双尺度分解；（b）全尺度分解

法国数学家 Mayer 曾企图证明 Haar 矩阵是唯一能进行全尺度分解的小波。但改用 Mallat 矩阵的双尺度分解，就能找到许多正交的双尺度分解 Mallat 矩阵，如后面要谈到的 Daubchies 小波矩阵，它们支撑区的区间要大一些，小波的波形也会比 Haar 连续些。多次进行双尺度分解也能达到多尺度分解的目的。由于 Haar 谐波不连续、不可微的缺点数学家不接受，如果只有 Haar 矩阵是唯一能进行全尺度分解的小波，那小波分解就将陷入死胡同。由 Mallat 矩阵进行双尺度分解是走出死胡同的关键之举。

这里要特别澄清一点，式（1-25）是 Haar 小波的全尺度分解矩阵，式（1-50）是 Haar 小波的双尺度分解矩阵，也称"Haar 小波的 Mallat 矩阵"。由于后面我们引出的很多小波都是用双尺度矩阵的形式，即 Mallat 矩阵形式表示，为了简便也为了避免混扰，我们一律用小波的名称来称呼，如 Daubechies 小波，不再用"Daubechies 小波的 Mallat 矩阵"这样来称呼，直接称呼 Daubechies 小波矩阵。因为只有 Haar 小波有"全尺度分解矩阵"，其他小波都不再有"全尺度分解矩阵"的形式。为了澄清这个概念，再对 Haar 小波全尺度分解矩阵，和 Haar 小波双尺度分解的 Mallat 矩阵进行对比。两者的差别主要在"多频时谱"和"尺度时谱"谱线的不同，参见图 1-18。在图中把尺度时谱、小波时谱按宝塔型绘出，这种时谱画法占用篇幅较多，以前是紧凑一排的画出时谱，如图 1-18 所示。

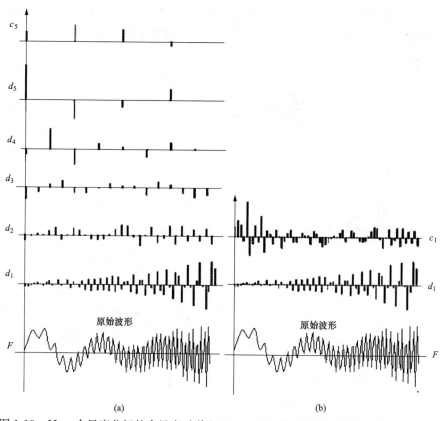

图 1-18　Haar 全尺度分解的多尺度时谱和 Mallat 双尺度分解的双尺度时谱之间的对比

（a）Haar 多尺度时谱；（b）Mallat 双尺度时谱

1.9 Haar 小波矩阵的多尺度分解

本节要用双尺度分解的 Haar 小波矩阵来说明多分辨率的小波分解过程。若矩阵是 2^m 阶，一般形式如下：

$$M[2^m,2^m] = \begin{pmatrix} H[2^{m-1},2^m] \\ G[2^{m-1},2^m] \end{pmatrix} \qquad (1\text{-}63)$$

设要求分析的原始数据为 128 点 $F[128]$，其相应的 Haar 小波矩阵也就是 128 阶的方阵 $M[128,128]$，它包含尺度矩阵 $H[64,128]$ 和小波矩阵 $G[64,128]$，其中 H 矩阵位于 M 矩阵的上半部分，G 矩阵位于 M 矩阵的下半部分，方括号内表示行和列的数目。

$$M[128,128] = \begin{pmatrix} H[64,128] \\ G[64,128] \end{pmatrix} \qquad (1\text{-}64)$$

$$M \cdot F = \begin{pmatrix} H \\ G \end{pmatrix} \cdot F = \begin{pmatrix} H \cdot F \\ G \cdot F \end{pmatrix} = \begin{pmatrix} C_1[64] \\ D_1[64] \end{pmatrix} \qquad (1\text{-}65)$$

由式（1-65）对原始数据的分解，可知得到的尺度幅值时谱 $C_1[64]$ 和小波幅值时谱 $D_1[64]$ 数据都只有 64 个数据，这是二倍压缩滤波。如图 1-19 所示。

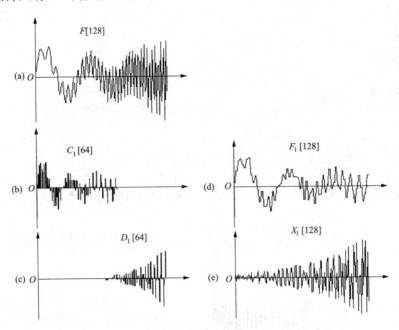

图 1-19　小波双尺度分解与重构图示

（a）原始波形；（b）尺度时谱；（c）小波时谱；（d）低频主波；（e）高频细波

为了得到低频主波 F_1 和高频细波 X_1，需要通过式（1-66）重构运算。这是二倍膨胀运算，由于 $H^{\mathrm{T}}[128,64] \times C_1[64] = F_1[128]$，同样 $G^{\mathrm{T}}[128,64] \times D_1[64] = X_1[128]$，

所以得到的低频主波 $F_1[128]$ 和高频细波 $X_1[128]$ 都具有 128 个数据，它和原始数据点数一样多。这样就把"原始数据 F"分解为"低频主波 F_1"和"高频细波 X_1"，其中称"$H^T H$ 低频滤波矩阵"，称"$G^T G$ 高频滤波矩阵"。

$$F = M^T \cdot \begin{bmatrix} C_1 \\ D_1 \end{bmatrix} = (H^T \quad G^T) \cdot \begin{bmatrix} C_1 \\ D_1 \end{bmatrix} = H^T C_1 + G^T D_1$$
$$= (H^T H + G^T G) \cdot F = F_1 + X_1 \tag{1-66}$$

为了进行下一个尺度 2、支撑点为 4 的计算，我们已由式（1-65）对原始数据分解为尺度时谱 C_1 和小波时谱 D_1。它们都是 64 个点，由小波时谱 D_1 可以得出高频细波 X_1，因为它是最高频，无需再分，暂且不去管它。而由尺度时谱 C_1 本可以得出低频主波 F_1，为了对它分解出更低频的主波 F_2，我们还是从尺度幅值 C_1 入手比较方便，为此需要引入 64 阶的 Mallat 小波矩阵，即

$$M_1[64,64] = \begin{bmatrix} H_1[32,64] \\ G_1[32,64] \end{bmatrix} \tag{1-67}$$

注意各种尺度的 Mallat 小波矩阵 M, M_1 都是正交矩阵，见式（1-68），其中，E 是 128 阶的单位矩阵，E_1 是 64 阶的单位矩阵。

$$\left. \begin{aligned} M^T M &= (H^T \quad G^T) \cdot \begin{bmatrix} H \\ G \end{bmatrix} = H^T H + G^T G = E[128,128] \\ M_1^T M_1 &= (H_1^T \quad G_1^T) \cdot \begin{bmatrix} H_1 \\ G_1 \end{bmatrix} == H_1^T H_1 + G_1^T G_1 = E_1[64,64] \end{aligned} \right\} \tag{1-68}$$

我们暂且把尺度时谱 $C_1[64]$ 看成是原始数据，对它进行分解与重构，即

$$M_1^T M_1 C_1 = (H_1^T H_1 + G_1^T G_1) C_1 = C_1^F + C_1^X \tag{1-69}$$

注意 $C_1^F[64]$ 和 $C_1^X[64]$，还只是尺度幅值层面的数据，只有 64 个点，还需要进一步二倍膨胀后，才是尺度 2 下的低频主波 $F_2[128]$ 和高频细波 $X_2[128]$，见式（1-70）

$$H^T \cdot (C_1^F + C_1^X) = F_2 + X_2 \tag{1-70}$$
$$H^T H_1^T H_1 HF + H^T G_1^T G_1 HF$$
$$= [(H_1 H)^T H_1 H + (G_1 H)^T G_1 H] F$$
$$= [(H_1 H)^T \quad (G_1 H)^T] \begin{bmatrix} H_1 H \\ G_1 H \end{bmatrix} F \tag{1-71}$$

$H_1 H$ 是尺度为 2 的尺度矩阵，$G_1 H$ 是尺度为 2 的小波矩阵。对于 128 点采样数据分析而言，$M[128,128]$ 矩阵是原始矩阵，尺度为 1 的 Haar 小波支撑区是 2 个点，而尺度为 2 的 Haar 小波 $H_1 H$ 支撑区是 4 个点。

为了实例验证的方便，我们取 $M[8,8]$ 为原始数据，即只分析 8 个点的 $F[8]$ 数据。

（1）尺度＝1，矩阵是 $M[8,8]$。

$$M[8,8] = \begin{bmatrix} H[4,8] \\ G[4,8] \end{bmatrix} \tag{1-72}$$

即

$$M = \begin{bmatrix} H \\ G \end{bmatrix} = \begin{pmatrix} a & a & 0 & 0 & 0 & 0 & 0 & 0 \\ 0 & 0 & a & a & 0 & 0 & 0 & 0 \\ 0 & 0 & 0 & 0 & a & a & 0 & 0 \\ 0 & 0 & 0 & 0 & 0 & 0 & a & a \\ a & -a & 0 & 0 & 0 & 0 & 0 & 0 \\ 0 & 0 & a & -a & 0 & 0 & 0 & 0 \\ 0 & 0 & 0 & 0 & a & -a & 0 & 0 \\ 0 & 0 & 0 & 0 & 0 & 0 & a & -a \end{pmatrix} \begin{matrix} 尺度波形1相 \\ 尺度波形2相 \\ 尺度波形3相 \\ 尺度波形4相 \\ 小波波形1相 \\ 小波波形2相 \\ 小波波形3相 \\ 小波波形4相 \end{matrix} \tag{1-73}$$

其中，$H[4,8]$ 是尺度 1 下的尺度矩阵，$G[4,8]$ 是尺度 1 下的小波矩阵，Haar 小波支撑区为 2 个点，每行相对位移 2 个点。

（2）尺度 $=2$，矩阵是 $M_1[4,4]$。

$$M_1 = \begin{pmatrix} H_1 \\ G_1 \end{pmatrix} = \begin{bmatrix} a & a & 0 & 0 \\ 0 & 0 & a & a \\ a & -a & 0 & 0 \\ 0 & 0 & a & -a \end{bmatrix} \begin{matrix} 尺度波形1相 \\ 尺度波形2相 \\ 小波波形1相 \\ 小波波形2相 \end{matrix} \tag{1-74}$$

已经求出的 $G[4,8]$ 小波矩阵是尺度最小的高频小波无需再分解。为了对 $H[4,8]$ 尺度矩阵的再分解，应用 $M_1[4,4]$ 矩阵左乘 $H[4,8]$ 矩阵，得出

$$M_1 H = \begin{bmatrix} H_1 \\ G_1 \end{bmatrix} \cdot H = \begin{bmatrix} a & a & 0 & 0 \\ 0 & 0 & a & a \\ a & -a & 0 & 0 \\ 0 & 0 & a & -a \end{bmatrix} \cdot \begin{bmatrix} a & a & 0 & 0 & 0 & 0 & 0 & 0 \\ 0 & 0 & a & a & 0 & 0 & 0 & 0 \\ 0 & 0 & 0 & 0 & a & a & 0 & 0 \\ 0 & 0 & 0 & 0 & 0 & 0 & a & a \end{bmatrix}$$

$$= \begin{bmatrix} a^2 & a^2 & a^2 & a^2 & 0 & 0 & 0 & 0 \\ 0 & 0 & 0 & 0 & a^2 & a^2 & a^2 & a^2 \\ a^2 & a^2 & -a^2 & -a^2 & 0 & 0 & 0 & 0 \\ 0 & 0 & 0 & 0 & a^2 & a^2 & -a^2 & -a^2 \end{bmatrix} \begin{matrix} 尺度波形1相 \\ 尺度波形2相 \\ 小波波形1相 \\ 小波波形2相 \end{matrix} = \begin{bmatrix} H_1 H \\ G_1 H \end{bmatrix} \tag{1-75}$$

其中 $H_1 H$ 是尺度 2 下的尺度矩阵，而 $G_1 H$ 是尺度 2 下的小波矩阵，Haar 小波的支撑区为 4 个点，每行相对位移 4 个点。

（3）尺度 $=3$，矩阵是 $M_2[2,2]$。

$$M_2 = \begin{bmatrix} H_2 \\ G_2 \end{bmatrix} = \begin{pmatrix} a & a \\ a & -a \end{pmatrix} \begin{matrix} 尺度波形 \\ 小波波形 \end{matrix} \tag{1-76}$$

已经求出的 $G_1 H$ 小波矩阵是尺度 2 下的高频小波无需再分解。为了对 $H_1 H$ 尺度矩阵的再分解，应用 $M_2[2,2]$ 矩阵左乘 $H_1 H$ 矩阵，得出

$$M_2 H_1 H = \begin{bmatrix} a & a \\ a & -a \end{bmatrix} \cdot \begin{bmatrix} a^2 & a^2 & a^2 & a^2 & 0 & 0 & 0 & 0 \\ 0 & 0 & 0 & 0 & a^2 & a^2 & a^2 & a^2 \end{bmatrix}$$

$$= \begin{bmatrix} a^3 & a^3 & a^3 & a^3 & a^3 & a^3 & a^3 & a^3 \\ a^3 & a^3 & a^3 & a^3 & -a^3 & -a^3 & -a^3 & -a^3 \end{bmatrix} \begin{matrix} 尺度波形 \\ 小波波形 \end{matrix}$$

$$= \begin{bmatrix} H_2 H_1 H \\ G_2 H_1 H \end{bmatrix} \tag{1-77}$$

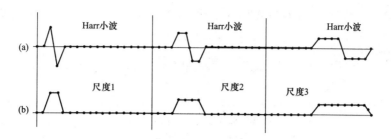

图 1-20 各种尺度下的 Haar 小波波形和尺度波形

（a）小波波形；（b）尺度波形

由于 $M_2[2,2]$ 已是最小矩阵，所以分解到此 $M_2[2,2]$ 为止，H_2H_1H 只是一行的直流，G_2H_1H 是基频方波。Harr 小波的支撑区为 8 个点，占满 8 阶矩阵的宽度。

$$H^T(H_1^TH_1+G_1^TG_1)\cdot C_1 = H^T\cdot C_1 = F_1 \tag{1-78}$$

$$F_1 = F_2 + X_2 \tag{1-79}$$

$$H^T\cdot(H_1^TH_1+G_1^TG_1)\cdot H\cdot F_0 = F_2 + X_2 \tag{1-80}$$

$$F_2 = (H^TH_1^T)\cdot H_1H\cdot F_0 = (H_1H)^T\cdot H_1H\cdot F_0 \tag{1-81}$$

$$X_2 = (H^TG_1^T)\cdot G_1H\cdot F_0 = (G_1H)^T\cdot G_1H\cdot F_0 \tag{1-82}$$

对于 128 点的两层双尺度分解的过程，可写出关系如下：

尺度 1 的 Mallat 小波矩阵

$$M[128,128] = \begin{bmatrix} H[64,128] \\ G[64,128] \end{bmatrix} \tag{1-83}$$

尺度 2 的 Mallat 小波矩阵

$$M_1[64,64] = \begin{bmatrix} H_1[32,64] \\ G_1[32,64] \end{bmatrix} \tag{1-84}$$

由式（1-85）可对尺度 1 的尺度系数矩阵再分解

$$M_1H = \begin{bmatrix} H_1[32,64] \\ G_1[32,64] \end{bmatrix} \cdot H[64,128] \tag{1-85}$$

可得尺度 2 下的尺度系数矩阵

$$V_1[32,128] = H_1[32,64]\cdot H[64,128] \tag{1-86}$$

可得尺度 2 下的小波系数矩阵

$$W_1[32,128] = G_1[32,64]\cdot H[64,128] \tag{1-87}$$

复归尺度 1 的低频滤波矩阵 H^TH 的运算

$$(M_1H)^T\cdot M_1H = H^T(M_1^TM_1)H = H^TH \tag{1-88}$$

用双尺度分解进行两次分解，可得出双尺度两层分解的矩阵如式（1-89）

$$M(128,128) = \begin{bmatrix} H_1[32,64]\cdot H[64,128] \text{尺度2：尺度系数矩阵} \\ G_1[32,64]\cdot H[64,128] \text{尺度2：小波系数矩阵} \\ G[64,128] \text{尺度1：小波系数矩阵} \end{bmatrix} \tag{1-89}$$

同理可推出三重尺度的小波分解，以 8 点采样为例，其公式表达如下。

（1）尺度＝1 的分解，两行小波位移间隔为 2 个点。

$$\left.\begin{array}{l} F_1 = H^{\mathrm{T}} H \cdot F \\ X_1 = G^{\mathrm{T}} G \cdot F \end{array}\right\} \tag{1-90}$$

其中

$$M[8,8] = \begin{bmatrix} H[4,8] \\ G[4,8] \end{bmatrix} \tag{1-91}$$

$$M = \begin{bmatrix} H \\ G \end{bmatrix} = \begin{bmatrix} a & a & 0 & 0 & 0 & 0 & 0 & 0 \\ 0 & 0 & a & a & 0 & 0 & 0 & 0 \\ 0 & 0 & 0 & 0 & a & a & 0 & 0 \\ 0 & 0 & 0 & 0 & 0 & 0 & a & a \\ a & -a & 0 & 0 & 0 & 0 & 0 & 0 \\ 0 & 0 & a & -a & 0 & 0 & 0 & 0 \\ 0 & 0 & 0 & 0 & a & -a & 0 & 0 \\ 0 & 0 & 0 & 0 & 0 & 0 & a & -a \end{bmatrix} \begin{array}{l} 尺度1波形1相 \\ 尺度1波形2相 \\ 尺度1波形3相 \\ 尺度1波形4相 \\ 小波1波形1相 \\ 小波1波形2相 \\ 小波1波形3相 \\ 小波1波形4相 \end{array} \tag{1-92}$$

（2）尺度＝2。

$$M_1 = \begin{bmatrix} H_1 \\ G_1 \end{bmatrix} = \begin{bmatrix} a & a & 0 & 0 \\ 0 & 0 & a & a \\ a & -a & 0 & 0 \\ 0 & 0 & a & -a \end{bmatrix} \begin{array}{l} 尺度波形1相 \\ 尺度波形2相 \\ 小波波形1相 \\ 小波波形2相 \end{array} \tag{1-93}$$

$$M_1 H = \begin{bmatrix} H_1 \\ G_1 \end{bmatrix} \cdot H = \begin{bmatrix} a & a & 0 & 0 \\ 0 & 0 & a & a \\ a & -a & 0 & 0 \\ 0 & 0 & a & -a \end{bmatrix} \cdot \begin{bmatrix} a & a & 0 & 0 & 0 & 0 & 0 & 0 \\ 0 & 0 & a & a & 0 & 0 & 0 & 0 \\ 0 & 0 & 0 & 0 & a & a & 0 & 0 \\ 0 & 0 & 0 & 0 & 0 & 0 & a & a \end{bmatrix}$$

$$= \begin{bmatrix} a^2 & a^2 & a^2 & a^2 & 0 & 0 & 0 & 0 \\ 0 & 0 & 0 & 0 & a^2 & a^2 & a^2 & a^2 \\ a^2 & a^2 & -a^2 & -a^2 & 0 & 0 & 0 & 0 \\ 0 & 0 & 0 & 0 & a^2 & a^2 & -a^2 & -a^2 \end{bmatrix} \begin{array}{l} 尺度2波形1相 \\ 尺度2波形2相 \\ 小波2波形1相 \\ 小波2波形2相 \end{array} = \begin{bmatrix} H_1 H \\ G_1 H \end{bmatrix}$$

$$\tag{1-94}$$

（3）尺度＝3。

$$M_2 = \begin{bmatrix} H_2 \\ G_2 \end{bmatrix} = \begin{bmatrix} a & a \\ a & -a \end{bmatrix} \begin{array}{l} 尺度波形 \\ 小波波形 \end{array} \tag{1-95}$$

$$M_2 H_1 H = \begin{bmatrix} a & a \\ a & -a \end{bmatrix} \cdot \begin{bmatrix} a^2 & a^2 & a^2 & a^2 & 0 & 0 & 0 & 0 \\ 0 & 0 & 0 & 0 & a^2 & a^2 & a^2 & a^2 \end{bmatrix}$$

$$= \begin{bmatrix} a^3 & a^3 & a^3 & a^3 & a^3 & a^3 & a^3 & a^3 \\ a^3 & a^3 & a^3 & a^3 & -a^3 & -a^3 & -a^3 & -a^3 \end{bmatrix} \begin{array}{l} 尺度3波形 \\ 小波3波形 \end{array}$$

$$= \begin{bmatrix} H_2 H_1 H \\ G_2 H_1 H \end{bmatrix} \tag{1-96}$$

把上述三次双尺度分解的矩阵组合起来，就得到 Haar 全尺度的分解矩阵，如图 1-21 所示，它对照的公式是式（1-97）。

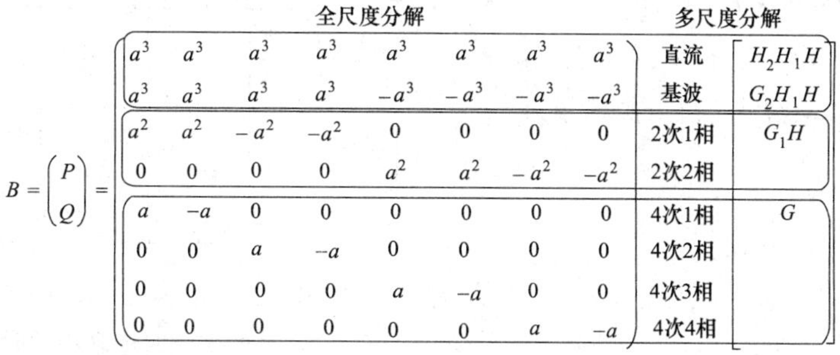

图 1-21　由多次双尺度分解重构全尺度分解矩阵过程

$$B = \begin{pmatrix} P \\ Q \end{pmatrix} = \begin{bmatrix} a^3 & a^3 & a^3 & a^3 & a^3 & a^3 & a^3 & a^3 \\ a^3 & a^3 & a^3 & a^3 & -a^3 & -a^3 & -a^3 & -a^3 \\ a^2 & a^2 & -a^2 & -a^2 & 0 & 0 & 0 & 0 \\ 0 & 0 & 0 & 0 & a^2 & a^2 & -a^2 & -a^2 \\ a & -a & 0 & 0 & 0 & 0 & 0 & 0 \\ 0 & 0 & a & -a & 0 & 0 & 0 & 0 \\ 0 & 0 & 0 & 0 & a & -a & 0 & 0 \\ 0 & 0 & 0 & 0 & 0 & 0 & a & -a \end{bmatrix} \begin{matrix} 直流 \\ 基波 \\ 2\,次\,1\,相 \\ 2\,次\,2\,相 \\ 4\,次\,1\,相 \\ 4\,次\,2\,相 \\ 4\,次\,3\,相 \\ 4\,次\,4\,相 \end{matrix} \begin{bmatrix} H_2 H_1 H \\ G_2 H_1 H \\ G_1 H \\ G \\ \; \\ \; \\ \; \\ \; \end{bmatrix}$$

$$\tag{1-97}$$

这是由双尺度分解而还原的全尺度分解矩阵，其中全尺度分解的多频时谱和小波时谱见式（1-97）和式（1-98），它们分别由各个尺度下的尺度系数矩阵 H, H_1, H_2 和小波系数矩阵 G, G_1, G_2 来完成计算。如图 1-22 所示。

$$B \cdot F = \begin{bmatrix} H_2 H_1 H \\ G_2 H_1 H \\ G_1 H \\ G \end{bmatrix} \cdot \begin{pmatrix} f_0 \\ f_1 \\ f_2 \\ f_3 \\ f_4 \\ f_5 \\ f_6 \\ f_7 \end{pmatrix} = \begin{pmatrix} z_0 \\ z_1 \\ z_2 \\ z_3 \\ z_4 \\ z_5 \\ z_6 \\ z_7 \end{pmatrix} = \begin{pmatrix} u_0 \\ u_1 \\ u_2 \\ u_3 \\ d_0 \\ d_1 \\ d_2 \\ d_3 \end{pmatrix} \tag{1-98}$$

接着我们还可以得出用双尺度矩阵表达的全尺度分解的公式，见式（1-99）。它的意义在于今后引出其他支撑区较大的小波时，也能得出全尺度的分解公式，达到任意尺度分解计算，节省时间。

$$G^{\mathrm{T}} \cdot G \cdot F = X_1$$
$$(G_1 H)^{\mathrm{T}} \cdot G_1 H \cdot F = X_2$$
$$(G_2 H_1 H)^{\mathrm{T}} \cdot G_2 H_1 H \cdot F = X_3$$
$$(H_2 H_1 H)^{\mathrm{T}} \cdot H_2 H_1 H \cdot F = F_3$$

$$(1\text{-}99)$$

$$F = F_3 + X_3 + X_2 + X_1$$
$$F = F_2 + X_2 + X_1$$
$$F = F_1 + X_1$$

$$(1\text{-}100)$$

$H_2 H_1 H$	f_0	z_0	u_0	0次直流
$G_2 H_1 H$	f_1	z_1	u_1	1次基波
$G_1 H$	f_2	z_2	u_2	2次1相
	f_3	z_3	u_3	2次2相
G	f_4	z_4	d_0	4次1相
	f_5	z_5	d_1	4次2相
	f_6	z_6	d_2	4次3相
	f_7	z_7	d_3	4次4相

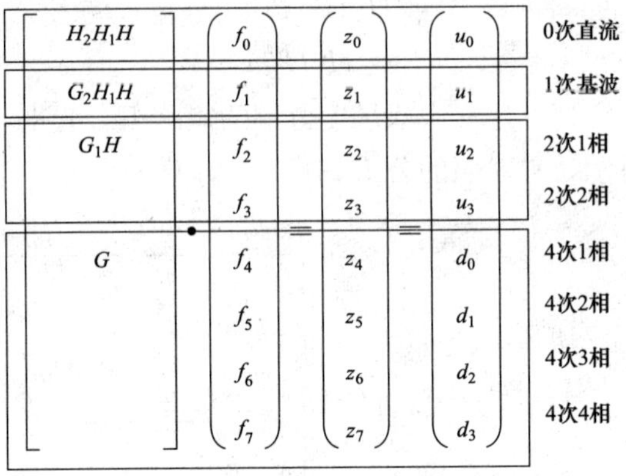

图 1-22　用多次双尺度分解而构成的多频时谱和小波时谱

在图 1-23 中给出原始波形用 Mallat 矩阵经过三层尺度分解而得到的各层图像，包括高频细波、低频主波、小波波形、尺度波形等。注意，小波波形、尺度波形也是随着不同尺度层次而不同。由于此时引用的依然是 Harr 小波，所以 F_1, F_2, F_3 的低频主波有着明显的台阶波形状。

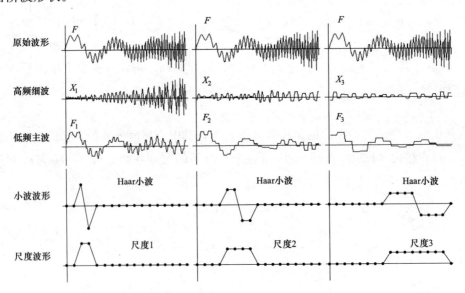

图 1-23　原始函数用 Mallat 小波矩阵经三重尺度分解的对照

1.10 用 Haar 小波进行多尺度分解的实例

如图 1-24 所示，对原始数据进行双尺度分解，得到的低频主波是一样的，左边使用

Haar 小波的 Mallat 矩阵进行双尺度分解，右边使用 Haar 全尺度矩阵进行的双尺度分解，结果是一样。它们的不同在于尺度时谱 C_1 和多频时谱 U_1 之间的差别。

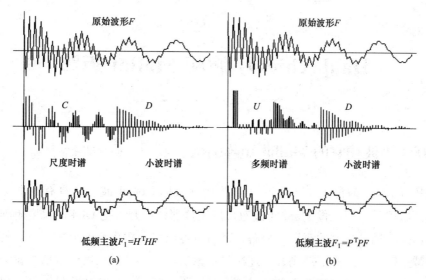

图 1-24　双尺度分解时谱和全尺度分解时谱的对照

（a）双尺度分解；（b）全尺度分解

　　如图 1-25 所示，用 Haar 小波的 Mallat 矩阵进行多次的双尺度分解，可得出多分辨率的结果。用尺度 1 滤出最高次细波 X_1，得出低频主波 F_1；用尺度 2 滤去高次细波 X_2，得出低频主波 F_2；用尺度 3 滤去高次细波 X_3，得出低频主波 F_3，从而得到多尺度分解。

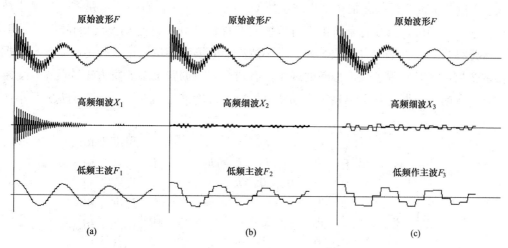

图 1-25　Haar 小波进行三重多分辨率分解的结果

（a）尺度 1；（b）尺度 2；（c）尺度 3

第 2 章

Daubechies 小波和 Mallat 矩阵

2.1 Db4 小波和它的 Mallat 矩阵引出

我们特以 $N=2$ 时的 Daubechies 小波为例（简称 Db4 小波）它具有 4 个支撑点。我们感兴趣的依然是希望能像 Haar 小波双尺度矩阵那样展开，把 DB4 的尺度矩阵和小波矩阵给显示出来，通过多次的双尺度分解，最后可得出多分辨率小波分析方法，就是按尺度系数和小波系数，一层一层地剥开，逐次显示该层次的小波和尺度的幅值，每剥一层信号点数就应当减半。为描述这个思路还是用 8 阶矩阵 $A[8,8]$ 来加以说明。前 4 行放置尺度波形，后 4 行放置小波波形，如第 1 行是 4 个尺度系数 (h_0,h_1,h_2,h_3)，右边 4 个零，这就是尺度波形，且位于第一相位时刻；第 2 行是将第 1 行数据向右移位 2 列，也是四个数据，其余都是零，这就是尺度波形，且位于第二相位时刻；第 3 行是将第 2 行数据向右移位 2 列，称作第三相位；第 4 行是将第 3 行数据向右移位 2 列，这时出现了数据截断的现象，有两个列的数据跑出了 8 阶方矩阵的范围，结果第 4 行只有两个数据，其余都是零，如式（2-1）。从第 5 行起它是 4 个小波系数 (g_0,g_1,g_2,g_3)，右边 4 个是零。这是小波波形且位于第一相位，第 6 行是将第 5 行数据向右移位 2 列，这是小波波形位于第二相位，第 7 行是将第 6 行数据向右移位 2 列，是小波波形的第三相位，第 8 行是将第 7 行数据向右移位 2 列，这时出现了数据截断的现象，有两个列数据跑出了 8 阶方矩阵的范围，结果第 8 行只有两个数据，其余都是零，如式（2-1），尺度波形就是 (h_0,h_1,h_2,h_3)，小波波形就是 (g_0,g_1,g_2,g_3)。

$$A[8,8]=\begin{bmatrix} h_0 & h_1 & h_2 & h_3 & 0 & 0 & 0 & 0 \\ 0 & 0 & h_0 & h_1 & h_2 & h_3 & 0 & 0 \\ 0 & 0 & 0 & 0 & h_0 & h_1 & h_2 & h_3 \\ 0 & 0 & 0 & 0 & 0 & 0 & h_0 & h_1 \\ g_0 & g_1 & g_2 & g_3 & 0 & 0 & 0 & 0 \\ 0 & 0 & g_0 & g_1 & g_2 & g_3 & 0 & 0 \\ 0 & 0 & 0 & 0 & g_0 & g_1 & g_2 & g_3 \\ 0 & 0 & 0 & 0 & 0 & 0 & g_0 & g_1 \end{bmatrix} \begin{matrix} \text{尺度 1 相} \\ \text{尺度 2 相} \\ \text{尺度 3 相} \\ \text{尺度 4 相} \\ \text{小波 1 相} \\ \text{小波 2 相} \\ \text{小波 3 相} \\ \text{小波 4 相} \end{matrix} \qquad (2\text{-}1)$$

这里直接给出 Db4 小波的尺度波形系数[2]，小波波形系数，如式（2-2）和式（2-3）。把 Daubechies 小波系数求出过程放在下一章推导。

其中，尺度波形 4 个系数是：

$$h_0 = \frac{1+\sqrt{3}}{4\sqrt{2}}; h_1 = \frac{3+\sqrt{3}}{4\sqrt{2}}; h_2 = \frac{3-\sqrt{3}}{4\sqrt{2}}; h_3 = \frac{1-\sqrt{3}}{4\sqrt{2}} \tag{2-2}$$

且有 $h_0^2 + h_1^2 + h_2^2 + h_3^2 = 1$，即它符合标幺化的条件。

相应的 4 个小波系数为：

$$g_0 = h_3; g_1 = -h_2; g_2 = h_1; g_3 = -h_0 \tag{2-3}$$

且具有 $g_0 + g_1 + g_2 + g_3 = 0$，即符合小波积分为零的条件。

通过 $A[8,8] \cdot F[8]$ 矩阵相乘就可将原始信号分解为 $Y[8]$，其中包含尺度幅值 $C[4]$ $= \{c_0, c_1, c_2, c_3\}$ 和小波的幅值 $D[8] = \{d_0, d_1, d_2, d_3\}$，即

$$
\begin{bmatrix}
h_0 & h_1 & h_2 & h_3 & 0 & 0 & 0 & 0 \\
0 & 0 & h_0 & h_1 & h_2 & h_3 & 0 & 0 \\
0 & 0 & 0 & 0 & h_0 & h_1 & h_2 & h_3 \\
0 & 0 & 0 & 0 & 0 & 0 & h_0 & h_1 \\
g_0 & g_1 & g_2 & g_3 & 0 & 0 & 0 & 0 \\
0 & 0 & g_0 & g_1 & g_2 & g_3 & 0 & 0 \\
0 & 0 & 0 & 0 & g_0 & g_1 & g_2 & g_3 \\
0 & 0 & 0 & 0 & 0 & 0 & g_0 & g_1
\end{bmatrix}
\cdot
\begin{bmatrix}
f_0 \\ f_1 \\ f_2 \\ f_3 \\ f_4 \\ f_5 \\ f_6 \\ f_7
\end{bmatrix}
=
\begin{bmatrix}
y_0 \\ y_1 \\ y_2 \\ y_3 \\ y_4 \\ y_5 \\ y_6 \\ y_7
\end{bmatrix}
=
\begin{bmatrix}
c_0 \\ c_1 \\ c_2 \\ c_3 \\ d_0 \\ d_1 \\ d_2 \\ d_3
\end{bmatrix}
\tag{2-4}
$$

把式（2-4）简写成式（2-5），如果我们希望按原来尺度和小波的波形重构原函数，就应当如式（2-6）那样，但关键是 A 矩阵是否是正交矩阵，验证如下：

$$A \cdot F = Y \tag{2-5}$$

$$A^\mathrm{T} \cdot Y = F_1 \tag{2-6}$$

如式（2-7）所示，A 不是正交矩阵，需加以改造。

$$
A^\mathrm{T} \cdot A =
\begin{bmatrix}
0.25 & 0.433 & & & & & & \\
0.433 & 0.75 & & & & & & \\
& & 1 & & & & & \\
& & & 1 & & & & \\
& & & & 1 & & & \\
& & & & & 1 & & \\
& & & & & & 1 & \\
& & & & & & & 1
\end{bmatrix}
\tag{2-7}
$$

2.2　Db4 小波矩阵正交性的改进

如果我们把第 4、8 行移位时截断的两个列数据，循环地移到相应行中的第 1、2 列上，见式（2-8），在数学上看，相当于原始数据中，第 8、9 两个数据 f_8、f_9 不是零，而是周期循环的，即 $f_8 = f_0; f_9 = f_1$，因而相当于将 h_2、h_3 搬移到第 4 行的 1、2 列上。同理相当于将 g_2、g_3 搬移到第 8 行的 1、2 列上。这样循环移位的矩阵，称作 B 矩阵，令人兴奋的是，B 矩阵是正交矩阵，见式（2-9）

$$B = \begin{bmatrix} h_0 & h_1 & h_2 & h_3 & 0 & 0 & 0 & 0 \\ 0 & 0 & h_0 & h_1 & h_2 & h_3 & 0 & 0 \\ 0 & 0 & 0 & 0 & h_0 & h_1 & h_2 & h_3 \\ h_2 & h_3 & 0 & 0 & 0 & 0 & h_0 & h_1 \\ g_0 & g_1 & g_2 & g_3 & 0 & 0 & 0 & 0 \\ 0 & 0 & g_0 & g_1 & g_2 & g_3 & 0 & 0 \\ 0 & 0 & 0 & 0 & g_0 & g_1 & g_2 & g_3 \\ g_2 & g_3 & 0 & 0 & 0 & 0 & g_0 & g_1 \end{bmatrix} \begin{matrix} \text{尺度 1 相} \\ \text{尺度 2 相} \\ \text{尺度 3 相} \\ \text{尺度 4 相} \\ \text{小波 1 相} \\ \text{小波 2 相} \\ \text{小波 3 相} \\ \text{小波 4 相} \end{matrix} \qquad (2\text{-}8)$$

$$B^{\mathrm{T}} \cdot B = \begin{bmatrix} h_0 & 0 & 0 & h_2 & g_0 & 0 & 0 & g_2 \\ h_1 & 0 & 0 & h_3 & g_1 & 0 & 0 & g_3 \\ h_2 & h_0 & 0 & 0 & g_2 & g_0 & 0 & 0 \\ h_3 & h_1 & 0 & 0 & g_3 & g_1 & 0 & 0 \\ 0 & h_2 & h_0 & 0 & 0 & g_2 & g_0 & 0 \\ 0 & h_3 & h_1 & 0 & 0 & g_3 & g_1 & 0 \\ 0 & 0 & h_2 & h_0 & 0 & 0 & g_2 & g_0 \\ 0 & 0 & h_3 & h_1 & 0 & 0 & g_3 & g_1 \end{bmatrix} \cdot \begin{bmatrix} h_0 & h_1 & h_2 & h_3 & 0 & 0 & 0 & 0 \\ 0 & 0 & h_0 & h_1 & h_2 & h_3 & 0 & 0 \\ 0 & 0 & 0 & 0 & h_0 & h_1 & h_2 & h_3 \\ h_2 & h_3 & 0 & 0 & 0 & 0 & h_0 & h_1 \\ g_0 & g_1 & g_2 & g_3 & 0 & 0 & 0 & 0 \\ 0 & 0 & g_0 & g_1 & g_2 & g_3 & 0 & 0 \\ 0 & 0 & 0 & 0 & g_0 & g_1 & g_2 & g_3 \\ g_2 & g_3 & 0 & 0 & 0 & 0 & g_0 & g_1 \end{bmatrix}$$

$$= \begin{bmatrix} 1 & & & & & & & \\ & 1 & & & & & & \\ & & 1 & & & & & \\ & & & 1 & & & & \\ & & & & 1 & & & \\ & & & & & 1 & & \\ & & & & & & 1 & \\ & & & & & & & 1 \end{bmatrix} = E[8,8] \qquad (2\text{-}9)$$

见式（2-8），这个改进后的 DB4 小波矩阵用正方矩阵 B 表示，它内部分为上下两个矩阵，上面 H 称作"尺度矩阵"，下面 G 称作"小波矩阵"，它们都是长方矩阵，见式（2-10）。

$$B[8,8] = \begin{bmatrix} H[4,8] \\ G[4,8] \end{bmatrix} \qquad (2\text{-}10)$$

在对原始数据 $F[8]$ 进行双尺度分解时，分别得到"尺度时谱 $C_1[4]$"和"小波时谱 $D_1[4]$"，见式（2-11），这是二倍压缩。

$$\begin{bmatrix} h_0 & h_1 & h_2 & h_3 & 0 & 0 & 0 & 0 \\ 0 & 0 & h_0 & h_1 & h_2 & h_3 & 0 & 0 \\ 0 & 0 & 0 & 0 & h_0 & h_1 & h_2 & h_3 \\ h_2 & h_3 & 0 & 0 & 0 & 0 & h_0 & h_1 \\ g_0 & g_1 & g_2 & g_3 & 0 & 0 & 0 & 0 \\ 0 & 0 & g_0 & g_1 & g_2 & g_3 & 0 & 0 \\ 0 & 0 & 0 & 0 & g_0 & g_1 & g_2 & g_3 \\ g_2 & g_3 & 0 & 0 & 0 & 0 & g_0 & g_1 \end{bmatrix} \cdot \begin{bmatrix} f_0 \\ f_1 \\ f_2 \\ f_3 \\ f_4 \\ f_5 \\ f_6 \\ f_7 \end{bmatrix} = \begin{bmatrix} c_0 \\ c_1 \\ c_2 \\ c_3 \\ d_0 \\ d_1 \\ d_2 \\ d_3 \end{bmatrix} = \begin{bmatrix} y_0 \\ y_1 \\ y_2 \\ y_3 \\ y_4 \\ y_5 \\ y_6 \\ y_7 \end{bmatrix} = Y \qquad (2\text{-}11)$$

把"尺度时谱 $C_1[4]$"和"小波时谱 $D_1[4]$"组合一起，简称"列向量 $Y[8]$"，见式（2-12）

简写为

$$B \cdot F = Y \qquad (2\text{-}12)$$

这和经典小波分解理论的公式完全对应，见式（2-13），我们把小波分解时得到的每个时刻的尺度波形的幅值，称作"尺度时谱"，把得到的每个时刻的小波波形的幅值，称作"小波时谱"。这和傅立叶分解时，把各个频率幅值称作频谱图的概念相似。

由于 B 矩阵是规范的稀疏矩阵，当采样数据个数 $N_k = 2^m$ 时，B 矩阵内存需要 $N_k \times N_k$，而起关键作用的只有 (h_0, h_1, h_2, h_3) 和 (g_0, g_1, g_2, g_3) 8 个数据，为了节省计算程序内存，可用 Mallat 塔式算法，见式（2-13）。我们采用矩阵公式表达是为了从时域理解小波的正交性，有利于以后多分辨率表达的简洁。

$$\left. \begin{aligned} &\text{分解：} \\ &\text{尺度时谱：} c_n^1 = \sum_{k=0}^{k=3} h_k f_{k+2n}^0 \\ &\text{小波时谱：} d_n^1 = \sum_{k=0}^{k=3} g_k f_{k+2n}^0 \\ &\text{其中，} f_{k+2^3}^0 = f_k^0 \text{ 按循环修正} \end{aligned} \right\} \qquad (2\text{-}13)$$

从而可有波形重构式（2-14），即

$$\begin{bmatrix} h_0 & 0 & 0 & h_2 & g_0 & 0 & 0 & g_2 \\ h_1 & 0 & 0 & h_3 & g_1 & 0 & 0 & g_3 \\ h_2 & h_0 & 0 & 0 & g_2 & g_0 & 0 & 0 \\ h_3 & h_1 & 0 & 0 & g_3 & g_1 & 0 & 0 \\ 0 & h_2 & h_0 & 0 & 0 & g_2 & g_0 & 0 \\ 0 & h_3 & h_1 & 0 & 0 & g_3 & g_1 & 0 \\ 0 & 0 & h_2 & h_0 & 0 & 0 & g_2 & g_0 \\ 0 & 0 & h_3 & h_1 & 0 & 0 & g_3 & g_1 \end{bmatrix} \cdot \begin{bmatrix} c_0 \\ c_1 \\ c_2 \\ c_3 \\ d_0 \\ d_1 \\ d_2 \\ d_3 \end{bmatrix} = \begin{bmatrix} f_0 \\ f_1 \\ f_2 \\ f_3 \\ f_4 \\ f_5 \\ f_6 \\ f_7 \end{bmatrix} \qquad (2\text{-}14)$$

简写为：

$$B^{\mathrm{T}} \cdot Y = F \qquad (2\text{-}15)$$

$$(H^T \quad G^T) \cdot \begin{bmatrix} C_1 \\ D_1 \end{bmatrix} = H^T C_1 + G^T D_1 = F_1 + X_1 = F \tag{2-16}$$

其中，$F_1[8]$ 是低频主波，$X_1[8]$ 是高频细波，这是二倍膨胀。它们之和就是原始波形 $F[8]$。这和傅立叶重构时，把各个频率成分幅值的柱状图称作频谱图的概念一致。

由于 B 矩阵需要循环修正，所以当函数重构时需要 B^T 矩阵，B^T 矩阵用 Mallat 塔式算法需要式（2-17）体现循环修正。为了以后书写的方便，一律采用循环小波矩阵的方式叙述。

重构：当 k 为奇数时，$k/2$ 只取整数。当 $m < 0$ 或 $m \geqslant 2N$ 时，$h_m = 0$ 和 $g_m = 0$

$$\left. \begin{aligned} \text{低频主波：} f_k^1 &= \sum_{n=0}^{n=k/2} h_{k-2n} c_n^1 + \sum_{n=k/2+1}^{n=N_k/2-1} h_{k-2n+N_k} c_n^1 \\ \text{高频细波：} x_k^1 &= \sum_{n=0}^{n=k/2} g_{k-2n} d_n^1 + \sum_{n=k/2+1}^{n=N_k/2-1} g_{k-2n+N_k} d_n^1 \\ f_k^0 &= f_k^1 + x_k^1 \end{aligned} \right\} \tag{2-17}$$

（1）以 8 阶方矩阵 B 为例，它是正交矩阵，即 B 和它的转置矩阵 B^T 正交，有：

$$B^T B = B B^T = E[8,8] \tag{2-18}$$

（2）对 $B^T B$ 代入长方形矩阵 H 和 G，可得出双尺度分解式（2-19），$H^T H$ 和 $G^T G$ 都是 8 阶的方阵，其中 $H^T H$ 称低频滤波矩阵；$G^T G$ 称高频滤波矩阵。

$$(H^T[8,4] \quad G^T[8,4]) \cdot \begin{bmatrix} H[4,8] \\ G[4,8] \end{bmatrix} = H^T H + G^T G = E[8,8] \tag{2-19}$$

（3）对 BB^T 代入长方形矩阵 H 和 G，可得出双尺度分解公式（2-20），HH^T 和 GG^T 都是 4 阶的幺阵 $E[4,4]$，说明尺度波形和移位尺度波形正交；同样小波波形和移位小波波形正交。而 GH^T 和 HG^T 的结果都是零矩阵 $O[4,4]$，说明尺度波形和小波波形全部正交。

$$\begin{bmatrix} H[4,8] \\ G[4,8] \end{bmatrix} \cdot (H^T[8,4] \quad G^T[8,4]) \cdot = \begin{bmatrix} HH^T & HG^T \\ GH^T & GG^T \end{bmatrix} = \begin{bmatrix} E[4,4] & O[4,4] \\ O[4,4] & E[4,4] \end{bmatrix} = E[8,8]$$
$$\tag{2-20}$$

（4）用双尺度矩阵 B 对原始数据 F 进行分解，即

$$B[8,8] \cdot F[8] = \begin{bmatrix} H[4,8] \\ G[4,8] \end{bmatrix} \cdot F[8] = \begin{bmatrix} C_1[4] \\ D_1[4] \end{bmatrix} \tag{2-21}$$

即对原始数据进行小波分解，得出各个时刻的尺度幅值 $C_1[4]$，称尺度时谱，和得出各个时刻的小波幅值 $D_1[4]$，称小波时谱。下面以 128 点的数据为例，进行尺度和小波的时谱分解，如图 2-1 所示。

（5）由式（2-22）进行二倍膨胀，分别可得出"低频主波 F_1"和"高频细波 X_1"，如图 2-1 所示，它是将低频滤波矩阵 $H^T H$ 作用于 F 而得出 F_1，将高频滤波矩阵 $G^T G$ 作

用于 F 而得出 X_1，即

$$(H^{\mathrm{T}}C_1 + G^{\mathrm{T}}D_1) = (H^{\mathrm{T}}H + G^{\mathrm{T}}G) \cdot F = F_1 + X_1 \tag{2-22}$$

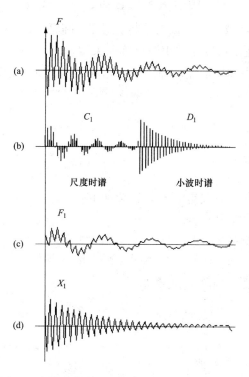

图 2-1　用 Db4 小波分解的 C、D 时谱和低频主波、高频细波重构

（a）原始波形；（b）尺度时谱和小波时谱；（c）低频主波；（d）高频细波

2.3　Db4 小波大数据矩阵的形成

　　一般分析数据数量都很大，因而相应的 Db4 矩阵 B 的阶数 $N = 2^m$ 也很大，这样就不可能写出矩阵的形式。但矩阵的形成，可以用程序写出，并注意 Db4 矩阵正交性的修正。

　　这个矩阵是很稀疏的，每行只有 4 个数据，其余都是零，N 阶 B 矩阵上半部分是尺度矩阵 $H(N/2, N)$，下半部分是小波矩阵 $G(N/2, N)$。H 矩阵排列是第一行从第一列开始按次是尺度系数 h_0、h_1、h_2、h_3，其后都是零，第二行开始两列是零，从第三列开始按次是尺度系数 h_0、h_1、h_2、h_3，依此类推，每向下一行尺度系数 h_0、h_1、h_2、h_3 向右位移两个列，……直到第 $N/2$ 行，尺度系数 h_0、h_1、h_2、h_3 位移已到第 $N-1$ 列，其中 h_2、h_3 已超出 N 列，依据循环替补的方法，将 h_2、h_3 移到此行的第 1、2 列上。同理 G 矩阵排列是从第 $N/2+1$ 行开始，从第一列开始按次是小波系数 g_0、g_1、g_2、g_3，其后都是零，第 $N/2+2$ 行，开始两列是零，从第三列开始按次是小波系数 g_0、g_1、g_2、g_3，依此类推，每向下一行小波系数 g_0、g_1、g_2、g_3 向右位移两个列，……直到第 N 行，小波系数 g_0、g_1、g_2、g_3 位移已到第 $N-1$ 列，其中 g_2、g_3 已超出 N 列，依据循环替补的方法，将 g_0、g_1 移到此行的第 1、2 列上。

　　需要特别指出的是：我们引用"小波矩阵"是为了理解方便，但"小波矩阵"十分稀疏，又规范，例如对于 128 点采样数据而言需要 B［128，128］个存储单元，而真正关键的数据只有 h_0、h_1、h_2、h_3 四个，因而编程运算应该采用式（2-3）、式（2-13）和式（2-17），为了达到循环矩阵的效果，可以对采样数据进行循环替补来达到。目前计算机的内存很充裕，为了理解方便也可以用"小波矩阵"来编程。

　　（1）因为矩阵 B 的内容是稀疏矩阵。很多元素是零，所以先对矩阵全清零。

```
For i = 0 To N
For j = 0 To N
B (i, j) = 0
Next j
Next i
```

　　（2）以 Db4 小波为例，其尺度系数 h 计算如下：

```
SR3 = 1.7320508；SR2 = 1.4142136
h (0) = (1 + SR3) / 4 / SR2；h (1) = (3 + SR3) / 4 / SR2
h (2) = (3 - SR3) / 4 / SR2；h (3) = (1 - SR3) / 4 / SR2
```

　　（3）以 Db4 小波为例，矩阵 B 形成如下：

```
For i = 0 To N - 1 Step 2
For j = i To i + 3
If j < N Then
B (i / 2, j) = h (j - i)
B (i / 2 + N / 2, j) = h (3 - j + i) * (-1)^(j - i)
Else
B (i / 2, j - N) = h (j - i)
B (i / 2 + N / 2, j - N) = h (3 - j + i) * (-1)^(j - i)
End If
Next j
Next i
```

　　（4）尺度矩阵 H 和小波矩阵 G。

```
For i = 0 To N/2 - 1
For j = 0 To N - 1
H (i, j) = B (i, j)
G (i, j) = B (i + N / 2, j)
Next j
Next i
```

　　（5）主波矩阵 M。

```
For i = 0 to N - 1
  For j = 0 to N - 1
    ss = 0；For k = 0 to N/2 - 1
        ss = ss + H (k, i) * H (k, j)
```

```
        next k
 M (i, j) = ss
        Next j: next i
```

（6）低频主波 F_1。

```
For i = 0 to N−1: ss = 0
 For j = 0 to N−1
   ss = ss + M (i, j) * F (j)
 Next j
   F1 (i) = ss
 Next i
```

（7）高频细波 X_1。

```
For i = 0 To N−1
X1 (i) = F (i) −F1 (i)
Next i
```

例 1： 下面作一个实例分解，原始数据 F 包含 128 个数据，i 从 0 到 127 变化

$$f(i) = 240\mathrm{e}^{-i/60} \cdot \sin\left(6\pi\frac{i}{128}\right) + (20\mathrm{e}^{-i/80} + 40\mathrm{e}^{i/60}) \cdot \sin\left(6\pi\frac{i\sqrt{i}}{128} + \frac{1}{16}\right) \quad (2\text{-}23)$$

对原始数据进行双尺度分解，尺度 k 以尺度波形位移的点数 2^k 计算，可分为尺度波形位移点数 2、4、8、16…二进计算，对应尺度 $k = 1、2、3…$。原始尺度 $k = 1$，也称第一层尺度，简称尺度 1。由于其高频细波频率最高，所以经过尺度 1 就分解出低频主波和高频细波，如图 2-2 所示。如果高频细波的频率较低，则用尺度 1 进行分解就不能完全分开，需要进行多尺度分解，详看下一节。

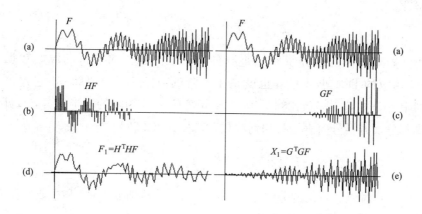

图 2-2　尺度 1 下"低频主波/尺度时谱"与"高频细波/小波时谱"

（a）原始数据；（b）尺度时谱；（c）小波时谱；（d）低频主波；（e）高频细波

例 2： $f(t) = 100 \times (0.99)^i \times \sin\left(\pi\frac{i}{16}\right) + 300 \times (0.97)^i \times \cos\left(\pi\frac{i}{2}\right)$ $\quad (2\text{-}24)$

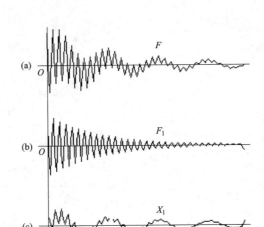

图 2-3　尺度 1 下由"原始数据"分解成
"低频主波"和"高频细波"的对比

（a）原始数据；（b）高频细波；（c）低频主波

2.4　Db4 小波矩阵的多尺度分解

小波理论中关于多尺度之间的关系如下，尺度加大一倍，其尺度 $\varphi(t)$ 和小波 $\psi(t)$ 函数都是前一尺度 $\varphi(2t-n)$ 的线性组合。

尺度函数：

$$\varphi(t) = \sqrt{2} \sum_n h_n \varphi(2t-n) \tag{2-25}$$

小波函数：

$$\psi(t) = \sqrt{2} \sum_n g_n \varphi(2t-n) \tag{2-26}$$

现用小波矩阵来说明多分辨率的小波分解过程。设要求分析的原始数据为 128 点 $F[128]$，其相应的 Db4 小波矩阵也就是 128 阶的方阵 $B[128,128]$，它包含尺度矩阵 $H[64,128]$ 和小波矩阵 $G[64,128]$，其中 H 矩阵位于 B 矩阵的上半部分，G 矩阵位于 B 矩阵的下半部分，方括号内表示行和列的数目，如式（2-27）

$$B[128,128] = \begin{bmatrix} H[64,128] \\ G[64,128] \end{bmatrix} \tag{2-27}$$

由式（2-28）对原始数据的分解，可知得到的尺度幅值 $C_1[64]$ 和小波幅值 $D_1[64]$ 数据都只有 64 个数据，这是二倍压缩滤波。

$$B \cdot F = \begin{bmatrix} H \\ G \end{bmatrix} \cdot F = \begin{bmatrix} C_1[64] \\ D_1[64] \end{bmatrix} \tag{2-28}$$

为了得到低频主波 F_1 和高频细波 X_1，需要通过式（2-29）重构运算。这是二倍膨胀运算，由于 $H^{\mathrm{T}}[128,64] \times C_1[64] = F_1[128]$，同样 $G^{\mathrm{T}}[128,64] \times D_1[64] = X_1[128]$，

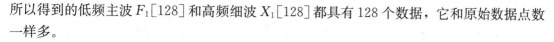

所以得到的低频主波 $F_1[128]$ 和高频细波 $X_1[128]$ 都具有 128 个数据，它和原始数据点数一样多。

$$F = B^{\mathrm{T}} \cdot \begin{bmatrix} C_1 \\ D_1 \end{bmatrix} = (H^{\mathrm{T}} \quad G^{\mathrm{T}}) \cdot \begin{bmatrix} C_1 \\ D_1 \end{bmatrix} = H^{\mathrm{T}}C_1 + G^{\mathrm{T}}D_1 = F_1 + X_1 \tag{2-29}$$

把 C_1 和 D_1 的关系代入，可得

$$F = (H^{\mathrm{T}}H + G^{\mathrm{T}}G) \cdot F = H^{\mathrm{T}}HF + G^{\mathrm{T}}GF = F_1 + X_1 \tag{2-30}$$

式中，$H^{\mathrm{T}}H$ 称"低频滤波矩阵"，$G^{\mathrm{T}}G$ 称"高频滤波矩阵"。以 8 阶 Db4 正交矩阵为例，由于 B 矩阵是正交的方阵，故有

$$B^{\mathrm{T}}B = BB^{\mathrm{T}} = E[8,8] \tag{2-31}$$

由式（2-32）可得出双尺度分解关系

$$B^{\mathrm{T}}B = (H^{\mathrm{T}}[8,4] \quad G^{\mathrm{T}}[8,4]) \cdot \begin{bmatrix} H[4,8] \\ G[4,8] \end{bmatrix} = H^{\mathrm{T}}H + G^{\mathrm{T}}G = E[8,8] \tag{2-32}$$

由式（2-33）表示 B 矩阵中，任意不同两行的"点积"都是零，即它们相互正交。

$$BB^{\mathrm{T}} = \begin{bmatrix} H[4,8] \\ G[4,8] \end{bmatrix} \cdot (H^{\mathrm{T}}[8,4] \quad G^{\mathrm{T}}[8,4]) \cdot = \begin{bmatrix} HH^{\mathrm{T}} & HG^{\mathrm{T}} \\ GH^{\mathrm{T}} & GG^{\mathrm{T}} \end{bmatrix}$$

$$= \begin{bmatrix} E_1[4,4] & 0 \\ 0 & E_1[4,4] \end{bmatrix} = E[8,8] \tag{2-33}$$

注意，$HH^{\mathrm{T}} = E_1[4,4]$ 和 $GG^{\mathrm{T}} = E_1[4,4]$，现在对 F 进行低频滤波，可得 $H^{\mathrm{T}}HF = F_1$。

如再对 F_1 进行同尺度再次低频滤波，其结果依然是 $H^{\mathrm{T}}HF_1 = F_1$，现证明如下：

$$H^{\mathrm{T}}H \cdot F_1 = H^{\mathrm{T}}H \cdot H^{\mathrm{T}}HF$$
$$= H^{\mathrm{T}}(H \cdot H^{\mathrm{T}})HF$$
$$= H^{\mathrm{T}}(E_1[4,4])HF$$
$$= H^{\mathrm{T}}HF = F_1$$

注意，$HG^{\mathrm{T}} = GH^{\mathrm{T}} = O[4,4]$ 是 4 阶的零矩阵，如再对 X_1 进行同尺度再次低频滤波，其结果是 $H^{\mathrm{T}}HX_1 = 0$，现证明如下：

$$H^{\mathrm{T}}H \cdot X_1 = H^{\mathrm{T}}H \cdot G^{\mathrm{T}}GF$$
$$= H^{\mathrm{T}}(H \cdot G^{\mathrm{T}})GF$$
$$= H^{\mathrm{T}}(O[4,4])GF = 0$$

下面举例来说明 $H^{\mathrm{T}}H$ "低频滤波矩阵"和 $G^{\mathrm{T}}G$ "高频滤波矩阵"内容是否具有循环对称性。

（1）以 8 阶矩阵为例，给出 $H^{\mathrm{T}}H$ "低频滤波矩阵"和 $G^{\mathrm{T}}G$ "高频滤波矩阵"的参数，见表 2-1

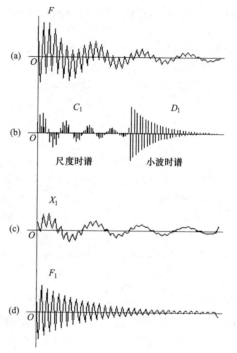

图 2-4　[原始波形]、[尺度/小波时谱]、[低频主波] 和 [高频细波]

（a）原始波形；（b）尺度时谱和小波时谱；
（c）低频主波；（d）高频细波

和图 2-4。

从 $H^{\mathrm{T}}H[8,8]$ 和 $G^{\mathrm{T}}G[8,8]$ 的列表中可以验证式（2-32），即 $H^{\mathrm{T}}H[8,8]+G^{\mathrm{T}}G[8,8]$ $=E[8,8]$。

表 2-1　　　　　　　　　　　　　　$H^{\mathrm{T}}H$ 低频滤波矩阵参数表

i,J＝0,0;WHH＝0.2835	i,J＝2,0;WHH＝0.1083	i,J＝4,0;WHH＝0	i,J＝6,0;WHH＝0.1083
i,J＝0,1;WHH＝0.375	i,J＝2,1;WHH＝0.1875	i,J＝4,1;WHH＝0	i,J＝6,1;WHH＝−0.0625
i,J＝0,2;WHH＝0.1083	i,J＝2,2;WHH＝0.2835	i,J＝4,2;WHH＝0.1083	i,J＝6,2;WHH＝0
i,J＝0,3;WHH＝−0.0625	i,J＝2,3;WHH＝0.375	i,J＝4,3;WHH＝0.1875	i,J＝6,3;WHH＝0
i,J＝0,4;WHH＝0	i,J＝2,4;WHH＝0.1083	i,J＝4,4;WHH＝0.2835	i,J＝6,4;WHH＝0.1083
i,J＝0,5;WHH＝0	i,J＝2,5;WHH＝−0.0625	i,J＝4,5;WHH＝0.375	i,J＝6,5;WHH＝0.1875
i,J＝0,6;WHH＝0.1083	i,J＝2,6;WHH＝0	i,J＝4,6;WHH＝0.1083	i,J＝6,6;WHH＝0.2835
i,J＝0,7;WHH＝0.1875	i,J＝2,7;WHH＝0	i,J＝4,7;WHH＝−0.0625	i,J＝6,7;WHH＝0.375
i,J＝1,0;WHH＝0.375	i,J＝3,0;WHH＝−0.0625	i,J＝5,0;WHH＝0	i,J＝7,0;WHH＝0.1875
i,J＝1,1;WHH＝0.7165	i,J＝3,1;WHH＝−0.1083	i,J＝5,1;WHH＝0	i,J＝7,1;WHH＝−0.1083
i,J＝1,2;WHH＝0.1875	i,J＝3,2;WHH＝0.375	i,J＝5,2;WHH＝−0.0625	i,J＝7,2;WHH＝0
i,J＝1,3;WHH＝−0.1083	i,J＝3,3;WHH＝0.7165	i,J＝5,3;WHH＝−0.1083	i,J＝7,3;WHH＝0
i,J＝1,4;WHH＝0	i,J＝3,4;WHH＝0.1875	i,J＝5,4;WHH＝0.375	i,J＝7,4;WHH＝−0.0625
i,J＝1,5;WHH＝0	i,J＝3,5;WHH＝−0.1083	i,J＝5,5;WHH＝0.7165	i,J＝7,5;WHH＝−0.1083
i,J＝1,6;WHH＝−0.0625	i,J＝3,6;WHH＝0	i,J＝5,6;WHH＝0.1875	i,J＝7,6;WHH＝0.375
i,J＝1,7;WHH＝−0.1083	i,J＝3,7;WHH＝0	i,J＝5,7;WHH＝−0.1083	i,J＝7,7;WHH＝0.7165

表 2-2　　　　　　　　　　　　　　$G^{\mathrm{T}}G$ 高频滤波矩阵参数表

i,J＝0,0;WHH＝0.7165	i,J＝2,0;WHH＝−0.1083	i,J＝4,0;WHH＝0	i,J＝6,0;WHH＝−0.1083
i,J＝0,1;WHH＝−0.375	i,J＝2,1;WHH＝−0.1875	i,J＝4,1;WHH＝0	i,J＝6,1;WHH＝−0.0625
i,J＝0,2;WHH＝−0.1083	i,J＝2,2;WHH＝0.7165	i,J＝4,2;WHH＝−0.1083	i,J＝6,2;WHH＝0
i,J＝0,3;WHH＝0.0625	i,J＝2,3;WHH＝−0.375	i,J＝4,3;WHH＝−0.1875	i,J＝6,3;WHH＝0
i,J＝0,4;WHH＝0	i,J＝2,4;WHH＝−0.1083	i,J＝4,4;WHH＝0.7165	i,J＝6,4;WHH＝−0.1083
i,J＝0,5;WHH＝0	i,J＝2,5;WHH＝0.0625	i,J＝4,5;WHH＝−0.375	i,J＝6,5;WHH＝−0.1875
i,J＝0,6;WHH＝−0.1083	i,J＝2,6;WHH＝0	i,J＝4,6;WHH＝−0.1083	i,J＝6,6;WHH＝0.7165
i,J＝0,7;WHH＝−0.1875	i,J＝2,7;WHH＝0	i,J＝4,7;WHH＝0.0625	i,J＝6,7;WHH＝−0.375
i,J＝1,0;WHH＝−0.375	i,J＝3,0;WHH＝0.0625	i,J＝5,0;WHH＝0	i,J＝7,0;WHH＝−0.1875
i,J＝1,1;WHH＝0.2835	i,J＝3,1;WHH＝0.1083	i,J＝5,1;WHH＝0	i,J＝7,1;WHH＝0.1083
i,J＝1,2;WHH＝−0.1875	i,J＝3,2;WHH＝−0.375	i,J＝5,2;WHH＝0.0625	i,J＝7,2;WHH＝0
i,J＝1,3;WHH＝0.1083	i,J＝3,3;WHH＝0.2835	i,J＝5,3;WHH＝0.1083	i,J＝7,3;WHH＝0
i,J＝1,4;WHH＝0	i,J＝3,4;WHH＝−0.1875	i,J＝5,4;WHH＝−0.375	i,J＝7,4;WHH＝0.0625
i,J＝1,5;WHH＝0	i,J＝3,5;WHH＝0.1083	i,J＝5,5;WHH＝0.2835	i,J＝7,5;WHH＝0.1083
i,J＝1,6;WHH＝0.0625	i,J＝3,6;WHH＝0	i,J＝5,6;WHH＝−0.1875	i,J＝7,6;WHH＝−0.375
i,J＝1,7;WHH＝0.1083	i,J＝3,7;WHH＝0	i,J＝5,7;WHH＝0.1083	i,J＝7,7;WHH＝0.2835

"低频滤波矩阵"所有偶数行 $i＝0$、2、4、6 的数据相同，但彼此循环移位 2 列。所有奇数行 $i＝1$、3、5、7 的数据也相同，但彼此也循环移位 2 列。它们都具有紧支撑的特点。所以"低频滤波矩阵"关键数据也是很少的。

（2）为了多尺度分析的推导，先依双尺度公式推导尺度 2 下的"尺度波形"和"小波波形"的数据，具体公式推演见下文，还是以 Db4 小波为例，如表 2-3 和表 2-4 所示给出尺度 1 下的"尺度波形"和"小波波形"的数据，分别给出第一行和第二行的"尺度波形"和第一行和第二行的"小波波形"，对比一下可以看出，这两行"尺度波形"数据相同，但彼此位移四个列。同样这两行"小波波形"数据相同，但彼此位移四个列，而且也有循环移位的特点。

表 2-3 H_1H 尺度 1 尺度波形

i, J=0, 0; WWHH1=0.2042	i, J=1, 4; WWHH1=0.2042
i, J=0, 1; WWHH1=0.4208	i, J=1, 5; WWHH1=0.4208
i, J=0, 2; WWHH1=0.5123	i, J=1, 6; WWHH1=0.5123
i, J=0, 3; WWHH1=0.6373	i, J=1, 7; WWHH1=0.6373
i, J=0, 4; WWHH1=0.2958	i, J=1, 0; WWHH1=0.2958
i, J=0, 5; WWHH1=0.0792	i, J=1, 1; WWHH1=0.0792
i, J=0, 6; WWHH1=−0.0123	i, J=1, 2; WWHH1=−0.0123
i, J=0, 7; WWHH1=−0.1373	i, J=1, 3; WWHH1=−0.1373

表 2-4 G_1G 尺度 1 小波波形

i, J=0, 0; WWHH2=−0.1708	i, J=1, 4; WWHH2=−0.1708
i, J=0, 1; WWHH2=−0.0458	i, J=1, 5; WWHH2=−0.0458
i, J=0, 2; WWHH2=−0.1373	i, J=1, 6; WWHH2=−0.1373
i, J=0, 3; WWHH2=−0.1708	i, J=1, 7; WWHH2=−0.1708
i, J=0, 4; WWHH2=0.3538	i, J=1, 0; WWHH2=0.3538
i, J=0, 5; WWHH2=0.7288	i, J=1, 1; WWHH2=0.7288
i, J=0, 6; WWHH2=−0.0458	i, J=1, 2; WWHH2=−0.0458
i, J=0, 7; WWHH2=−0.5123	i, J=1, 3; WWHH2=−0.5123

以 128 点为例，为了进行下一个尺度为 1 的计算，我们已由式（2-28）对原始数据分解为尺度幅值 C_1 和小波幅值 D_1。它们都是 64 个点，由小波幅值 D_1 可以得出高频细波 X_1，因为它是最高频，无需再分，暂且不去管它。而由尺度幅值 C_1 本可以得出低频主波 F_1，为了对它分解出更低频的主波 F_2，我们还是从尺度幅值 C_1 入手比较方便，为此需要引入 64 阶的 Db4 小波矩阵，见式（2-34）。

$$B_1[64,64] = \begin{bmatrix} H_1[32,64] \\ G_1[32,64] \end{bmatrix} \qquad (2\text{-}34)$$

注意各种尺度的 Db4 小波矩阵都是正交矩阵，见式（2-35），其中，E 是 128 阶的单位矩阵，E_1 是 64 阶的单位矩阵。

$$\left.\begin{array}{l} B^\mathrm{T}B = E[128,128] \\ B_1^\mathrm{T}B_1 = E_1[64,64] \end{array}\right\} \qquad (2\text{-}35)$$

我们暂且把尺度幅值 $C_1[64]$ 看成是原始数据，对它进行分解与重构，见式（2-36）。

$$(B_1^\mathrm{T}B_1) \cdot C_1 = (H_1^\mathrm{T}H_1 + G_1^\mathrm{T}G_1) \cdot C_1 = F_2^\mathrm{c} + X_2^\mathrm{c} \qquad (2\text{-}36)$$

注意 $F_2^\mathrm{c}[64]$ 和 $X_2^\mathrm{c}[64]$ 还只是尺度 2 幅值层面的数据，只有 64 个点，还需要进一步二倍膨胀后，才是尺度 1 下的低频主波 $F_2[128]$ 和高频细波 $X_2[128]$，见式（2-37）

$$H^\mathrm{T} \cdot (F_2^\mathrm{c} + X_2^\mathrm{c}) = F_2 + X_2 \qquad (2\text{-}37)$$

同理可推出三重尺度 3 的小波分解，其公式可表达为：

（1）尺度＝1 的分解，两行小波位移间隔为 2 个点。

（2）尺度＝2 的分解，两行小波位移间隔为 4 个点。

$$F_2 = H^{\mathrm{T}}(H_1^{\mathrm{T}} H_1) \cdot C_1 = H^{\mathrm{T}}(H_1^{\mathrm{T}} H_1)(H \cdot F) = (H_1 H)^{\mathrm{T}}(H_1 H) \cdot F \qquad (2\text{-}38)$$

$$X_2 = H^{\mathrm{T}}(G_1^{\mathrm{T}} G_1) \cdot C_1 = H^{\mathrm{T}}(G_1^{\mathrm{T}} G_1)(H \cdot F) = (G_1 H)^{\mathrm{T}}(G_1 H) \cdot F \qquad (2\text{-}39)$$

在上式中 $F_2 = H^{\mathrm{T}}(H_1^{\mathrm{T}} H_1) H \cdot F$，把 F_2 直接和 F 挂钩也方便计算。从物理意义上说这是尺度 2 的分解，因此同样应有

$$F_2 = H^{\mathrm{T}}(H_1^{\mathrm{T}} H_1) H \cdot F_1 \qquad (2\text{-}40)$$

因为 $F = F_2 + X_2 + X_1$，而 $F_1 = F_2 + X_2$。用尺度 1 的低频滤波器 $H^{\mathrm{T}}(H_1^{\mathrm{T}} H_1) H$ 去操作 F 和 F_1 应该得到同样结果。注意 $[H \cdot H^{\mathrm{T}}] = E_1[64, 64]$，下面推演如下：

$$\begin{aligned} F_2 &= H^{\mathrm{T}}(H_1^{\mathrm{T}} H_1) H \cdot F_1 = H^{\mathrm{T}}(H_1^{\mathrm{T}} H_1)(H \cdot H^{\mathrm{T}}) H \cdot F \\ &= H^{\mathrm{T}}(H_1^{\mathrm{T}} H_1)(H \cdot H^{\mathrm{T}}) H \cdot F = H^{\mathrm{T}}(H_1^{\mathrm{T}} H_1) H \cdot F \end{aligned} \qquad (2\text{-}41)$$

（3）尺度＝3 的分解，两行小波位移间隔为 8 个点。

$$F_3 = H^{\mathrm{T}}(H_1^{\mathrm{T}} [H_2^{\mathrm{T}} H_2] H_1) H \cdot F = (H_2 H_1 H)^{\mathrm{T}}(H_2 H_1 H) \cdot F \qquad (2\text{-}42)$$

$$X_3 = H^{\mathrm{T}}(H_1^{\mathrm{T}} [G_2^{\mathrm{T}} G_2] H_1) H \cdot F = (G_2 H_1 H)^{\mathrm{T}}(G_2 H_1 H) \cdot F \qquad (2\text{-}43)$$

式中，$(H_2 H_1 H)^{\mathrm{T}}(H_2 H_1 H)$ 是尺度 3 时的低频滤波矩阵，而 $(G_2 H_1 H)^{\mathrm{T}}(G_2 H_1 H)$ 是尺度 3 时的高频滤波矩阵。而 $(H_2 H_1 H)$ 是尺度 $k=3$ 时的尺度波形矩阵，尺度矩阵中每行都是尺度波形，相互移位 $2^k = 8$ 个点。而 $(G_2 H_1 H)$ 是尺度 3 时的小波波形矩阵。小波矩阵中每行都是小波波形，相互移位 $2^k = 8$ 个点。三层尺度下的尺度波形和小波波形如图 2-5 所示。

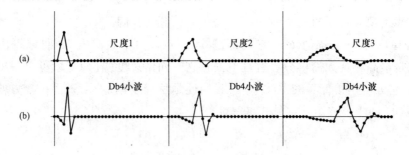

图 2-5　3 层尺度下 Db4 的"尺度波形"、"小波波形"的图示
(a) 尺度波形；(b) 小波波形

（4）多尺度分解的关系，所有波形均为 128 点。

$$\left.\begin{aligned} F &= F_1 + X_1 \\ F_1 &= F_2 + X_2 \\ F_2 &= F_3 + X_3 \end{aligned}\right\} \qquad (2\text{-}44)$$

（5）多尺度下尺度矩阵和小波矩阵。

$$\left.\begin{aligned} &尺度 = 1\ 时,尺度波形矩阵\ Z[64, 128] = H \\ &尺度 = 2\ 时,尺度波形矩阵\ Z_1[32, 128] = H_1 H \\ &尺度 = 3\ 时,尺度波形矩阵\ Z_2[16, 128] = H_2 H_1 H \end{aligned}\right\} \qquad (2\text{-}45)$$

$$尺度 = 1 时，小波波形矩阵 W[64,128] = G$$
$$尺度 = 2 时，小波波形矩阵 W_1[32,128] = G_1 H$$
$$尺度 = 3 时，小波波形矩阵 W_2[16,128] = G_2 H_1 H$$

$$(2-46)$$

在尺度总矩阵中每一行都是尺度波形，相邻两行位移点数 2^k，其中 k 就是尺度的数据。各种尺度下的尺度波形如图 2-5 中的上部所示。同样在小波总矩阵中每一行都是小波波形，相邻两行位移点数 2^k，k 是尺度的数据。各种尺度下的小波波形如图 2-5 中的下部所示。相邻两行尺度波形位移点数和两行小波波形位移点数如图 2-6 所示。

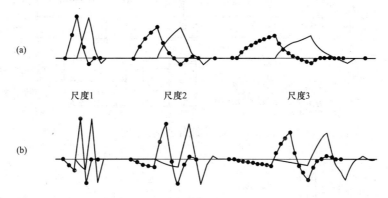

图 2-6　3 层尺度下 Db4 的"尺度波形"和"小波波形"及其位移图示

(a) 尺度波形；(b) 小波波形

在这儿要强调一点，尺度波形（小波波形）在各种不同尺度下它们尺度波形（小波波形）是不同的，用矩阵表示这一点就非常明显，随着尺度增大尺度波形（小波波形）的点数都在增多，但其有效值依然是 1。

(6) 参见式（2-45）可得多尺度下低频主波和高频细波的公式，即

$$尺度 = 1 时，低频主波 F_1 = Z^{\mathrm{T}} Z \cdot F$$
$$尺度 = 2 时，低频主波 F_2 = Z_1^{\mathrm{T}} Z_1 \cdot F$$
$$尺度 = 3 时，低频主波 F_3 = Z_2^{\mathrm{T}} Z_2 \cdot F$$

$$(2-47)$$

$$尺度 = 1 时，高频细波 X_1 = F - F_1$$
$$尺度 = 2 时，高频细波 X_2 = F_1 - F_2$$
$$尺度 = 3 时，高频细波 X_3 = F_2 - F_3$$

$$(2-48)$$

如图 2-7 所示绘出 3 层双尺度小波分解的流程图。

下面以前例 128 点的采样数据进行 Db4 矩阵的分解重构工作，先后进行 3 层剥离，如图 2-8 所示。为了对比，图 2-8（a）为用 Haar 矩阵对应的分析结果，相当于尺度 3 的"Haar 低频主波"，它明显具有台阶波的形状，所以 Haar 小波分解不受欢迎。图 2-8（b）是 Db4 矩阵分析结果，相当于尺度 3 的"Db4 低频主波"，有 128 点数据画线，相对比较光滑。在以后分析中可以看到当采用支撑区宽的 Db10 来分解时，得到的"Db10 低频主波"将更加光滑。

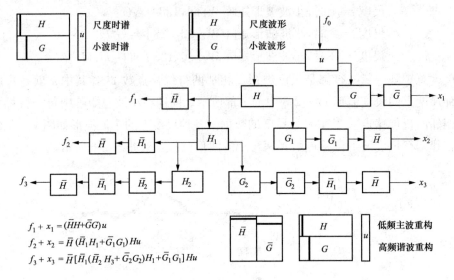

图 2-7　3 层小波分解的方框图

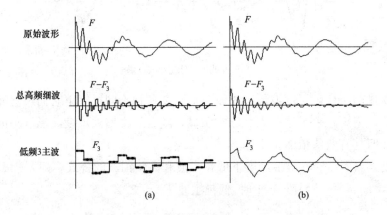

图 2-8　在尺度 3 下 Haar 小波分解和 Db4 矩阵分解结果对比

（a）Haar 分解；（b）Db4 分解

2.5　多尺度分解的唯一性

（1）多尺度分解的唯一性。

对于原始数据 $F[128]$ 而言，用 Db4 小波进行多尺度分解，其结果始终是唯一的，例如当尺度 1 时，从几何意义上说，如果输入函数是已经滤去高频细波的 $F_1 = F - X_1$ 时，式（2-49）也应成立。

$$
\left.
\begin{aligned}
F_2 &= H^{\mathrm{T}}(H_1^{\mathrm{T}} H_1) H \cdot F_1 \\
X_2 &= H^{\mathrm{T}}(G_1^{\mathrm{T}} G_1) H \cdot F_1
\end{aligned}
\right\}
\tag{2-49}
$$

对比式（2-38），其输入函数是原始数据 F，它们的结果 $F_2[128]$ 和 $X_2[128]$ 应该是一样的，现证明如下：

依 $F_1 = H^T H \cdot F$，代入式 (2-49) 可得：

$$F_2 = H^T(H_1^T H_1)H \cdot H^T H \cdot F = H^T(H_1^T H_1)(H \cdot H^T)H \cdot F$$
$$= H^T(H_1^T H_1)H \cdot F \tag{2-50}$$

注意 $(H \cdot H^T) = E_1[64,64]$ 是 64 阶的单位矩阵，可见它和式 (2-49) 一致。

同理也可证明 X_2。

$$X_2 = H^T(G_1^T G_1)H \cdot H^T H \cdot F = H^T(G_1^T G_1)(H \cdot H^T)H \cdot F$$
$$= H^T(G_1^T G_1)H \cdot F \tag{2-51}$$

(2) 双尺度分解时谱总能量守恒定理。

原始数据 F 的平方和等于尺度时谱 C_1 平方和加上小波时谱 D_1 平方和，见式 (2-52)

$$F^T F = C_1^T C_1 + D_1^T D_1 \tag{2-52}$$

证明如下，依据

$$\left.\begin{array}{l} C_1 = H \cdot F \\ D_1 = G \cdot F \end{array}\right\} \tag{2-53}$$

可得 $C_1^T C_1 + D_1^T D_1 = F^T H^T \cdot HF + F^T G^T \cdot GF = F^T[H^T H + G^T G]F = F^T F$

$$\tag{2-54}$$

注意 $H^T H + G^T G = E[128,128]$ 是单位矩阵。

(3) 双尺度分解小波总能量守恒定理。

原始数据 F 的平方和等于低频主波 F_1 平方和加上高频细波 X_1 平方和，即

$$F^T F = F_1^T F_1 + X_1^T X_1 \tag{2-55}$$

证明如下，参见式 (2-56) 可有

$$\left.\begin{array}{l} F_1 = H^T H \cdot F \\ X_1 = G^T G \cdot F \end{array}\right\} \tag{2-56}$$

将式 (2-56) 代入式 (2-55)，可得

$$F_1^T F_1 + X_1^T X_1 = F^T H^T[H \cdot H^T]HF + F^T G^T[G \cdot G^T]GF = F^T[H^T H + G^T G]F = F^T F$$
$$\tag{2-57}$$

注意 $HH^T = GG^T = E[64,64]$

它们都是 64 阶的单位矩阵。

2.6　用 Db4 小波进行多尺度分解的实例

例1：对下列函数进行三层小波分解，选用第一层尺度 1 的正交矩阵 $B[128,128]$，采用 Db4 小波分解，其结果如图 2-9 和表 2-5 所示。

$$f(i) = 240e^{-i/60} \cdot \sin\left(6\pi \frac{i}{128}\right) + (20e^{-i/80} + 40e^{i/60}) \cdot \sin\left(6\pi \frac{i\sqrt{i}}{128} + \frac{1}{16}\right)$$

以前多数实例均以图形表示，通过此 128 点图形进行三层尺度分解，特列出各层分解的时谱数据，以便和图形对照。注意尺度幅值时谱的包络线的形状接近相应"低频主波"的图形。

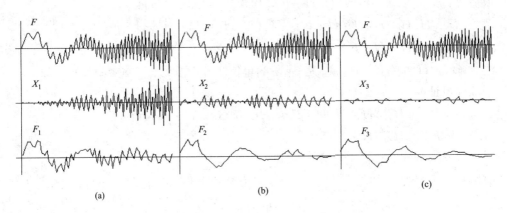

图 2-9　例 1 用 Db4 小波进行 3 层尺度分解的结果

(a) 尺度 1；(b) 尺度 2；(c) 尺度 3

以前多数实例均以图形表示、通过此 128 点图形进行三层尺度分解，特列出各层分解的时谱数据，以便和图形对照。注意尺度幅值时谱的包络线的形状接近相应"低频主波"的图形。

表 2-5　　　　　　　　　　　Db4 小波分解：B [128，128]

第一层尺度 1 时谱 chh=H[64,128]・F[128]		第一层小波 1 时谱 dhh=G[64,128]・F[128]	
i=0；chh=44.223	i=32；chh=94.8973	i=0；dhh=−0.1815	i=32；dhh=−31.2911
i=1；chh=179.4016	i=33；chh=−135.7349	i=1；dhh=7.4837	i=33；dhh=97.3373
i=2；chh=286.3512	i=34；chh=−10.5826	i=2；dhh=12.26	i=34；dhh=−152.7085
i=3；chh=297.0605	i=35；chh=−88.4434	i=3；dhh=2.3679	i=35；dhh=164.0892
i=4；chh=222.8636	i=36；chh=−156.0061	i=4；dhh=−14.515	i=36；dhh=−116.6343
i=5；chh=204.8958	i=37；chh=2.9612	i=5；dhh=−3.911	i=37；dhh=4.7294
i=6；chh=304.1061	i=38；chh=−188.1766	i=6；dhh=25.8372	i=38；dhh=123.4663
i=7；chh=301.5725	i=39；chh=−34.4297	i=7；dhh=5.5137	i=39；dhh=−199.1434
i=8；chh=102.3427	i=40；chh=−14.7812	i=8；dhh=−31.3716	i=40；dhh=150.5486
i=9；chh=46.7615	i=41；chh=−133.5177	i=9；dhh=15.721	i=41；dhh=15.2031
i=10；chh=118.5231	i=42；chh=77.4595	i=10；dhh=24.0875	i=42；dhh=−188.9448
i=11；chh=−76.8174	i=43；chh=15.0903	i=11；dhh=−44.5417	i=43；dhh=213.882
i=12；chh=−162.4068	i=44；chh=−51.5204	i=12；dhh=21.4986	i=44；dhh=−30.6337
i=13；chh=−56.2226	i=45；chh=144.0976	i=13；dhh=15.5484	i=45；dhh=−203.383
i=14；chh=−256.1556	i=46；chh=65.4892	i=14；dhh=−51.891	i=46；dhh=230.4624
i=15；chh=−190.9137	i=47；chh=−25.0623	i=15；dhh=56.5298	i=47；dhh=25.511
i=16；chh=−143.9115	i=48；chh=139.3739	i=16；dhh=−44.762	i=48；dhh=−270.9376
i=17；chh=−266.113	i=49；chh=104.2702	i=17；dhh=12.7501	i=49；dhh=160.731
i=18；chh=−42.7177	i=50；chh=−49.2768	i=18；dhh=17.3677	i=50；dhh=200.0196
i=19；chh=−190.2082	i=51；chh=43.0493	i=19；dhh=−46.4716	i=51；dhh=−276.4472
i=20；chh=19.6636	i=52；chh=11.0813	i=20；dhh=67.1584	i=52；dhh=−99.9509
i=21；chh=−48.754	i=53；chh=−41.8961	i=21；dhh=−80.4836	i=53；dhh=332.4144
i=22；chh=74.5559	i=54；chh=−96.3341	i=22；dhh=91.1677	i=54；dhh=26.1251
i=23；chh=71.9636	i=55；chh=26.8574	i=23；dhh=−95.4262	i=55；dhh=−362.9059
i=24；chh=122.3109	i=56；chh=32.4706	i=24；dhh=103.3751	i=56；dhh=−3.6935
i=25；chh=103.0361	i=57；chh=−102.901	i=25；dhh=−105.9359	i=57；dhh=388.3544
i=26；chh=149.8158	i=58；chh=−121.7163	i=26；dhh=113.3898	i=58；dhh=42.8223
i=27；chh=113.4394	i=59；chh=−1.7109	i=27；dhh=−113.8689	i=59；dhh=−407.7488
i=28；chh=154.19	i=60；chh=39.9407	i=28；dhh=113.3378	i=60；dhh=−156.3623
i=29；chh=32.0785	i=61；chh=−50.0572	i=29；dhh=−100.134	i=61；dhh=378.5702
i=30；chh=139.61	i=62；chh=−103.4767	i=30；dhh=74.2681	i=62；dhh=329.5572
i=31；chh=−75.2009	i=63；chh=27.3758	i=31；dhh=−30.1063	i=63；dhh=−28.4158

第二层尺度 2 时谱 chh1 $=H_1[32,64] \cdot H[64,128] \cdot F[128]$		第二层小波 2 时谱 dhh1 $=G_1[32,64] \cdot H[64,128] \cdot F[128]$	
i＝0；chh1＝197.1719	i＝16；cch1＝−58.6392	i＝0；ddh1＝50.1336	i＝16；dhh1＝52.0059
i＝1；chh1＝410.231	i＝17；cch1＝−114.4464	i＝1；ddh1＝−16.1689	i＝17；dhh1＝−110.7382
i＝2；chh1＝308.1707	i＝18；cch1＝−110.5912	i＝2；ddh1＝33.9745	i＝18；dhh1＝−121.2595
i＝3；chh1＝416.0304	i＝19；cch1＝−105.718	i＝3；ddh1＝−43.9225	i＝19；dhh1＝84.1885
i＝4；chh1＝125.0516	i＝20；cch1＝−103.4193	i＝4；ddh1＝112.521	i＝20；dhh1＝89.3481
i＝5；chh1＝−36.1435	i＝21；cch1＝19.8378	i＝5；ddh1＝−106.8224	i＝21；dhh1＝−126.0978
i＝6；chh1＝−158.1772	i＝22；cch1＝113.5798	i＝6；ddh1＝−88.4551	i＝22；dhh1＝41.2556
i＝7；chh1＝−281.2354	i＝23；cch1＝28.4101	i＝7；ddh1＝84.0795	i＝23；dhh1＝63.3725
i＝8；chh1＝−277.072	i＝24；cch1＝137.9201	i＝8；ddh1＝134.4006	i＝24；dhh1＝−103.4199
i＝9；chh1＝−169.0266	i＝25；cch1＝42.5325	i＝9；ddh1＝88.1574	i＝25；dhh1＝109.8832
i＝10；chh1＝−23.8882	i＝26；cch1＝−6.467	i＝10；ddh1＝35.9947	i＝26；dhh1＝−98.5404
i＝11；chh1＝106.7938	i＝27；cch1＝−3.4646	i＝11；ddh1＝13.734	i＝27；dhh1＝83.3062
i＝12；chh1＝186.7491	i＝28；cch1＝−97.4569	i＝12；ddh1＝25.5614	i＝28；dhh1＝−82.1288
i＝13；chh1＝197.6588	i＝29；cch1＝−44.7853	i＝13；ddh1＝68.6754	i＝29；dhh1＝73.7216
i＝14；chh1＝142.3266	i＝30；cch1＝−49.3201	i＝14；ddh1＝125.9615	i＝30；dhh1＝−93.7301
i＝15；chh1＝43.3557	i＝31；cch1＝−40.3789	i＝15；ddh1＝143.727	i＝31；dhh1＝−42.3961

第三层尺度 3 时谱 chh2 $=H_2[16,32] \cdot H_1[32,64] \cdot H[64,128] \cdot F[128]$		第三层小波 3 时谱 dhh2 $=G_2[16,32] \cdot H_1[32,64] \cdot H[64,128] \cdot F[128]$	
i＝0；chh2＝453.6279	i＝8；chh2＝−135.1643	i＝0；dhh2＝−60.6042	i＝8；dhh2＝−8.2125
i＝1；chh2＝529.5581	i＝9；chh2＝−167.5943	i＝1；dhh2＝−11.0672	i＝9；dhh2＝−58.0853
i＝2；chh2＝31.1008	i＝10；chh2＝−11.5714	i＝2；dhh2＝−4.573	i＝10；dhh2＝90.2273
i＝3；chh2＝−351.882	i＝11；chh2＝104.0302	i＝3；dhh2＝−66.6348	i＝11；dhh2＝73.7645
i＝4；chh2＝−294.3835	i＝12；chh2＝101.1882	i＝4；dhh2＝2.1817	i＝12；dhh2＝−31.118
i＝5；chh2＝94.0774	i＝13；chh2＝−22.0702	i＝5；dhh2＝39.9109	i＝13；dhh2＝−58.2812
i＝6；chh2＝281.8287	i＝14；chh2＝−90.361	i＝6；dhh2＝29.6482	i＝14；dhh2＝0.8947
i＝7；chh2＝106.6731	i＝15；chh2＝−66.4903	i＝7；dhh2＝−21.9157	i＝15；dhh2＝−17.7556

例 2： 对下列函数进行三层小波分解，选用第一层尺度 1 的正交矩阵 $B[128,128]$，采用 Db4 小波分解，其结果如图 2-10 所示。

$$f(i) = 20\mathrm{e}^{-i/200} \sin\left[6\pi\left(\frac{i}{128}+\frac{1}{16}\right)\right] + 30\mathrm{e}^{-i/20}\sin\left(42\pi\frac{i}{128}\right)$$

例 3： 对下列函数进行三层小波分解，选用第一层尺度 1 的正交矩阵 $B[128,128]$，采用 Db4 小波分解，其结果如图 2-11 所示。

$$f(i) = 20\mathrm{e}^{-i/200} \sin\left[6\pi\left(\frac{i}{128}+\frac{1}{16}\right)\right] + 30\mathrm{e}^{-i/20}(-1)^i$$

例 4： 对正弦波进行第三层（尺度 3）分解，Haar 小波分解和 Db4 小波分解的对比

$$f(i) = 100\sin\left(2\pi\frac{i}{128}\right)$$

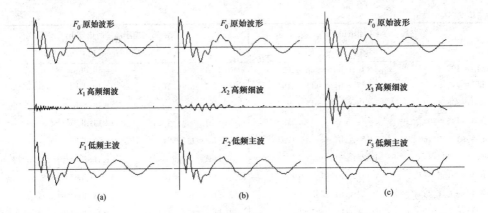

图 2-10　例 2 用 Db4 小波进行三层尺度小波分解结果

（a）尺度 1；（b）尺度 2；（c）尺度 3

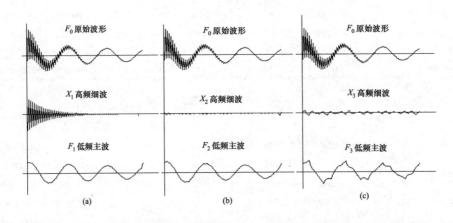

图 2-11　例 3 用 Db4 小波进行三层尺度分解结果

（a）尺度 1；（b）尺度 2；（c）尺度 3

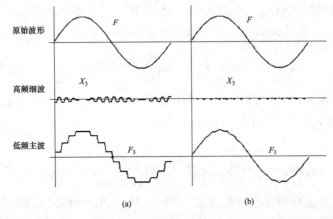

图 2-12　正弦波在尺度 3 下 Haar 小波分解和 Db4 小波分解的对比图

（a）Haar 小波分解；（b）Db4 小波分解

2.7　用 Db6、Db10、Db20 小波在尺度 3 分解的对比实例

关于 Daubechies 系列小波用 Db2N 表示，其中 2N 是相应小波的支撑区点数，如 Db6、Db10、Db20 小波的支撑区分别是 6、10 和 20，相应小波系数的求取 在第 4 章中给出，相应在尺度 3 下的"尺度波形"和"小波波形"如图 2-13 所示，以尺度 3 下的 Db20 尺度的支撑区而言，已有 64 个点。

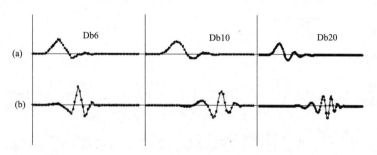

图 2-13　在尺度 3 下 Db6、Db10、Db20 的尺度波形和小波波形图
(a) 尺度波形；(b) 小波波形

多尺度分解的计算结果如图 2-14 所示，为了简化对比结果，现只对比经过三次滤波后得出的"低频主波 F_3"和"高频细波 X_3"。

(1) Db6、Db10、Db20 小波分解，在尺度 3 时得到的低频主波，用 Db10 小波分解已足够好了，Db6 显得稍微差一些，如图 2-14 所示。

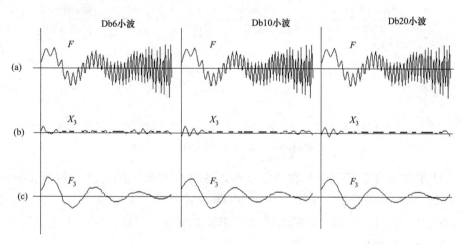

图 2-14　在尺度 3 下 Db6、Db10、Db20 的原始波形分解结果的对比图
(a) 原始波形；(b) 高频细波；(c) 低频主波

(2) Db6、Db10、Db20 小波分解 PWM 的三角波时，在尺度 3 时得到的低频主波，用 Db10 小波分解已足够好了，Db6 显得稍微差一些，如图 2-15 所示。

(3) 如果对小波矩阵不进行循环排列而改善其正交性的话，这相当于经典小波理论在

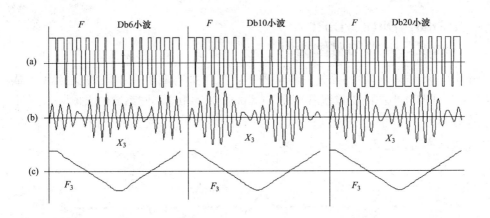

图 2-15　在尺度 3 下 Db6、Db10、Db20 的 PWM 波形分解结果的对比图
（a）原始波形；（b）高频细波；（c）低频主波

数据有限而截断处理的状况，将产生很大误差。如图 2-16 所示，此时 Db6、Db10、Db20 小波的经典方法分解，将出现前端陷落的毛病，从高频细波看，愈是支撑区大的 Db20 小波分解在前端陷落的区域愈大。

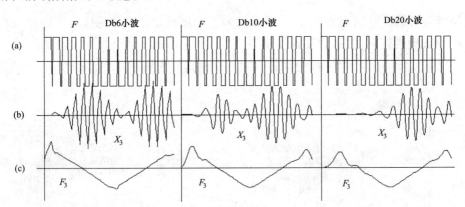

图 2-16　没有循环移位矩阵在尺度 3 下 Db6、Db10、Db20 的 PWM 波形分解结果的对比图
（a）原始波形；（b）高频细波；（c）低频主波

（4）对方波进行第三层（尺度 3）分解，各种小波分解的对比，包括 Haar 小波、Db4、Db10、Db20 小波分解。从图 2-17 可见 Haar 小波的"总谐波 $F-F_3$"对突变也很敏感。而 Db4、Db10、Db20 的"高频细波 X_3"都能对突变有反映，支撑区愈小的 Db4，反映突变的时刻也愈狭窄。

（5）图 2-18 所示为故障测距的模拟信号，它是在正弦波的基础上，重叠有短暂的高频小波，用 Db4、Db6、Db10 三种小波分解，在尺度 1 下看高频细波的分布，都能得到较好的结果。

（6）1024 点的 PWM 波形，经过尺度 3 的滤波得到低频主波 F_3 和高频细波 X_3，如图 2-19 所示。

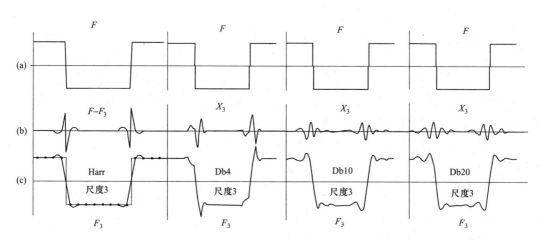

图 2-17 方波在尺度 3 下 Haar 小波分解和 Db4、Db10、Db20 小波分解的对比图

（a）原始波形；（b）高频细波；（c）低频主波

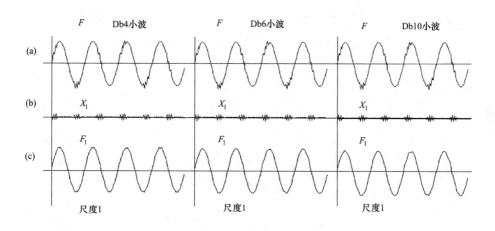

图 2-18 在尺度 1 下故障测距模拟波形在 Db4、Db6、Db10 小波分解时的对比图

（a）原始波形；（b）高频细波；（c）低频主波

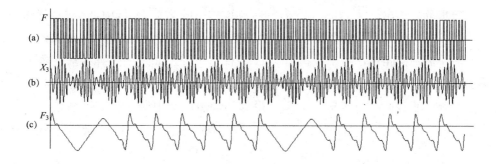

图 2-19 在尺度 3 下用 Db20 小波分解 1024 点的 PWM 波形

（a）原始波形；（b）高频细波；（c）低频主波

2.8 用 Db6 小波 16 阶矩阵进行双尺度分解

由于小波矩阵书写占篇幅太大，对于 Db6 小波具有 6 个支撑点，用 8 阶矩阵，不能形象体现多尺度分解，这里特别以 16 阶方阵书写 Db6 小波矩阵的双尺度分解，便于读者形象地体会循环小波矩阵构成的特点。

（1）由"低频滤波矩阵 H"求出"尺度时谱 C"，即 $H[8,16] \cdot F[16] = C[8]$，其矩阵公式为

$$
\begin{bmatrix}
h_0 & h_1 & h_2 & h_3 & h_4 & h_5 & 0 & 0 & 0 & 0 & 0 & 0 & 0 & 0 & 0 & 0 \\
0 & 0 & h_0 & h_1 & h_2 & h_3 & h_4 & h_5 & 0 & 0 & 0 & 0 & 0 & 0 & 0 & 0 \\
0 & 0 & 0 & 0 & h_0 & h_1 & h_2 & h_3 & h_4 & h_5 & 0 & 0 & 0 & 0 & 0 & 0 \\
0 & 0 & 0 & 0 & 0 & 0 & h_0 & h_1 & h_2 & h_3 & h_4 & h_5 & 0 & 0 & 0 & 0 \\
0 & 0 & 0 & 0 & 0 & 0 & 0 & 0 & h_0 & h_1 & h_2 & h_3 & h_4 & h_5 & 0 & 0 \\
0 & 0 & 0 & 0 & 0 & 0 & 0 & 0 & 0 & 0 & h_0 & h_1 & h_2 & h_3 & h_4 & h_5 \\
h_4 & h_5 & 0 & 0 & 0 & 0 & 0 & 0 & 0 & 0 & 0 & 0 & h_0 & h_1 & h_2 & h_3 \\
h_2 & h_3 & h_4 & h_5 & 0 & 0 & 0 & 0 & 0 & 0 & 0 & 0 & 0 & 0 & h_0 & h_1
\end{bmatrix}
\begin{bmatrix}
f_0 \\ f_1 \\ f_2 \\ f_3 \\ f_4 \\ f_5 \\ f_6 \\ f_7 \\ f_8 \\ f_9 \\ f_{10} \\ f_{11} \\ f_{12} \\ f_{13} \\ f_{14} \\ f_{15}
\end{bmatrix}
=
\begin{bmatrix}
c_0 \\ c_1 \\ c_2 \\ c_3 \\ c_4 \\ c_5 \\ c_6 \\ c_7
\end{bmatrix}
$$

$$(2\text{-}58)$$

由于数据移位溢出，在 $H[8,16]$ 低频滤波矩阵中的第 7、8 行中都会发生数据溢出，需要循环移位到第一列及以后各列中。它是两倍压缩运算，从而得到"尺度时谱 $C[8]$"。

与经典小波理论相比，由于低频矩阵 H 是稀疏矩阵，如果用矩阵乘法就多了很多与零相乘的冗柱计算，所以经典理论公式就采用塔式计算，它相当于始终只取第 0 行的 6 个尺度系数去乘原始数据 f_0，f_1，$\cdots$，f_5，得到 c_0，然后又用这 6 个尺度系数去乘原始数据 f_1，f_2，$\cdots$，f_7 得出 c_1，依此类推求出 8 个尺度时谱 c_0，c_1，c_7，看起来塔式计算可避免稀疏阵 $B[16,16]$ 的内存开销，它的"尺度时频 c_1"计算见式（2-59），这是它的优点。但当正交矩阵需要进行循环移位时，经典理论公式就很难表达了，所以在表达方式上本书用"循环移位的小波矩阵 $B[128,128]$"会简洁得多。其中，$N_k = 2^{8-k}$ 是尺度 k = 1 下的小波矩阵的阶数，即 $B[N_k,N_k]$，而 $2N$ 是 Db6 小波的支撑区点数[2]。注意式

（2-59）不能表达循环矩阵的特点。

$$c_m = \sum_{k=0}^{2N-1} h_k f_{k+2m}$$

$$m = 0,1,2\cdots\left(\frac{N_k}{2}-1\right)$$

$$(2\text{-}59)$$

（2）由"尺度时谱 C_1"重构"低频主波 F_1"，即 $F_1[16] = H^{\mathrm{T}}[16,8] \cdot C_1[8]$"，如式（2-60），它是二倍膨胀运算，从而得到"低频主波 $F_1[16]$"。如果是为了远传"低频主波 $F_1[16]$"信息，只需传送"尺度时谱 $C_1[8]$"，传送的信息可以减少一半，然后由到达方按 $F_1[16] = H^{\mathrm{T}}[16,8] \cdot C_1[8]$ 二倍膨胀得出"低频主波 $F_1[16]$"。

$$\begin{pmatrix} h_0 & 0 & 0 & 0 & 0 & 0 & h_4 & h_2 \\ h_1 & 0 & 0 & 0 & 0 & 0 & h_5 & h_3 \\ h_2 & h_0 & 0 & 0 & 0 & 0 & 0 & h_4 \\ h_3 & h_1 & 0 & 0 & 0 & 0 & 0 & h_5 \\ h_4 & h_2 & h_0 & 0 & 0 & 0 & 0 & 0 \\ h_5 & h_3 & h_1 & 0 & 0 & 0 & 0 & 0 \\ 0 & h_4 & h_2 & h_0 & 0 & 0 & 0 & 0 \\ 0 & h_5 & h_3 & h_1 & 0 & 0 & 0 & 0 \\ 0 & 0 & h_4 & h_2 & h_0 & 0 & 0 & 0 \\ 0 & 0 & h_5 & h_3 & h_1 & 0 & 0 & 0 \\ 0 & 0 & 0 & h_4 & h_2 & h_0 & 0 & 0 \\ 0 & 0 & 0 & h_5 & h_3 & h_1 & 0 & 0 \\ 0 & 0 & 0 & 0 & h_4 & h_2 & h_0 & 0 \\ 0 & 0 & 0 & 0 & h_5 & h_3 & h_1 & 0 \\ 0 & 0 & 0 & 0 & 0 & h_4 & h_2 & h_0 \\ 0 & 0 & 0 & 0 & 0 & h_5 & h_3 & h_1 \end{pmatrix} \begin{pmatrix} c_0 \\ c_1 \\ c_2 \\ c_3 \\ c_4 \\ c_5 \\ c_6 \\ c_7 \end{pmatrix} = \begin{pmatrix} f_0^1 \\ f_1^1 \\ f_2^1 \\ f_3^1 \\ f_4^1 \\ f_5^1 \\ f_6^1 \\ f_7^1 \\ f_8^1 \\ f_9^1 \\ f_{10}^1 \\ f_{11}^1 \\ f_{12}^1 \\ f_{13}^1 \\ f_{14}^1 \\ f_{15}^1 \end{pmatrix}$$

$$(2\text{-}60)$$

$$f_i^1 = \sum_{m=0}^{N_k/2-1} h_{i-2m} c_m = \sum_{m=0}^{N_k/2-1}\left(h_{i-2m}\sum_{k=0}^{2N-1}h_k f_{k+2m}\right) = \sum_{m=0}^{N_{k/2}-1}\left(\sum_{k=0}^{2N-1}h_{i-2m}h_k f_{k+2m}\right)$$

$$i = 0,1,2\cdots(N_k-1)$$

$$(2\text{-}61)$$

（3）由"高频滤波矩阵 G"求出"小波时谱 D_1"，即 $G[8,16] \cdot F[16] = D_1[8]$，其展开式见式（2-62），由于数据移位溢出，同理 $G[8,16]$ 也是有两行循环移位。在 $G[8,16]$ 高频滤波矩阵中的第 7、8 行中都会发生数据溢出，需要循环移位到第一列及以后各列中。其中 $g_k = (-1)^k h_{2N-1-k}$，即：

$$g_0 = h_5 ; g_1 = -h_4 ; g_2 = h_3 ; g_3 = -h_2 ; g_4 = h_1 ; g_5 = -h_0$$

$$
\begin{pmatrix}
g_0 & g_1 & g_2 & g_3 & g_4 & g_5 & 0 & 0 & 0 & 0 & 0 & 0 & 0 & 0 & 0 & 0 \\
0 & 0 & g_0 & g_1 & g_2 & g_3 & g_4 & g_5 & 0 & 0 & 0 & 0 & 0 & 0 & 0 & 0 \\
0 & 0 & 0 & 0 & g_0 & g_1 & g_2 & g_3 & g_4 & g_5 & 0 & 0 & 0 & 0 & 0 & 0 \\
0 & 0 & 0 & 0 & 0 & 0 & g_0 & g_1 & g_2 & g_3 & g_4 & g_5 & 0 & 0 & 0 & 0 \\
0 & 0 & 0 & 0 & 0 & 0 & 0 & 0 & g_0 & g_1 & g_2 & g_3 & g_4 & g_5 & 0 & 0 \\
0 & 0 & 0 & 0 & 0 & 0 & 0 & 0 & 0 & 0 & g_0 & g_1 & g_2 & g_3 & g_4 & g_5 \\
g_4 & g_5 & 0 & 0 & 0 & 0 & 0 & 0 & 0 & 0 & 0 & 0 & g_0 & g_1 & g_2 & g_3 \\
g_2 & g_3 & g_4 & g_5 & 0 & 0 & 0 & 0 & 0 & 0 & 0 & 0 & 0 & 0 & g_0 & g_1
\end{pmatrix}
\begin{pmatrix}
f_0 \\ f_1 \\ f_2 \\ f_3 \\ f_4 \\ f_5 \\ f_6 \\ f_7 \\ f_8 \\ f_9 \\ f_{10} \\ f_{11} \\ f_{12} \\ f_{13} \\ f_{14} \\ f_{15}
\end{pmatrix}
=
\begin{pmatrix}
d_0 \\ d_1 \\ d_2 \\ d_3 \\ d_4 \\ d_5 \\ d_6 \\ d_7
\end{pmatrix}
$$

$$(2\text{-}62)$$

$$d_m = \sum_{k=0}^{2N-1} g_k f_{k+2m}$$

$$m = 0,1,2\cdots\left(\frac{N_k}{2} - 1\right) \tag{2-63}$$

式中 $N_k = 2^{8-k}$ 是尺度 $k = 1$ 下的小波矩阵的阶数，即 $B[N_k, N_k]$，而 $2N$ 是 Db6 小波的支撑区点数[2]。

（4）由"小波时谱 D_1"重构"高频细波 X_1"，即 $X_1[16] = G^T[16,8] \cdot D_1[8]$"，即式（2-64），它是二倍膨胀运算，从而得到"高频细波 $X_1[16]$"。

$$
\begin{pmatrix}
g_0 & 0 & 0 & 0 & 0 & 0 & g_4 & g_2 \\
g_1 & 0 & 0 & 0 & 0 & 0 & g_5 & g_3 \\
g_2 & g_0 & 0 & 0 & 0 & 0 & 0 & g_4 \\
g_3 & g_1 & 0 & 0 & 0 & 0 & 0 & g_5 \\
g_4 & g_2 & g_0 & 0 & 0 & 0 & 0 & 0 \\
g_5 & g_3 & g_1 & 0 & 0 & 0 & 0 & 0 \\
0 & g_4 & g_2 & g_0 & 0 & 0 & 0 & 0 \\
0 & g_5 & g_3 & g_1 & 0 & 0 & 0 & 0 \\
0 & 0 & g_4 & g_2 & g_0 & 0 & 0 & 0 \\
0 & 0 & g_5 & g_3 & g_1 & 0 & 0 & 0 \\
0 & 0 & 0 & g_4 & g_2 & g_0 & 0 & 0 \\
0 & 0 & 0 & g_5 & g_3 & g_1 & 0 & 0 \\
0 & 0 & 0 & 0 & g_4 & g_2 & g_0 & 0 \\
0 & 0 & 0 & 0 & g_5 & g_3 & g_1 & 0 \\
0 & 0 & 0 & 0 & 0 & g_4 & g_2 & g_0 \\
0 & 0 & 0 & 0 & 0 & g_5 & g_3 & g_1
\end{pmatrix}
\begin{pmatrix}
d_0 \\ d_1 \\ d_2 \\ d_3 \\ d_4 \\ d_5 \\ d_6 \\ d_7
\end{pmatrix}
=
\begin{pmatrix}
x_0^1 \\ x_1^1 \\ x_2^1 \\ x_3^1 \\ x_4^1 \\ x_5^1 \\ x_6^1 \\ x_7^1 \\ x_8^1 \\ x_9^1 \\ x_{10}^1 \\ x_{11}^1 \\ x_{12}^1 \\ x_{13}^1 \\ x_{14}^1 \\ x_{15}^1
\end{pmatrix}
$$

$$(2\text{-}64)$$

$$x_i^1 = \sum_{m=0}^{N_k/2-1} g_{i-2m} d_m = \sum_{m=0}^{N_k/2-1}\left(g_{i-2m}\sum_{k=0}^{2N-1} g_k f_{k+2m}\right) = \sum_{m=0}^{N_k/2-1}\left(\sum_{k=0}^{2N-1} g_{i-2m} g_k f_{k+2m}\right)$$

$$i = 0,1,2\cdots(N_k - 1) \tag{2-65}$$

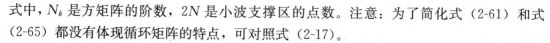

式中，N_k 是方矩阵的阶数，$2N$ 是小波支撑区的点数。注意：为了简化式（2-61）和式（2-65）都没有体现循环矩阵的特点，可对照式（2-17）。

（5）以 128 点原始数据为例，双尺度分解就是要分解出低频主波 F_1（0～31Hz）和高频细波 X_1（32～64Hz）两部分，即

$$F = F_1 + X_1 \tag{2-66}$$

关于 Db6 的"尺度系数 h_k"和"小波系数 g_k"在下一章推导，Db6 的 Mallat 矩阵构成，和 Db4 的 Mallat 矩阵构成相似，只是 Db6 的"尺度系数"和"小波系数"各具有 6 个点。

第 3 章

经典理论 Daubechies 小波族

3.1 用经典理论推出 Daubechies 小波族

小波理论是 20 世纪的数学里程碑，Haar 小波简单对称，但由于它不连续、不可微的缺点，数学家不能接受。寻找具有紧支撑、连续、可微的小波十分困难，法国著名数学家 Meyer 曾企图证明小波正交基（Haar 小波除外）并不存在，但最后他提出多分辨小波分析方法，并由数学家 Daubechies 提出一个正交的小波族，当 $N=1$ 时它就是 Haar 小波；$N \geqslant 2$ 时，就是 Daubechies 小波族，但两者关于小波正交的理念是完全不同的。经典小波理论是在傅立叶变换的广义积分中表达小波基正交条件的，大篇理论叙述中，迟迟不见小波在时域中的形象，读者理解较难，特别是对离散的等距采样数据的小波分析而言，由于数据长度有限，会发生边缘数据小波分析的失真。本章将用小波矩阵的方法诠释并改造 Daubechies 小波矩阵的正交性，用小波矩阵分析是从时域来理解正交性的，不涉及傅立叶广义积分的概念，读者理解要容易得多，从小矩阵导入方法，读者不难用举一反三的推理扩展到任意阶的大矩阵。

为了以下引入正交变换知识预备，先作卷积定理的证明：

$$\int_{-\infty}^{\infty} f_1(\tau) f_2(t-\tau) \mathrm{d}\tau \Longleftrightarrow F_1(\omega) F_2(\omega)$$

依傅立叶逆变换：

$$f_2(t-\tau) = \frac{1}{2\pi} \int_{-\infty}^{\infty} F_2(\omega) \mathrm{e}^{\mathrm{j}\omega(t-\tau)} \mathrm{d}\omega \tag{3-1}$$

可得

$$\int_{-\infty}^{\infty} f_1(\tau) f_2(t-\tau) \mathrm{d}\tau = \int_{-\infty}^{\infty} f_1(\tau) \left[\frac{1}{2\pi} \int_{-\infty}^{\infty} F_2(\omega) \mathrm{e}^{\mathrm{j}\omega(t-\tau)} \mathrm{d}\omega \right] \mathrm{d}\tau$$

$$= \frac{1}{2\pi} \int_{-\infty}^{\infty} F_2(\omega) \left[\int_{-\infty}^{\infty} f_1(\tau) \mathrm{e}^{-\mathrm{j}\omega\tau} \mathrm{d}\tau \right] \mathrm{e}^{\mathrm{j}\omega t} \mathrm{d}\omega$$

$$= \frac{1}{2\pi} \int_{-\infty}^{\infty} F_2(\omega) F_1(\omega) \mathrm{e}^{\mathrm{j}\omega t} \mathrm{d}\omega \tag{3-2}$$

依反变换定理可知：$\int_{-\infty}^{\infty} f_1(\tau) f_2(t-\tau) \mathrm{d}\tau \Longleftrightarrow F_1(\omega) F_2(\omega)$ ，证毕。

最早小波理论的设想是多尺度表达的离散小波函数：

$$\psi_{m,n}(t) = 2^{-m/2} \psi(2^{-m}t - n) \tag{3-3}$$

有如类比式（1-34）中各行中的波形，经典小波重构的公式是：

$$f(t) = \sum_{m=-\infty}^{\infty} \sum_{n=-\infty}^{\infty} C_{m,n} \psi_{m,n}(t) \tag{3-4}$$

引入双尺度函数和小波函数，及其傅立叶变换函数，见式（3-5）和式（3-6）。

尺度函数：

$$\varphi(t) = \sqrt{2} \sum_n h_n \varphi(2t-n) ; \Phi(\omega) = H\left(\frac{\omega}{2}\right) \Phi\left(\frac{\omega}{2}\right) \tag{3-5}$$

小波函数：

$$\psi(t) = \sqrt{2} \sum_n g_n \varphi(2t-n) ; \Psi(\omega) = G\left(\frac{\omega}{2}\right) \Phi\left(\frac{\omega}{2}\right) \tag{3-6}$$

其中

$$H\left(\frac{\omega}{2}\right) = \frac{1}{\sqrt{2}} \sum_{n \in Z} h_n e^{-j\omega n/2} \tag{3-7}$$

或

$$H(\omega) = \frac{1}{\sqrt{2}} \sum_{n \in Z} h_n e^{-j\omega n} \tag{3-8}$$

从物理意义上说，尺度函数 $\Phi\left(\frac{\omega}{2}\right)$ 的频率比 $\Phi(\omega)$ 频率高一倍，而 $H\left(\frac{\omega}{2}\right)$ 相当于滤波函数。尺度函数和另一平移后的尺度函数应当是正交的，即

$$\int_{-\infty}^{\infty} \varphi(t) \overline{\varphi(t-n)} dt = \frac{1}{2\pi} \int_{-\infty}^{\infty} \Phi(\omega) \overline{\Phi(\omega)} e^{j\omega n} d\omega = \frac{1}{2\pi} \int_{-\infty}^{\infty} |\Phi(\omega)|^2 e^{j\omega n} d\omega$$

$$= \frac{1}{2\pi} \int_0^{2\pi} \sum_{\substack{k=-\infty \\ k \in Z}}^{k=\infty} |\Phi(\omega + 2k\pi)|^2 e^{j\omega n} d\omega = \delta_{0,n} \tag{3-9}$$

为了达到正交的目的，只当 $n=0$ 时，才会有 $\delta_{0,0}=1$，这需要满足式（3-10）的恒等式关系。

$$\sum_{\substack{k=-\infty \\ k \in Z}}^{k=\infty} |\Phi(\omega + 2k\pi)|^2 \equiv 1 \tag{3-10}$$

将双尺度的关系式代入式（3-10），意味着也有如下关系，并将其中整数 k 依奇、偶数分割成两部分，推导得出

$$\sum_{\substack{k=-\infty \\ k \in Z}}^{k=\infty} |\Phi(\omega + 2k\pi)|^2 = \sum_{\substack{k=-\infty \\ k \in Z}}^{k=\infty} \left| \Phi\left(\frac{\omega}{2} + k\pi\right) \cdot H\left(\frac{\omega}{2} + k\pi\right) \right|^2$$

$$= \sum_{\substack{k=-\infty \\ k \in Z}}^{k=\infty} \left| \Phi\left(\frac{\omega}{2} + 2m\pi\right) \cdot H\left(\frac{\omega}{2} + 2m\pi\right) \right|^2 + \sum_{\substack{k=-\infty \\ k \in Z}}^{k=\infty} \left| \Phi\left(\frac{\omega}{2} + \pi + 2m\pi\right) \cdot H\left(\frac{\omega}{2} + \pi + 2m\pi\right) \right|^2$$

$$= \sum_{\substack{k=-\infty \\ k \in Z}}^{k=\infty} \left| \Phi\left(\frac{\omega}{2} + 2m\pi\right) \cdot H\left(\frac{\omega}{2}\right) \right|^2 + \sum_{\substack{k=-\infty \\ k \in Z}}^{k=\infty} \left| \Phi\left(\frac{\omega}{2} + \pi + 2m\pi\right) \cdot H\left(\frac{\omega}{2} + \pi\right) \right|^2$$

$$= \left| H\left(\frac{\omega}{2}\right) \right|^2 \cdot \left\{ \sum_{\substack{k=-\infty \\ k \in Z}}^{k=\infty} \left| \Phi\left(\frac{\omega}{2} + 2m\pi\right) \right|^2 \right\} + \left| H\left(\frac{\omega}{2} + \pi\right) \right|^2 \cdot \left\{ \sum_{\substack{k=-\infty \\ k \in Z}}^{k=\infty} \left| \Phi\left(\frac{\omega}{2} + \pi + 2m\pi\right) \right|^2 \right\}$$

$$\equiv 1 \tag{3-11}$$

依尺度正交的原理，也应有如下关系：

$$\left. \begin{aligned} \sum_{\substack{k=-\infty \\ k \in Z}}^{k=\infty} \left| \Phi\left(\frac{\omega}{2} + \pi + 2m\pi\right) \right|^2 &\equiv 1 \\[2em] \sum_{\substack{k=-\infty \\ k \in Z}}^{k=\infty} \left| \Phi\left(\frac{\omega}{2} + 2m\pi\right) \right|^2 &\equiv 1 \end{aligned} \right\} \tag{3-12}$$

将式（3-12）代入式（3-11）可得

$$\left|H\left(\frac{\omega}{2}\right)\right|^2 + \left|H\left(\frac{\omega}{2}+\pi\right)\right|^2 \equiv 1 \qquad (3\text{-}13)$$

或写成如下形式：

$$|H(\omega)|^2 + |H(\omega+\pi)|^2 \equiv 1 \qquad (3\text{-}14)$$

同理也可得到关于小波正交条件式（3-15）

$$|G(\omega)|^2 + |G(\omega+\pi)|^2 \equiv 1 \qquad (3\text{-}15)$$

尺度函数和小波函数正交条件式（3-16）

$$H(\omega)\overline{G(\omega)} + H(\omega+\pi)\overline{G(\omega+\pi)} = 0 \qquad (3\text{-}16)$$

综合式（3-14）到式（3-16），可解出

$$G(\omega) = e^{-j(2N-1)\omega}\overline{H(\omega+\pi)} \qquad (3\text{-}17)$$

下面验证式（3-17）的解，符合式（3-14）到式（3-16）三个关系式

（1）依式（3-17），求出 $G(\omega)$ 的共轭复数 $\overline{G(\omega)}$，注意共轭复数关系 $\overline{G(\omega)} = G(-\omega)$

$$\overline{G(\omega)} = e^{j(2N-1)\omega}H(\omega+\pi) \qquad (3\text{-}18)$$

（2）依式（3-17），求出 $G(\omega)$ 的位移函数 $G(\omega+\pi)$ 式（3-19），注意其中前置系数 $e^{-j(2N-1)\omega}$ 的指数 $(2N-1)$ 是奇数，移位 π 会出现负号。而指数函数具有 $H(\omega) = H(\omega+2\pi)$ 的关系。

$$G(\omega+\pi) = -e^{-j(2N-1)\omega}\overline{H(\omega)} \qquad (3\text{-}19)$$

（3）依式（3-19），求出 $G(\omega+\pi)$ 的共轭复数 $\overline{G(\omega+\pi)}$

$$\overline{G(\omega+\pi)} = -e^{j(2N-1)\omega}H(\omega) \qquad (3\text{-}20)$$

（4）依式（3-20）×式（3-19）可得

$$H(\omega)\overline{H(\omega)} = G(\omega+\pi)\overline{G(\omega+\pi)} \qquad (3\text{-}21)$$

（5）依式（3-18）×式（3-17）可得

$$H(\omega+\pi)\overline{H(\omega+\pi)} = G(\omega)\overline{G(\omega)} \qquad (3\text{-}22)$$

（6）依式（3-21）＋式（3-22）可得

$$|H(\omega)|^2 + |H(\omega+\pi)|^2 = |G(\omega)|^2 + |G(\omega+\pi)|^2 = 1 \qquad (3\text{-}23)$$

这个解符合式（3-14）和式（3-15）。

（7）依式（3-20）×式（3-18）可得

$$-e^{j(2N-1)\omega}H(\omega)\overline{G(\omega)} = e^{j(2N-1)\omega}H(\omega+\pi)\overline{G(\omega+\pi)} \qquad (3\text{-}24)$$

即 $H(\omega)\overline{G(\omega)} + H(\omega+\pi)\overline{G(\omega+\pi)} = 0$，满足式（3-16），证明完毕。

（8）注意 $z = e^{-j\omega}$，尺度函数 $H(\omega)$ 可由 z 的多项式表达，如对 Db2N 小波，它的支撑区为 $2N$ 个点，多项式的次数为 $2N-1$ 次。

$$H(\omega) = h_0 + h_1 z + h_2 z^2 + \cdots + h_{2N-1}z^{(2N-1)} \qquad (3\text{-}25)$$

（9）$H(\omega)$ 的移位且共轭的复数，可推出如下的多项式（3-26），其中移位操作 $H(\omega+\pi)$ 使多项式（3-26）系数隔项改变符号，而共轭操作的结果，使多项式中的 $z^k \Rightarrow z^{-k}$。

$$\overline{H(\omega+\pi)} = h_0 - h_1 z^{-1} + h_2 z^{-2} + \cdots - h_{2N-1}z^{-(2N-1)} \qquad (3\text{-}26)$$

（10）而小波函数 $G(\omega)$ 也是一个 $2N-1$ 次多项式，即

$$G(\omega) = g_0 + g_1 z + g_2 z^2 + \cdots + g_{2N-1} z^{(2N-1)} \tag{3-27}$$

依据式（3-17）和式（3-26）可得

$$G(\omega) = e^{-j(2N-1)\omega} \overline{H(\omega+\pi)} = z^{(2N-1)} \overline{H(\omega+\pi)}$$

$$= -h_{2N-1} + h_{2N-2} z + \cdots - h_1 z^{(2N-2)} + h_0 z^{(2N-1)} \tag{3-28}$$

到此我们终于明白，小波函数解 $G(\omega) = e^{-j(2N-1)\omega} \overline{H(\omega+\pi)} = z^{(2N-1)} \overline{H(\omega+\pi)}$ 的 z 幂函数部分之所以取 $2N-1$ 次，正是为了得到 $G(\omega)$ 函数多项式和 $H(\omega)$ 函数多项式相对应。它们之间的系数关系可简单地表述为

$$g_k = (-1)^k h_{2N-1-k} \tag{3-29}$$

3.2　Daubechies 小波族 Db4

法国数学家 Daubechies 依据以下恒等式

$$|H_2(\omega)|^2 + |H_2(\omega+\pi)|^2 = \left[\left(\cos\left(\frac{\omega}{2}\right) \right)^2 + \left(\cos\left(\frac{\omega+\pi}{2}\right) \right)^2 \right]^{2N-1} \equiv 1 \tag{3-30}$$

提出了一种类型的正交小波的滤波函数 $H(\omega)$，见式（3-31），其中 N 是整数，理论上说 Daubechies 提出了很多个正交小波分解的函数。

$$H(\omega) = \left[\frac{1+e^{-j\omega}}{2} \right]^N Q(e^{-j\omega}) = \sum_{k=0}^{2N-1} h_k e^{-jk\omega} \tag{3-31}$$

其中，$Q(z)$ 是有关 $z = e^{-j\omega}$ 的（N-1）次多项式。

为了浅显地揭露这个巧妙思路的关键，将通过低阶次开始说明。

（1）当 $N=1$ 时，就是 Harr 小波滤波函数 $H_1(\omega)$。

由式（3-25）可知尺度函数 $H_1(\omega)$ 应是 Z 的多项式，注意 $|e^{j\omega/2}| = 1$，与它相乘不影响结果，取

$$H_1(\omega) = e^{-j\omega/2} \cos\left(\frac{\omega}{2}\right) = \frac{1+e^{-j\omega}}{2} = \frac{1+z}{2} \tag{3-32}$$

同时它的共轭复数是

$$\overline{H_1(\omega)} = e^{j\omega/2} \cos\left(\frac{\omega}{2}\right) \tag{3-33}$$

这样它能保证

$$|H_1(\omega)|^2 = H_1(\omega) \cdot \overline{H_1(\omega)} = \left(\cos\left(\frac{\omega}{2}\right) \right)^2 \tag{3-34}$$

而

$$H_1(\omega+\pi) = -je^{-j\omega/2} \cos\left(\frac{\omega+\pi}{2}\right) = -je^{-j\omega/2} \sin\left(\frac{\omega}{2}\right) \tag{3-35}$$

它的共轭复数是

$$\overline{H_1(\omega+\pi)} = je^{j\omega/2} \cos\left(\frac{\omega+\pi}{2}\right) = je^{j\omega/2} \sin\left(\frac{\omega}{2}\right) \tag{3-36}$$

这样它能保证

$$|H_1(\omega+\pi)|^2 = H_1(\omega+\pi) \cdot \overline{H_1(\omega+\pi)} = \left(\sin\left(\frac{\omega}{2}\right)\right)^2 \tag{3-37}$$

于是满足了双尺度分解小波正交的条件

$$|H_1(\omega)|^2 + |H_1(\omega+\pi)|^2 = \left(\cos\left(\frac{\omega}{2}\right)\right)^2 + \left(\cos\left(\frac{\omega+\pi}{2}\right)\right)^2 \equiv 1 \tag{3-38}$$

且尺度系数见式（3-39），它满足 $h_0^2 + h_1^2 = 1$ 的标幺化条件。

$$\left. \begin{aligned} H_1(\omega) &= \frac{1+\mathrm{e}^{-\mathrm{j}\omega}}{2} = \frac{1}{\sqrt{2}}\sum_{k=0}^{k=1} h_k \mathrm{e}^{-\mathrm{j}\omega} \\ h_0 &= \frac{1}{\sqrt{2}}; h_1 = \frac{1}{\sqrt{2}}; h_k = 0; 当 k \neq 0 或 1 时。 \end{aligned} \right\} \tag{3-39}$$

（2）当 $N=2$ 时正交条件可以写出为 $H_2(\omega)$

$$|H_2(\omega)|^2 + |H_2(\omega+\pi)|^2 = \left[\left(\cos\left(\frac{\omega}{2}\right)\right)^2 + \left(\cos\left(\frac{\omega+\pi}{2}\right)\right)^2\right]^3$$

$$= \left[\left(\cos\left(\frac{\omega}{2}\right)\right)^2 + \left(\sin\left(\frac{\omega}{2}\right)\right)^2\right]^3 \equiv 1 \tag{3-40}$$

简写

$$\left. \begin{aligned} C &= \cos\left(\frac{\omega}{2}\right) \\ S &= \sin\left(\frac{\omega}{2}\right) \end{aligned} \right\} \tag{3-41}$$

将其代入式（3-40），并展开可得

$$|H_2(\omega)|^2 + |H_2(\omega+\pi)|^2 = C^4[C^2+3S^2] + S^4[S^2+3C^2] \tag{3-42}$$

对比式（3-42），可分离出尺度函数和小波函数各自平方模值的两部分为

$$\left. \begin{aligned} |H_2(\omega)|^2 &= C^4(C^2+3S^2) \\ |H_2(\omega+\pi)|^2 &= S^4(S^2+3C^2) \end{aligned} \right\} \tag{3-43}$$

注意 $H(\omega) = \sum_{k=0}^{2N-1} h_k z^k$，其共轭函数

$$\overline{H(\omega)} = H(-\omega) = \sum_{k=0}^{2N-1} h_k z^{-k} \tag{3-44}$$

为了求出尺度函数，按 $H(\omega)H(-\omega) = u^2 + v^2 = (u+\mathrm{j}v)(u-\mathrm{j}v)$ 的原理，对尺度函数平方模部分进行分解如下：

$$|H_2(\omega)|^2 = H_2(\omega) \cdot H_2(-\omega) = C^4[C^2+3S^2]$$

$$= C^2[C+\mathrm{j}\sqrt{3}S] \cdot C^2[C-\mathrm{j}\sqrt{3}S] \tag{3-45}$$

注意如下关系式：

$$\left. \begin{aligned} C &= \cos\left(\frac{\omega}{2}\right) = \frac{\mathrm{e}^{\mathrm{j}\frac{\omega}{2}} + \mathrm{e}^{-\mathrm{j}\frac{\omega}{2}}}{2} = \mathrm{e}^{\mathrm{j}\omega/2}\left(\frac{1+z}{2}\right) \\ C^2 &= \left(\cos\left(\frac{\omega}{2}\right)\right)^2 = \mathrm{e}^{\mathrm{j}\omega}\left(\frac{1+z}{2}\right)^2 \end{aligned} \right\} \tag{3-46}$$

对比式（3-46），可直接写出 Daubechies 小波的尺度滤波函数为

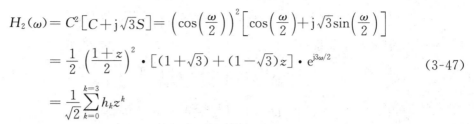

$$H_2(\omega) = C^2\left[C + \mathrm{j}\sqrt{3}S\right] = \left(\cos\left(\frac{\omega}{2}\right)\right)^2\left[\cos\left(\frac{\omega}{2}\right) + \mathrm{j}\sqrt{3}\sin\left(\frac{\omega}{2}\right)\right]$$

$$= \frac{1}{2}\left(\frac{1+z}{2}\right)^2 \cdot \left[(1+\sqrt{3}) + (1-\sqrt{3})z\right] \cdot \mathrm{e}^{\mathrm{j}3\omega/2} \tag{3-47}$$

$$= \frac{1}{\sqrt{2}}\sum_{k=0}^{k=3} h_k z^k$$

因为只要模值相等 $|H_2(\omega)| = |H_2(\omega)\mathrm{e}^{\mathrm{j}3\omega/2}|$，所以模值为一的复数的乘数 $|\mathrm{e}^{\mathrm{j}3\omega/2}|$ 均可约去，展开后可得其中 4 个系数是 h_0、h_1、h_2、h_3；且满足 $\sum_{k=0}^{3} h_k^2 = 1$ 的标幺化结果。

$$h_0 = \frac{1+\sqrt{3}}{4\sqrt{2}}; h_1 = \frac{3+\sqrt{3}}{4\sqrt{2}}; h_2 = \frac{3-\sqrt{3}}{4\sqrt{2}}; h_3 = \frac{1-\sqrt{3}}{4\sqrt{2}} \tag{3-48}$$

相应的 4 个小波系数 g_0、g_1、g_2、g_3 为

$$g_0 = h_3; g_1 = -h_2; g_2 = h_1; g_3 = -h_0 \tag{3-49}$$

一般也简称其为 Db4 小波，参考资料中对各种尺度 N 下的 Daubechies 小波，都具有 $2N$ 个尺度系数，简称 Db2N 尺度函数。有了尺度函数的系数，依据式（3-29）可立即得出小波函数的系数，见表 3-1。

表 3-1　　　　　　　　　Daubechies 尺度函数 $N=2$ 时的系数

	k	h_k
	0	0.482 962 913 144 534 1
Db4	1	0.836 516 303 737 807 7
$N=2$	2	0.224 143 868 042 013 4
	3	−0.129 409 522 551 260 3

3.3　Daubechies 小波族 Db6

当 $N=3$ 时正交条件可以写为

$$|H_3(\omega)|^2 + |H_3(\omega+\pi)|^2 = \left[\left(\cos\left(\frac{\omega}{2}\right)\right)^2 + \left(\sin\left(\frac{\omega}{2}\right)\right)^2\right]^{2N-1} \equiv 1 \tag{3-50}$$

简写为

$$|H_3(\omega)|^2 + |H_3(\omega+\pi)|^2 = \left[C^2 + S^2\right]^5 \equiv 1 \tag{3-51}$$

将上式展开可得

$$|H_3(\omega)|^2 + |H_3(\omega+\pi)|^2$$
$$= C^6\left[C^4 + 5C^2S^2 + 10S^4\right] + S^6\left[S^4 + 5S^2C^2 + 10C^4\right] \tag{3-52}$$

对比式（3-52）可得

$$|H_3(\omega)|^2 = C^6\left[C^4 + 5C^2S^2 + 10S^4\right]$$
$$= C^6\left[(C^2 - \sqrt{10}S^2)^2 + (5 + 2\sqrt{10})C^2S^2\right] \tag{3-53}$$

按 $H(\omega)H(-\omega) = u^2 + v^2 = (u+\mathrm{j}v)(u-\mathrm{j}v)$ 的原理分隔，可得

$$H_3(\omega) = C^3 \left[C^2 - \sqrt{10}S^2 + j\sqrt{5 + 2\sqrt{10}}\,CS \right] \tag{3-54}$$

令 $z = e^{-j\omega}$，注意如下关系：

$$\left. \begin{aligned} C &= \cos\left(\frac{\omega}{2}\right) = e^{j\frac{\omega}{2}}\left(\frac{1+z}{2}\right) \\ C^2 &= e^{j\omega}\left(\frac{1+z}{2}\right)^2 \\ C^3 &= e^{j\frac{3\omega}{2}}\left(\frac{1+z}{2}\right)^3 \end{aligned} \right\} \tag{3-55}$$

同理可推出：

$$\left. \begin{aligned} S^2 &= -e^{j\omega}\left(\frac{1-e^{-j\omega}}{2}\right)^2 = -e^{j\omega}\left(\frac{1-z}{2}\right)^2 \\ jSC &= e^{j\omega}\left(\frac{1-e^{-j2\omega}}{4}\right) = e^{j\omega}\left(\frac{1-z^2}{4}\right) \end{aligned} \right\} \tag{3-56}$$

$$\begin{aligned} H_3(\omega) &= C^3\left[C^2 - \sqrt{10}S^2 + j\sqrt{5 + 2\sqrt{10}}\,CS\right] \\ &= \frac{e^{j5\omega/2}}{32}(1+z)^3 \cdot \left[(1+z)^2 + \sqrt{10}(1-z)^2 + \sqrt{5 + 2\sqrt{10}}(1-z^2)\right] \end{aligned} \tag{3-57}$$

令

$$H_3(\omega) = \frac{e^{j5\omega/2}}{32}(1+z)^3 \cdot \left[a + bz + cz^2\right] \tag{3-58}$$

可得

$$\left. \begin{aligned} a &= (1 + \sqrt{10} + \sqrt{5 + 2\sqrt{10}}) \\ b &= 2 - 2\sqrt{10} \\ c &= (1 + \sqrt{10} - \sqrt{5 + 2\sqrt{10}}) \end{aligned} \right\} \tag{3-59}$$

展开可得

$$\begin{aligned} H_3(\omega) &= \frac{e^{j5\omega/2}}{32}(1+z)^3 \cdot \left[a + bz + cz^2\right] \\ &= \frac{e^{j5\omega/2}}{32} \cdot (a + (3a+b)z + (3a+3b+c)z^2 + (a+3b+3c)z^3 + (b+3c)z^4 + cz^5)) \\ &= \frac{1}{\sqrt{2}}\sum_{k=0}^{k=5} h_k z^k \end{aligned} \tag{3-60}$$

Daubechies 尺度函数 $N=3$ 时的系数见表 3-2。

表 3-2   Daubechies 尺度函数 $N=3$ 时的系数

	k	h_k
	0	0.332 670 552 950 082 5
	1	0.806 891 509 311 092 4
Db6	2	0.459 877 502 118 491 4
$N=3$	3	−0.135 011 020 010 254 6
	4	−0.085 441 273 882 026 7
	5	0.035 226 291 885 709 5

3.4　用 Riesz 定理计算 Db2N 高阶系数

以 $N=3$ 的 Daubechies 小波 Db6 为例，说明高阶系数求法的普遍方法。由式（3-52）可知，为了方便只分析非平方部分 $|Q(\omega)|^2$，即

$$|H_3(\omega)|^2 = C^6(C^4 + 5C^2S^2 + 10S^4) = C^6|Q(\omega)|^2 \tag{3-61}$$

依据 Riesz 定理，$|Q(\omega)|^2$ 最终可转换成

$$|Q(\omega)|^2 = \sum_{k=0}^{N-1} b_k \cos k\omega \tag{3-62}$$

当 $N=3$ 时计算结果见式（3-63），注意 FFT 展开交流系数加倍

$$f(\omega) = |Q(\omega)|^2 = (C^4 + 5C^2S^2 + 10S^4)$$

$$= \cos^4\frac{\omega}{2} + 5\cos^2\frac{\omega}{2}\sin^2\frac{\omega}{2} + 10\sin^4\frac{\omega}{2}$$

$$= b_0 + b_1\cos\omega + b_2\cos2\omega = 4.75 - 4.5\cos\omega + 0.75\cos2\omega \tag{3-63}$$

为了进行 Riesz 定理转换的方便，可以用 FFT 来计算，但要注意采样定理的要求。

例如以 128 点采样为例：$f(i) = 50 + 100\cos2\pi\left(\dfrac{i}{128}\right)$，进行标准程序 FFT 分解的结果却是：

$f(x) = 50 + 50\cos x + 50\cos127x$，依据采样定理，每周波必须满足两个以上采样点，所以应取结果 $f(x) = 50 + 100\cos x$，造成这个原因是由于存在如下恒等式：

$$\cos2\pi\left(\frac{i}{N}\right) \equiv \cos2\pi\left[\frac{(N-1)i}{N}\right] \tag{3-64}$$

另外设

$$Q(\omega) = (a_0 + a_1z + a_2z^2) \tag{3-65}$$

有共轭复数：

$$\overline{Q(\omega)} = (a_0 + a_1z^{-1} + a_2z^{-2}) \tag{3-66}$$

得出

$$|Q(\omega)|^2 = Q(\omega)\widetilde{Q}(\omega) = (a_0 + a_1z + a_2z^2)(a_0 + a_1z^{-1} + a_2z^{-2})$$

$$= (a_0^2 + a_1^2 + a_2^2) + 2\left[(a_0a_1 + a_1a_2)\frac{z+z^{-1}}{2} + (a_0a_2)\frac{z^2+z^{-2}}{2}\right]$$

$$= (a_0^2 + a_1^2 + a_2^2) + 2\left[(a_0a_1 + a_1a_2)\cos\omega + (a_0a_2)\cos2\omega\right] \tag{3-67}$$

对比式（3-62）和式（3-66）可得联立方程

$$\left.\begin{array}{l} a_0^2 + a_1^2 + a_2^2 = b_0 = 4.75 \\ 2(a_0a_1 + a_1a_2) = b_1 = -4.5 \\ 2(a_0a_2) = b_2 = 0.75 \end{array}\right\} \tag{3-68}$$

对比式（3-58）和式（3-65），注意模值为 1 的复数可以不计，对比两个公式中的 $Q(\omega)$ 部分就有如下关系：$a_0 = \dfrac{a}{4}$；$a_1 = \dfrac{b}{4}$；$a_2 = \dfrac{c}{4}$，代入式（3-59）得

$$a_0 = \frac{a}{4} = \frac{(1 + \sqrt{10} + \sqrt{5 + 2\sqrt{10}})}{4} = \frac{7.527\,475}{4} = 1.881\,868\,75$$

$$a_1 = \frac{b}{4} = \frac{2 - 2\sqrt{10}}{4} = -1.081\,138 \tag{3-69}$$

$$a_2 = \frac{c}{4} = \frac{(1 + \sqrt{10} - \sqrt{5 + 2\sqrt{10}})}{4} = \frac{0.797\,079\,995}{4} = 0.199\,269\,998$$

验证可得

$$b_0 = a_0^2 + a_1^2 + a_2^2 = \left[2 \times (1 + \sqrt{10})^2 + 2 \times (5 + 2\sqrt{10}) + 4 \times (1 - \sqrt{10})^2 \right]/16$$
$$= 4.75$$

$$b_1 = 2(a_0 a_1 + a_2 a_1) = 2 \times (2 - 2\sqrt{10})(2 + 2\sqrt{10})/16 = -4.5 \tag{3-70}$$

$$b_2 = 2(a_0 a_2) = 2 \times \left[(1 + \sqrt{10})^2 - (5 + 2\sqrt{10}) \right]/16 = 0.75$$

可见 a_0、a_1、a_2 符合联立方程的解。

一般说联立方程式（3-67）的解，只能用最大下降方向导数的迭代方法求解，先设定 a_0、a_1、a_2 的初值，求 3 个联立方程偏差的平方和 W。

$$W = (a_0^2 + a_1^2 + a_2^2 - b_0)^2 + (2(a_0 a_1 + a_1 a_2) - b_1)^2 + (2(a_0 a_2) - b_2)^2 \tag{3-71}$$

得出偏导数如下

$$\frac{\partial W}{\partial a_0} = 4(a_0^2 + a_1^2 + a_2^2 - b_0)a_0 + 4(2(a_0 a_1 + a_1 a_2) - b_1)a_1 + 4(2(a_0 a_2) - b_2)a_2 \tag{3-72}$$

$$\frac{\partial W}{\partial a_1} = 4(a_0^2 + a_1^2 + a_2^2 - b_0)a_1 + 4(2(a_0 a_1 + a_1 a_2) - b_1)(a_0 + a_2) \tag{3-73}$$

$$\frac{\partial W}{\partial a_2} = 4(a_0^2 + a_1^2 + a_2^2 - b_0)a_2 + 4(2(a_0 a_1 + a_1 a_2) - b_1)a_1 + 4(2(a_0 a_2) - b_2)a_0 \tag{3-74}$$

用最小二乘法得出最大下降方向导数，迭代修正后的 a_k 公式如下：

$$\hat{a}_k = a_k + \Delta a_k = a_k + \frac{W}{\sum\limits_{i=0}^{2} \left(\frac{\partial W}{\partial a_i} \right)^2} \times \left(\frac{\partial W}{\partial a_k} \right) \tag{3-75}$$

直到 W 接近于零，即

$$W = (a_0^2 + a_1^2 + a_2^2 - b_0)^2 + (2(a_0 a_1 + a_1 a_2) - b_1)^2 + (2(a_0 a_2) - b_2)^2 \Rightarrow 0 \tag{3-76}$$

即得出 $Q(\omega) = (a_0 + a_1 z + a_2 z^2)$ 的近似解。

3.5 用 Riesz 定理计算 Db2N 高阶系数的程序

注意 $C = \cos\left(\frac{\omega}{2}\right) = \mathrm{e}^{\mathrm{j}\frac{\omega}{2}}\left(\frac{1+z}{2}\right)$，以式（3-70）为例，为了用 FFT 求 Riesz 定理分解的系数 b_k 都是整数，便于对 FFT 计算结果取整，以保证理论上的精度，可以改写

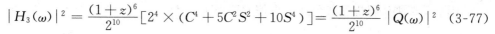

$$|H_3(\omega)|^2 = \frac{(1+z)^6}{2^{10}}\left[2^4 \times (C^4 + 5C^2S^2 + 10S^4)\right] = \frac{(1+z)^6}{2^{10}}|Q(\omega)|^2 \quad (3\text{-}77)$$

$$|Q(\omega)|^2 = \left[2^4 \times (C^4 + 5C^2S^2 + 10S^4)\right] = \sum_{k=0}^{N-1} b_k \cos k\omega \quad (3\text{-}78)$$

为了编程的普遍性，我们取阶数较高的例子，即

$$|H_N(\omega)|^2 + |H_N(\omega + \pi)|^2 = (C^2 + S^2)^{2N-1} \equiv 1 \quad (3\text{-}79)$$

取 $N=6$，有

$$|H_6(\omega)|^2 = \frac{(1+z)^{12}}{2^{22}}\left[2^{10} \times (C^{10} + 11C^8S^2 + 55C^6S^4 + 165C^4S^6 + 330C^2S^8 + 462S^{10})\right]$$
$$(3\text{-}80)$$

$$|Q(\omega)|^2 = \left[2^{10} \times (C^{10} + 11C^8S^2 + 55C^6S^4 + 165C^4S^6 + 330C^2S^8 + 462S^{10})\right]$$
$$= \sum_{k=0}^{N-1} b_k \cos k\omega \quad (3\text{-}81)$$

令 $Q(\omega) = a_0 + a_1 z + a_2 z^2 + a_3 z^3 + a_4 z^4 + a_5 z^5 \quad (3\text{-}82)$

可得

$$|Q(\omega)|^2 = (a_0 + a_1 z + a_2 z^2 + a_3 z^3 + a_4 z^4 + a_5 z^5)$$
$$(a_0 + a_1 z^{-1} + a_2 z^{-2} + a_3 z^{-3} + a_4 z^{-4} + a_5 z^{-5})$$
$$= (a_0^2 + a_1^2 + a_2^2 + a_3^2 + a_4^2 + a_5^2)$$
$$+ 2(a_0 a_1 + a_1 a_2 + a_2 a_3 + a_3 a_4 + a_4 a_5)C_1 + 2(a_0 a_2 + a_1 a_3 + a_2 a_4 + a_3 a_5)C_2$$
$$+ 2(a_0 a_3 + a_1 a_4 + a_2 a_5)C_3 + 2(a_0 a_4 + a_1 a_5)C_4 + 2(a_0 a_5)C_5 \quad (3\text{-}83)$$

其中

$$C_k = \cos k\omega \quad (3\text{-}84)$$

将式（3-81）和式（3-83）与其同类项对比，得到

$$\left.\begin{aligned}
(a_0^2 + a_1^2 + a_2^2 + a_3^2 + a_4^2 + a_5^2) &= b_0 \\
2(a_0 a_1 + a_1 a_2 + a_2 a_3 + a_3 a_4 + a_4 a_5) &= b_1 \\
2(a_0 a_2 + a_1 a_3 + a_2 a_4 + a_3 a_5) &= b_2 \\
2(a_0 a_3 + a_1 a_4 + a_2 a_5) &= b_3 \\
2(a_0 a_4 + a_1 a_5) &= b_4 \\
2(a_0 a_5) &= b
\end{aligned}\right\} \quad (3\text{-}85)$$

令

$$\left.\begin{aligned}
X_0 &= (a_0^2 + a_1^2 + a_2^2 + a_3^2 + a_4^2 + a_5^2 - b_0) \\
X_1 &= (2(a_0 a_1 + a_1 a_2 + a_2 a_3 + a_3 a_4 + a_4 a_5) - b_1) \\
X_2 &= (2(a_0 a_2 + a_1 a_3 + a_2 a_4 + a_3 a_5) - b_2) \\
X_3 &= (2(a_0 a_3 + a_1 a_4 + a_2 a_5) - b_3) \\
X_4 &= (2(a_0 a_4 + a_1 a_5) - b_4) \\
X_5 &= (2(a_0 a_5) - b_5)
\end{aligned}\right\} \quad (3\text{-}86)$$

$$W = X_0{}^2 + X_1^2 + X_2^2 + X_3^2 + X_4^2 + X_5^2 \quad (3\text{-}87)$$

用最小二乘法得出迭代公式，求偏导数得到

$$
\left.
\begin{aligned}
\frac{\partial W}{\partial a_0} &= 4X_0 a_0 + 4X_1 a_1 + 4X_2 a_2 + 4X_3 a_3 + 4X_4 a_4 + 4X_5 a_5 \\
\frac{\partial W}{\partial a_1} &= 4X_0 a_1 + 4X_1 (a_0 + a_2) + 4X_2 a_3 + 4X_3 a_4 + 4X_4 a_5 \\
\frac{\partial W}{\partial a_2} &= 4X_0 a_2 + 4X_1 (a_1 + a_3) + 4X_2 (a_0 + a_4) + 4X_3 a_5 \\
\frac{\partial W}{\partial a_3} &= 4X_0 a_3 + 4X_1 (a_2 + a_4) + 4X_2 (a_1 + a_5) + 4X_3 a_0 \\
\frac{\partial W}{\partial a_4} &= 4X_0 a_4 + 4X_1 (a_3 + a_5) + 4X_2 a_2 + 4X_3 a_1 + 4X_4 a_0 \\
\frac{\partial W}{\partial a_5} &= 4X_0 a_5 + 4X_1 a_4 + 4X_2 a_3 + 4X_3 a_2 + 4X_4 a_1 + 4X_5 a_0
\end{aligned}
\right\}
\tag{3-88}
$$

迭代修正公式如下：

$$
\hat{a}_k = a_k + \Delta a_k = a_k + \frac{W}{\sum_{i=0}^{3} \left(\frac{\partial W}{\partial a_i} \right)^2} \times \left(\frac{\partial W}{\partial a_k} \right)
\tag{3-89}
$$

程序计算首先要给出小波 Db2N 的阶数 N，输入已知 Riesz 定理分解的系数 b_k，并给出待求系数 a_k 的初值。程序按 VB 语言书写，中间插入公式，以便阅读时对照。

```
Dim aa(5000), bb(5000), xx(5000), da(5000), dd(50, 50), ww, ww1, da0, da1, da2, mm, mm1, ss, Ss1,
Ss2, Ss3, Ss4 As Double
Dim n1, s1, i, j, k, m, n, s As Integer
n = Val(Text1. Text)
For i = 0 To 2 * n
aa(i) = 0
Next i
If n = 1 Then
aa(0) = 1

bb(0) = 1
End If
If n = 2 Then
aa(0) = 3
aa(1) = -1

bb(0) = 8
bb(1) = -4
End If
If n = 3 Then
aa(0) = 10
aa(1) = -6
```

```
aa(2) = 1

bb(0) = 76
bb(1) = -72
bb(2) = 12
    :
End If
If n = 4 Then
aa(0) = 20
aa(1) = -18
aa(2) = 6
aa(3) = -1
aa(4) = 0

bb(0) = 832
bb(1) = -1048
bb(2) = 320
bb(3) = -40
End If
If n = 5 Then
aa(0) = 58
aa(1) = -71
aa(2) = 38
aa(3) = -10
aa(4) = 1.2

bb(0) = 10036
bb(1) = -14600
bb(2) = 6080
bb(3) = -1400
bb(4) = 140

End If
If n = 6 Then
aa(0) = 161
aa(1) = -252
aa(2) = 182
aa(3) = -73
aa(4) = 16
aa(5) = -1
```

```
bb(0) = 128864

bb(1) = -202992

bb(2) = 102144

bb(3) = -32536

bb(4) = 6048

bb(5) = -504


End If


k = 0

n = n - 1
```
bh2222：迭代计算入口

```
ww = 0

For i = 0 To n

ww = ww + aa(i)^2

Next i

ww = ww - bb(0)

xx(0) = ww

ww = ww * ww
```
'第一行 X 及 X 平方和
```
For j = 1 To n

ss = 0

For i = 0 To n - j

ss = ss + aa(i) * aa(i + j)

Next i

ss = 2 * ss - bb(j)

xx(j) = ss

ss = ss * ss

ww = ww + ss

Next j
```
$$W = X_0^2 + X_1^2 + X_2^2 + X_3^2 + X_4^2 + X_5^2$$

```
For i = 0 To n

dd(i, 0) = 4 * aa(i)

dd(0, i) = 4 * aa(i)

Next i
```
'各行 X 及平方和
```
For i = 1 To n

For j = 1 To n
```

```
If (i - j) >= 0 And (i + j) <= n Then
dd(i, j) = 4 * (aa(i - j) + aa(i + j))
Else
If (i - j) < 0 And (i + j) <= n Then
dd(i, j) = 4 * (aa(i + j))
Else
If (i - j) >= 0 And (i + j) > n Then
dd(i, j) = 4 * (aa(i - j))
Else
dd(i, j) = 0
End If
End If
End If
Next j
Next i


'单项偏微分
For i = 0 To n
ss = 0
For j = 0 To n
ss = ss + xx(j) * dd(i, j)
Next j
da(i) = ss
Next i


If ww < 0.000000000000001 Then
GoTo bh1111
Else
k = k + 1
'全部偏微分平方和
ss = 0
For i = 0 To n
ss = ss + da(i) ^ 2
Next i
mm = ss
'迭代修正
For i = 0 To n
aa(i) = aa(i) - ww / mm * da(i)
Next i
If k > 15000 Then GoTo bh1111
```

```
GoTo bh2222
End If
bh1111:
RichTextBox1. Text = RichTextBox1. Text +"Daubechies 解 N ="+ Format(n + 1) + Chr(10)'+ Chr(13)
RichTextBox1. Text = RichTextBox1. Text +"下降法非线性解 ww ="+ Format(ww) + Chr(10)'+ Chr(13)
RichTextBox1. Text = RichTextBox1. Text +"k ="+ Format(k) + Chr(10)'+ Chr(13)
For i = 0 To n
RichTextBox1. Text = RichTextBox1. Text +"a"+ Format(i) +"="+ Format(aa(i)) + Chr(10)'+ Chr(13)
Next i
Dim pp(5000), qq(5000), rr As Double
计算 H
For i = 0 To 40
pp(i) = 0
Next i
For i = 0 To n
pp(i) = aa(i)
Next i
k = 1
bhnnnn:
qq(0) = pp(0)
For i = 0 To n + k
qq(i + 1) = pp(i + 1) + pp(i)
Next i
For i = 0 To n + k
pp(i) = qq(i)
Next i
k = k + 1
If k > n + 1 Then GoTo bhprint
GoTo bhnnnn
bhprint:
n = n + 1
rr = SR2 / (2 ^ (2 * n - 1))
RichTextBox2. Text = RichTextBox2. Text +"Db 小波 N ="+ Format(n) + Chr(10)'+ Chr(13)
For i = 0 To 2 * n - 1
pp(i) = pp(i) * rr
RichTextBox2. Text = RichTextBox2. Text +"h("+ Format(i) +")="+ Format(pp(i)) + Chr(10)'+ Chr(13)
Next i
ss = 0 = Ss1 = 0: Ss2 = 0: Ss3 = 0
For i = 0 To 2 * n - 1
ss = ss + pp(i) * pp(i)
```

```
Ss1 = Ss1 + pp(i) * pp(2 * n - 1 - i) * ( - 1)^i
Ss2 = Ss2 + pp(i) * pp(i + 2)
Ss3 = Ss3 + pp(i + 2) * pp(2 * n - 1 - i) * ( - 1)^i
Ss4 = Ss4 + pp(i) + pp(i) * ( - 1)^i
Next i
```

RichTextBox2. Text = RichTextBox2. Text + " h0 平方和 = " + Format(ss) + Chr(10)' + Chr(13)

RichTextBox2. Text = RichTextBox2. Text + " h * g 正交 = " + Format(Ss1) + Chr(10)' + Chr(13)

RichTextBox2. Text = RichTextBox2. Text + " h0 * h1 移位 = " + Format(Ss2) + Chr(10)' + Chr(13)

RichTextBox2. Text = RichTextBox2. Text + " h1 * g0 移位 = " + Format(Ss3) + Chr(10)' + Chr(13)

RichTextBox2. Text = RichTextBox2. Text + " h0 + g0 总和 = " + Format(Ss4) + Chr(10)' + Chr(13)

图 3-1 是用 Riesz 定理计算 Db2N 尺度系数的程序界面。

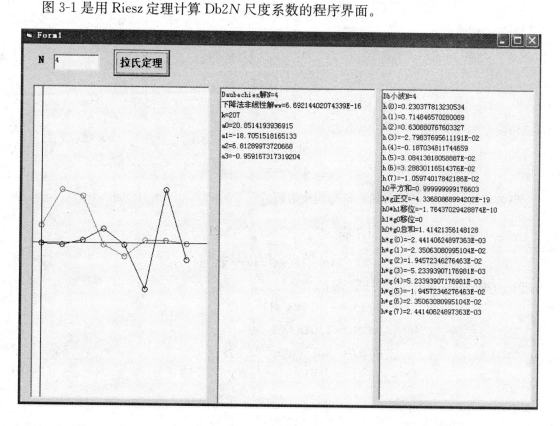

图 3-1　用 Riesz 定理计算 Db2N 尺度系数的程序界面

3.6　Daubechies 小波族 Db8

　　本节目的是说明高阶的 Daubechies 小波在支撑区相同的情况下，可能存在着几个解，即使用 Riesz 定理计算 Db2N 高阶系数的程序，如初值设定不同，其结果趋向解也不同，但它都能符合正交小波矩阵的条件。

　　当 $N=4$ 时正交条件可以写出为

$$|H_4(\omega)|^2 + |H_4(\omega+\pi)|^2 = \left[\left(\cos\left(\frac{\omega}{2}\right)\right)^2 + \left(\sin\left(\frac{\omega}{2}\right)\right)^2\right]^{2N-1} \equiv 1 \quad (3\text{-}90)$$

简写为

$$|H_4(\omega)|^2 + |H_4(\omega+\pi)|^2 = [C^2+S^2]^7 \equiv 1 \quad (3\text{-}91)$$

将上式展开可得

$$|H_4(\omega)|^2 + |H_4(\omega+\pi)|^2$$
$$= C^8[C^6+7C^4S^2+21C^2S^4+35S^6]+S^8[S^6+7S^4C^2+21S^2C^4+35C^6] \quad (3\text{-}92)$$

为了分解，设待定常数 a、b，将它配成两项完全平方和，可得

$$|H_4(\omega)|^2 = C^8[C^6+7C^4S^2+21C^2S^4+35S^6]$$
$$= C^8[C^2(C^2+aS^2)^2+S^2(bC^2+\sqrt{35}S^2)^2] \quad (3\text{-}93)$$

为了确定常数 a、b，展开比较：

$$C^6+7C^4S^2+21C^2S^4+35S^6$$
$$= C^2(C^2+aS^2)^2+S^2(bC^2+\sqrt{35}S^2)^2$$
$$= C^6+C^4S^2(2a+b^2)+C^2S^4(a^2+2b\sqrt{35})+35S^6 \quad (3\text{-}94)$$

应满足如下关系：

$$2a+b^2 = 7 \quad (3\text{-}95)$$
$$a^2+2\times\sqrt{35}b = 21 \quad (3\text{-}96)$$

联解式（3-95）、式（3-96）可得四次方程：

$$\left(\frac{7-b^2}{2}\right)^2+2\times\sqrt{35}b = 21$$
$$b^4-14b^2+8\times\sqrt{35}b-35 = 0 \quad (3\text{-}97)$$

解出 b 的四个根，只有两个实根，另两个是复根。

$$\left.\begin{array}{l} b(1)=-4.989\,214 \\ b(2)=1.029\,064 \\ b(3)=2.610\,94\angle 40.678\,763 \\ b(4)=2.610\,94\angle -40.678\,763 \end{array}\right\} \quad (3\text{-}98)$$

得

$$\left.\begin{array}{l} b=-4.989\,214 \\ a=-8.946\,128\,169 \end{array}\right\} \quad (3\text{-}99)$$
$$\left.\begin{array}{l} b=1.029\,064 \\ a=2.970\,513\,6 \end{array}\right\} \quad (3\text{-}100)$$

按 $H(\omega)H(-\omega)=u^2+v^2=(u+jv)(u-jv)$ 的原理分隔，可得

$$H_4(\omega)=C^4[C(C^2+aS^2)-jS(bC^2+\sqrt{35}S^2)]$$
$$= C^4 A_4(\omega)=\frac{1}{\sqrt{2}}\sum_{k=0}^{k=7}h_k z^k \quad (3\text{-}101)$$

$$A_4(\omega)=[C(C^2+aS^2)-jS(bC^2+\sqrt{35}S^2)]=(1-a)C^3+aC-jS[(b-\sqrt{35})C^2+\sqrt{35}]$$

$$= e^{j\omega/2}\left[(1-a)z^{-1}\left(\frac{1+z}{2}\right)^3 + a\left(\frac{1+z}{2}\right) - \left(\frac{1-z}{2}\right)\left[(b-\sqrt{35})z^{-1}\left(\frac{1+z}{2}\right)^2 + \sqrt{35}\right]\right]$$

$$(3-102)$$

按第一组解：$a = -8.946\ 128\ 169$；$b = -4.989\ 214$。

$$A_4(\omega) = e^{j\omega/2}\left[9.946\left(\frac{1+z}{2}\right)^3 - 8.946z\left(\frac{1+z}{2}\right) - \left(\frac{1-z}{2}\right)\right.$$

$$\left.\left[(-4.98-5.916)\left(\frac{1+z}{2}\right)^2 + 5.916z\right]\right]$$

$$= \frac{e^{j\omega/2}}{8}\left[(1+z)^2(-0.95z+20.842) - 59.448z - 12.12z^2\right]$$

$$= \frac{e^{j\omega/2}}{8}\left[20.842 - 18.714z + 6.822z^2 - 0.95z^3\right] = \frac{e^{j\omega/2}}{8}\sum_{k=0}^{k=3}a_k z^k$$

$$H_4(\omega) = \frac{C^4}{8}\sum_{k=0}^{k=3}a_k z^k = \frac{(1+z)^4}{128}\sum_{k=0}^{k=3}a_k z^k = \frac{1}{\sqrt{2}}\sum_{k=0}^{7}h_k \qquad (3-103)$$

在初值 A 下的 Db8 尺度波形和小波波形如图 3-2 所示。

Daubechies 尺度函数 $N=4$ 时的系数见表 3-3。

表 3-3　Daubechies 尺度函数 $N=4$ 时的系数

	k	h_k
	0	0.230 377 813 308 896 4
	1	0.714 846 570 552 915 4
	2	0.630 880 767 939 858 7
Db8	3	−0.027 983 769 416 859 9
$N=4$	4	−0.187 034 811 719 093 1
	5	0.030 841 381 835 560 7
	6	0.032 883 011 666 885 2
	7	−0.010 597 401 785 059 0

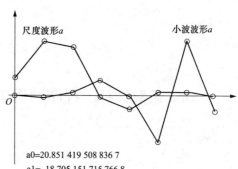

尺度波形a　　　小波波形a

a0=20.851 419 508 836 7
a1=−18.705 151 715 766 8
a2=6.812 899 725 360 5
a3=−0.959 167 301 054 567

图 3-2　在初值 A 下的 Db8 尺度
波形和小波波形

按第二组解：$a = 2.970\ 513\ 6$；$b = 1.029\ 064$。

$$A_4(\omega) = e^{j\omega/2}\left[-1.970\ 513\left(\frac{1+z}{2}\right)^3 + 2.970\ 513z\left(\frac{1+z}{2}\right) - \left(\frac{1-z}{2}\right)\right.$$

$$\left.\left[(-4.886\ 935\ 7)\left(\frac{1+z}{2}\right)^2 + 5.916z\right]\right]$$

$$= \frac{e^{j\omega/2}}{8}\left[(1+z)^2(-6.857\ 448\ 7z + 2.916\ 422\ 7) - 11.7819\ 48z + 35.546z^2\right]$$

$$= \frac{e^{j\omega/2}}{8}\left[+2.916\ 422\ 7 - 12.748\ 422\ 7z + 24.747\ 525\ 3z^2 - 6.857\ 448\ 7z^3\right]$$

$$H_4(\omega) = C^4\left[C(C^2 + aS^2) - jS(bC^2 + \sqrt{35}S^2)\right]$$

$$= e^{j7\omega/2} \cdot \frac{(1+z)^4}{128}(2.916\ 422\ 7 - 12.748\ 422\ 7z + 24.747\ 525\ 3z^2 - 6.857\ 448\ 7z^3)$$

$$= \frac{1}{\sqrt{2}}\sum_{k=0}^{k=7} h_k z^k \tag{3-104}$$

在初值 B 下的 Db8 尺度波形和小波波形如图 3-3 所示。

Daubechies 尺度函数 $N=4$ 时的系数见表 3-4。

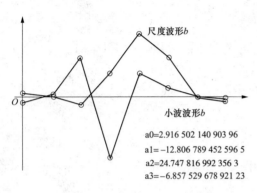

尺度波形 b

小波波形 b

a0=2.916 502 140 903 96
a1=−12.806 789 452 596 5
a2=24.747 816 992 356 3
a3=−6.857 529 678 921 23

图 3-3 在初值 B 下的 Db8 尺度
波形和小波波形

表 3-4 Daubechies 尺度函数 $N=4$ 时的系数

	k	h_k
	0	3.223 100 634 909 5E-02
	1	−1.260 396 722 239 68E-02
	2	−9.921 954 382 864 86E-02
Db8	3	0.297 857 794 968 909
$N=4$	4	0.803 738 751 492 352
	5	0.497 618 668 046 168
	6	−0.029 635 527 144 588
	7	−7.576 571 463 865 55E-02

3.7 Db8 系数计算的程序调用步骤

依据关系：

$$|H_4(\omega)|^2 = C^8[C^6 + 7C^4S^2 + 21C^2S^4 + 35S^6]$$

$$|Q(\omega)|^2 = 2^6 \times [C^6 + 7C^4S^2 + 21C^2S^4 + 35S^6] = \sum_{k=0}^{3} b_k \cos k\omega$$

其中：

$$C = \cos\left(\frac{\omega}{2}\right)$$

$$S = \sin\left(\frac{\omega}{2}\right)$$

可有：

$$C^2 = e^{j\omega}\left(\frac{1+e^{-j\omega}}{2}\right)^2 = e^{j\omega}\left(\frac{1+z}{2}\right)^2$$

$$S^2 = -e^{j\omega}\left(\frac{1-e^{-j\omega}}{2}\right)^2 = -e^{j\omega}\left(\frac{1-z}{2}\right)^2$$

再由

$$|Q(\omega)|^2 = Q(\omega)\tilde{Q}(\omega) = (a_0 + a_1z + a_2z^2 + a_3z^3)(a_0 + a_1z^{-1} + a_2z^{-2} + a_3z^{-3})$$

调用程序计算过程如下：

（1）输入 $f(\omega) = 2^6 \times [C^6 + 7C^4S^2 + 21C^2S^4 + 35S^6]$

（2）调用 FFT 程序计算结果，并四舍五入取整：

$f(\omega) = 832 - 524\cos\omega + 160\cos2\omega - 20\cos3\omega - 20\cos125\omega + 160\cos126\omega - 524\cos127\omega$

（3）依香农采样定理，把高阶余弦归并到低价余弦中：

$$f(\omega) = 832 - 1048\cos\omega + 320\cos2\omega - 40\cos3\omega$$

（4）调用 Riesz 定理计算 Db2N 高阶系数程序，令

$$b_0 = 832; b_1 = -1048; b_2 = 320; b_3 = -40;$$

（5）依：$H_4(\omega) = \dfrac{(1+z)^4}{2^7}(a_0 + a_1z + a_2z^2 + a_3z^3)$

①设定初值：$a_0 = 20$；$a_1 = -18$；$a_2 = 6.8$；$a_3 = -1$；可得到表 3-3 的结果。

②设定初值：$a_0 = 3$；$a_1 = -12.8$；$a_2 = 24$；$a_3 = -6$；可得到表 3-4 的结果。

（6）由 Riesz 定理计算 Db2N 高阶系数程序得出 h_k，$k = 0$，1，2，…7：

$$H_4(\omega) = \frac{(1+z)^4}{128}\sum_{k=0}^{k=3} a_k z^k = \frac{1}{\sqrt{2}}\sum_{k=0}^{7} h_k z^k$$

下面举一些例子，用支撑区为 10 个点的 Db10 小波已经能得出光滑的低频主波分解，如图 3-4 所示，而用 Db4 小波还不能得出光滑的低频主波分解，如图 3-5 所示。由于采用循环小波矩阵，其实相位失真问题已不存在了。图中比例都是以原始波形的最大值作标尺，所以各个图形没有另注标尺。

初看起来，小波分析的小波矩阵阶数需要满足 $N = 2^m$ 次，但在实际分析中，可以任意截取一个时段进行小波分析，而不影响结果，在图 3-6 中，用 Db20 小波对原始波形进

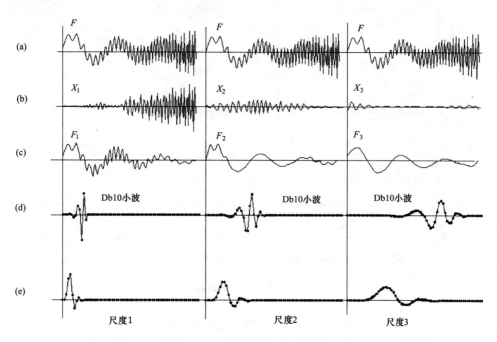

图 3-4　用 Db10 小波矩阵进行 3 层尺度分解在各尺度下的低频主波和高频细波

（a）原始波形；（b）高频细波；（c）低频主波；（d）小波波形；（e）尺度波形

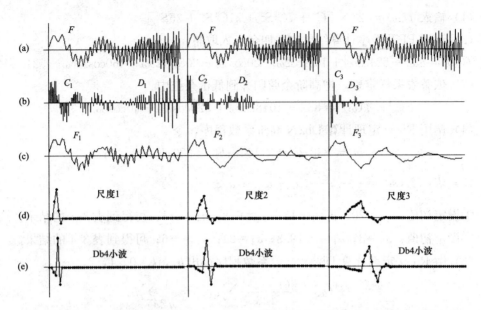

图 3-5　用 Db4 小波矩阵进行 3 层尺度分解在各尺度下的尺度时谱 C 和小波时谱 D

（a）原始波形；（b）C/D 时谱；（c）低频主波；（d）尺度波形；（e）小波波形

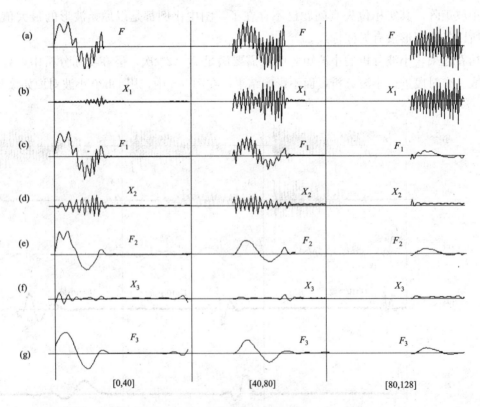

图 3-6　用 Db20 小波对原始波形进行分时段的 3 层小波分解示意图

（a）原始波形；（b）1 高频细波；（c）1 低频主波；（d）2 高频细波；

（e）2 低频主波；（f）3 高频细波；（g）3 低频主波

行分时段的三层小波分解，时段之外数据都设成零，用小波分析就没有问题，而用 FFT 分析将出现频谱泄漏问题，如图 3-7 和图 3-8 所示。

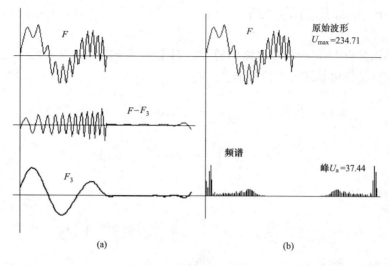

图 3-7   对截取一时段的原始波形进行 FFT 分解的结果

（a）FFT 低频重构；（b）FFT

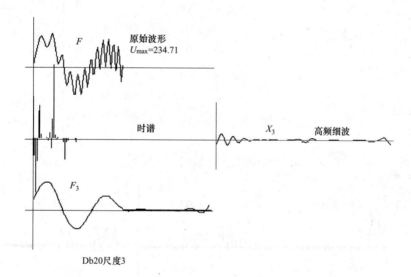

图 3-8   对截取一时段的原始波形进行小波分解的结果

对 128 点原始波形截取一半时段 [0，64] 的波形，依然以 128 点作基波周期，进行 FFT 分解（图 3-7）和小波分解（图 3-8）的结果对比。尺度 3 的低频主波相当于 FFT 分解后，将频率从 0 到 8 周谐波的总和，但 FFT 频谱泄漏很严重，而用小波分析依然能得出尺度时谱，具有时间的分辨率。

［注］：在图 3-8 中，绘图比例都是以原始波形数据的最大值 $U_{max}=234.71$ 作为比例标尺的，尺度时谱也是以 $U_{max}=234.71$ 作参考标尺的。在图 3-7 中，绘图比例也是以原始波形数据的最大值 $U_{max}=234.71$ 作为比例标尺的，但频谱尺度是以最大频谱 $U_a=$

37.44 作参考标尺的。

3.8 Daubechies 思路的分析

本节我们来分析 Daubechies 思路的特点，对于式（3-40）一般人们可能会想，为什么不直接用欧拉公式将其转入 3 倍角的公式呢？

$$
|H_2(\omega)|^2 + |H_2(\omega+\pi)|^2 = \left[\left(\cos(\frac{\omega}{2})\right)^2 + \left(\sin(\frac{\omega}{2})\right)^2\right]^3
$$

$$
= \left(\cos(\frac{3\omega}{2})\right)^2 + \left(\sin(\frac{3\omega}{2})\right)^2 \equiv 1 \tag{3-105}
$$

若如此可得

$$
H_2(\omega) = \cos(\frac{3\omega}{2}) = e^{-j\omega/2}\left(\frac{e^{j2\omega}+e^{-j\omega}}{2}\right) = e^{-j\omega/2}\left(\frac{z^{-2}+z}{2}\right) \tag{3-106}
$$

这样做得到的小波矩阵是式（3-107）（设 $a=1/\sqrt{2}$）

$$
B_X[8,8] = \begin{bmatrix}
a & 0 & 0 & a & 0 & 0 & 0 & 0 \\
0 & 0 & a & 0 & 0 & a & 0 & 0 \\
0 & 0 & 0 & 0 & a & 0 & 0 & a \\
0 & a & 0 & 0 & 0 & 0 & a & 0 \\
a & 0 & 0 & -a & 0 & 0 & 0 & 0 \\
0 & 0 & a & 0 & 0 & -a & 0 & 0 \\
0 & 0 & 0 & 0 & a & 0 & 0 & -a \\
0 & -a & 0 & 0 & 0 & 0 & a & 0
\end{bmatrix} \tag{3-107}
$$

3 层尺度下 Db4x 的尺度波形和小波波形如图 3-9 所示。

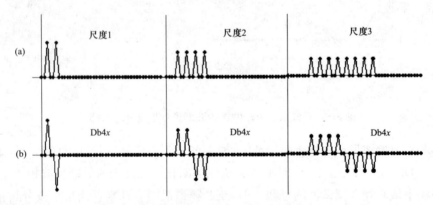

图 3-9　3 层尺度下 Db4x 的尺度波形和小波波形

（a）尺度波形；（b）小波波形

这个矩阵特称之为 Db4x 矩阵，从 Db4x 的三层小波波形看，这个小波分解其低频主波中都会有高频成分。Db4x 矩阵稀疏得像 Haar 矩阵，但它的支撑区名义上依然是 4 个点，用它来作小波分解，远远不如 Db4 小波矩阵分解，甚至还不如 Haar 矩阵分解，如图 3-10 所示。

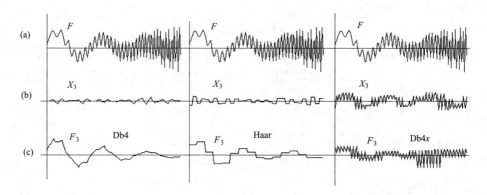

图 3-10 Db4、Haar、Db4x 三者小波分解结果

(a) 原始波形；(b) 高频细波；(c) 低频主波

由图 3-10 可见，若用三倍频展开 Db4x 矩阵分解的结果是不能令人满意的，已经是第三层尺度 3 下，F_3 还包含许多各次谐波成分，所以是不可取的。

为此 Daubechies 采用如下方法，将二项式展开后，分成前后各半，由于 $\cos\left(\dfrac{\omega+\pi}{2}\right)=\sin\left(\dfrac{\omega}{2}\right)$，得到

$$|H_2(\omega)|^2 = = \left[\cos\left(\frac{\omega}{2}\right)\right]^6 + 3\left[\cos\left(\frac{\omega}{2}\right)\right]^4\left[\sin\left(\frac{\omega}{2}\right)\right]^2 \tag{3-108}$$

$$|H_2(\omega+\pi)|^2 = = \left[\sin\left(\frac{\omega}{2}\right)\right]^6 + 3\left[\sin\left(\frac{\omega}{2}\right)\right]^4\left[\cos\left(\frac{\omega}{2}\right)\right]^2 \tag{3-109}$$

$$|H_2(\omega)|^2 + |H_2(\omega+\pi)|^2 \equiv 1$$

由此求出尺度系数包含 4 个点，第一层"尺度波形"和"小波波形"都具有紧支撑。第二层尺度波形，依小波双尺度经典理论有

尺度函数：$\varphi(t) = \sqrt{2}\sum\limits_{n=0}^{3} h_n \varphi(2t-n)$ \hfill (3-110)

严格说上面公式中 $\varphi(t)$ 和 $\varphi(2t)$ 不是同一函数，应正确写为

尺度函数：$\varphi_1(t) = \sqrt{2}\sum\limits_{n=0}^{3} h_n \varphi(2t-n)$ \hfill (3-111)

它相当于小波矩阵中第二层尺度矩阵如下：

$$Z_1 = H_1 H$$

同理第三层尺度矩阵为

$$Z_2 = H_2 H_1 H$$

小波函数：$\Psi_1(t) = \sqrt{2}\sum\limits_{n=0}^{3} g_n \varphi(2t-n)$ \hfill (3-112)

它相当于小波矩阵中第二层小波矩阵如下：

$$W_1 = G_1 H$$

同理第三层尺度矩阵为

$$W_2 = G_2 H_1 H$$

Daubechies 构造小波思路的巧妙之处在于它利用三角函数的二项式展开，并把它前后分成两半，先得出 $|H_2(\omega)|^2$ 的表达式，保证了支撑区内的数据密集，困难而卓越的另一步是借用 Riesz 定理求出 $H_2(\omega)$ 的表达式，其实在 $H_2(\omega) = \sum_{n=0}^{3} h_n \mathrm{e}^{-jk\omega}$ 中已经包含差分方程的概念，把它引向矩阵表达也是理所当然的了。通过这一启发式的说明，对后面构成高阶的 Daubechies 小波思路理解大有好处。

3.9　Daubechies 小波族的尺度波形系数

各层尺度下 Db4 的尺度波形系数和小波波形系数，都是由尺度 1 下的尺度波形系数 $\{h_0, h_1, h_2, h_3\}$ 推演而来。各层尺度下的"尺度矩阵"和"小波矩阵"其关键的第 0 行系数计算甚为重要，因为其他各行的数据和它完全相同，只需循环移位就行。还是以 Db4 小波矩阵为例，尺度 1 的矩阵阶数为 B [128，128]，第 0 行的尺度系数是式（3-113），其中用多项式表示系数所在列的位置，

$$Z_1(0,j) = \{h_0, h_1, h_2, h_3\} \Rightarrow h_0 + h_1 z + h_2 z^2 + h_3 z^3 \tag{3-113}$$

而第 1 行相对第 0 行右移 2 列，乘以 z^2，即

$$Z_1(1,j) = (h_0 + h_1 z + h_2 z^2 + h_3 z^3) z^2 \tag{3-114}$$

尺度 2 下的第 0 行的尺度系数按多项式方法表示，依据双尺度递推公式可得出：

$$Z_2(0,j) = (h_0 + h_1 z^2 + h_2 z^4 + h_3 z^6)(h_0 + h_1 z + h_2 z^2 + h_3 z^3)$$

$$= \left[\sum_{i=0}^{i=3} h_i z^{2i}\right]\left[\sum_{i=0}^{i=3} h_i z^i\right] = p_0 + p_1 z + p_2 z^2 + p_3 z^3 + \cdots + p_m z^m \tag{3-115}$$

尺度 2 下第 1 行的相对第 0 行位移 4 列，乘以 z^4，即

$$Z_2(1,j) = (p_0 + p_1 z + p_2 z^2 + p_3 z^3 + \cdots + p_m z^m) z^4 \tag{3-116}$$

同理尺度 1 下的小波系数为

$$W_1(0,j) = \{g_0, g_1, g_2, g_3\} \Rightarrow g_0 + g_1 z + g_2 z^2 + g_3 z^3 \tag{3-117}$$

尺度 1 下第 1 行的小波系数相对第 0 行小波系数右移 2 列，乘以 z^2，即

$$W_1(1,j) = (g_0 + g_1 z + g_2 z^2 + g_3 z^3) z^2 \tag{3-118}$$

尺度 2 下第 0 行小波系数计算如下：

$$W_2(0,j) = (g_0 + g_1 z^2 + g_2 z^4 + g_3 z^6)(h_0 + h_1 z + h_2 z^2 + h_3 z^3)$$

$$= \left[\sum_{i=0}^{i=3} g_i z^{2i}\right]\left[\sum_{i=0}^{i=3} h_i z^i\right] = (q_0 + q_1 z + q_2 z^2 + q_3 z^3 + \cdots + q_m) \tag{3-119}$$

尺度 2 下第 1 行小波系数相对第 1 行小波系数右移 4 列，乘以 z^4，即

$$W_2(1,j) = (q_0 + q_1 z + q_2 z^2 + q_3 z^3 + \cdots + q_m z^m) z^4 \tag{3-120}$$

当有的行 z^j 最高幂次 j 超过 128 时，即当 $j>128$ 时，这一项就变换为 z^{j-128}，即其对应系数左移 128 列，即达到循环移位的目的。

$$\left.\begin{aligned}
c_i &= \sum_{j=0}^{j=m} p_j f_{j+4i} \\
d_i &= \sum_{j=0}^{j=m} q_j f_{j+4i} \\
&当\ m = j + 4i > 128\ 时 \\
f_m &\Rightarrow f_{m-128}
\end{aligned}\right\} \tag{3-121}$$

式（3-121）是直接尺度 2 下的"尺度时谱"和"小波时谱"的塔式计算，它只需第 0 行的"尺度系数"和"小波系数"就够了，可避免矩阵存贮的内存。

这样我们在计算各种尺度下的"尺度时谱"、"小波时谱"、"低频主波"和"高频细波"计算，就可用塔式方法计算。

表 3-5 是 Db2N 小波族的尺度波形系数表。

表 3-5　　　　　　　　　　**Db2N 小波族的尺度波形系数表**

Db2N	Daubechies 小波族的尺度波形系数的特点：$\sum_{k=0}^{2N-1} h_k = \sqrt{2}$ 和 $\sum_{k=0}^{2N-1} h_k^2 = 1$	Db2N	Daubechies 小波族的尺度波形系数的特点：$\sum_{k=0}^{2N-1} h_k = \sqrt{2}$ 和 $\sum_{k=0}^{2N-1} h_k^2 = 1$
Db4 $N=2$	$hh(0) = 0.482\,962\,913\,144\,534\,1$ $hh(1) = 0.836\,516\,303\,737\,807\,7$ $hh(2) = 0.224\,143\,868\,042\,013\,4$ $hh(3) = -0.129\,409\,522\,551\,260\,3$	Db10 $N=5$	$hh(0) = 0.160\,102\,397\,974\,193$ $hh(1) = 0.603\,829\,269\,797\,19$ $hh(2) = 0.724\,308\,528\,437\,773$ $hh(3) = 0.138\,428\,145\,901\,32$ $hh(4) = -0.242\,294\,887\,066\,382$ $hh(5) = -3.224\,486\,958\,463\,81\text{E-}02$ $hh(6) = 7.757\,149\,384\,004\,59\text{E-}02$ $hh(7) = -6.241\,490\,212\,798\,3\text{E-}03$ $hh(8) = -1.258\,075\,199\,908\,20\text{E-}02$ $hh(9) = 3.335\,725\,285\,473\,8\text{E-}03$
Db6 $N=3$	$hh(0) = 0.332\,670\,552\,950\,083$ $hh(1) = 0.806\,891\,509\,311\,092$ $hh(2) = 0.459\,877\,502\,118\,491$ $hh(3) = -0.135\,011\,020\,010\,255$ $hh(4) = -8.544\,127\,388\,202\,67\text{E-}02$ $hh(5) = 3.522\,629\,188\,570\,95\text{E-}02$	Db12 $N=6$	$hh(0) = 0.111\,540\,743\,350\,109$ $hh(1) = 0.494\,623\,890\,398\,453$ $hh(2) = 0.751\,133\,908\,021\,096$ $hh(3) = 0.315\,250\,351\,709\,198$ $hh(4) = -0.226\,264\,693\,965\,44$ $hh(5) = -0.129\,766\,867\,567\,262$ $hh(6) = 9.750\,160\,558\,732\,25\text{E-}02$ $hh(7) = 2.752\,286\,553\,030\,53\text{E-}02$ $hh(8) = -3.158\,203\,931\,748\,62\text{E-}02$ $hh(9) = 5.538\,422\,011\,614\text{E-}04$ $hh(10) = 4.777\,257\,510\,945\,5\text{E-}03$ $hh(11) = -1.077\,301\,085\,308\,5\text{E-}03$
Db8 $N=4$	$hh(0) = 0.230\,377\,813\,308\,896$ $hh(1) = 0.714\,846\,570\,552\,915$ $hh(2) = 0.630\,880\,767\,939\,859$ $hh(3) = -2.798\,376\,941\,685\,99\text{E-}02$ $hh(4) = -0.187\,034\,811\,719\,093$ $hh(5) = 3.084\,138\,183\,556\,07\text{E-}02$ $hh(6) = 3.288\,3011\,666\,885\,2\text{E-}02$ $hh(7) = -0.010\,597\,401\,785\,069$		

Db2N	Daubechies 小波族的尺度波形系数的特点：$\sum_{k=0}^{2N-1} h_k = \sqrt{2}$ 和 $\sum_{k=0}^{2N-1} h_k^2 = 1$	Db2N	Daubechies 小波族的尺度波形系数的特点：$\sum_{k=0}^{2N-1} h_k = \sqrt{2}$ 和 $\sum_{k=0}^{2N-1} h_k^2 = 1$
Db14 $N=7$	hh(0) = 7.785 205 408 500 37E-02 hh(1) = 0.396 539 319 481 891 hh(2) = 0.729 132 090 846 196 hh(3) = 0.469 782 287 405 189 hh(4) = −0.143 906 003 928 521 hh(5) = −0.224 036 184 993 841 hh(6) = 7.130 921 926 682 72E-02 hh(7) = 8.061 260 915 107 74E-02 hh(8) = −3.802 993 693 501 04E-02 hh(9) = −1.657 454 163 066 55E-02 hh(10) = 1.255 099 855 609 86E-02 hh(11) = 4.295 779 729 214E-04 hh(12) = −1.801 640 704 047 3E-03 hh(13) = 3.537 137 999 745E-04	Db18 $N=9$	hh(0) = 3.807 794 736 387 78E-02 hh(1) = 0.243 834 674 612 586 hh(2) = 0.604 823 123 690 096 hh(3) = 0.657 288 078 051 274 hh(4) = 0.133 197 385 824 988 hh(5) = −0.293 273 783 279 166 hh(6) = −9.684 078 322 294 92E-02 hh(7) = 0.148 540 749 338 126 hh(8) = 3.072 568 147 933 85E-02 hh(9) = −6.763 282 906 132 79E-02 hh(10) = 0.000 250 947 114 834 hh(11) = 2.236 166 212 367 98E-02 hh(12) = −4.723 204 757 751 8E-03 hh(13) = −4.281 503 682 463 5E-03 hh(14) = 1.847 646 883 056 3E-03 hh(15) = 2.303 857 635 232E-04 hh(16) = −2.519 631 889 427E-04 hh(17) = 3.934 732 031 63E-05
Db16 $N=8$	hh(0) = 5.441 584 224 310 72E-02 hh(1) = 0.312 871 590 914 317 hh(2) = 0.675 630 736 297 32 hh(3) = 0.585 354 683 654 216 hh(4) = −1.582 910 525 638 23E-02 hh(5) = −0.284 015 542 961 582 hh(6) = 4.724 845 739 124E-04 hh(7) = 0.128 747 426 620 489 hh(8) = −0.017 369 301 001 809 hh(9) = −4.408 825 393 079 71E-02 hh(10) = 1.398 102 791 740 01E-02 hh(11) = 8.746 094 047 406 5E-03 hh(12) = −0.004 870 352 993 452 hh(13) = −0.000 391 740 373 377 hh(14) = 6.754 494 064 506E-04 hh(15) = −1.174 767 841 248E-04	Db20 $N=10$	hh(0) = 2.667 005 790 054 73E-02 hh(1) = 0.188 176 800 077 635 hh(2) = 0.527 201 188 931 576 hh(3) = 0.688 459 039 453 436 hh(4) = 0.281 172 343 660 571 hh(5) = −0.249 846 424 327 16 hh(6) = −0.195 946 274 377 286 hh(7) = 0.127 369 340 335 754 hh(8) = 9.305 736 460 355 47E-02 hh(9) = −7.139 414 716 635 01E-02 hh(10) = −2.945 753 682 183 99E-02 hh(11) = 3.321 267 405 936 12E-02 hh(12) = 0.003 606 553 566 987 hh(13) = −1.073 317 548 330 07E-02 hh(14) = 1.395 351 747 068 8E-03 hh(15) = 1.992 405 295 192 5E-03 hh(16) = −6.858 566 949 564E-04 hh(17) = −1.164 668 551 285E-04 hh(18) = 9.358 867 032 02E-05 hh(19) = −1.326 420 289 45E-05

第 4 章

样条小波和双正交小波矩阵的引入

4.1 样条小波和双正交小波 H (4) 的引入

正交小波一般左右都是不对称的，人们开始担心其相位不是线性的，会有失真，因而引入样条小波变换，m 阶样条函数是 Haar 尺度函数与其自身作 m 次卷积运算后所得的函数，记作 $N_m(t)$，这样就有

$$N_1(t) = \begin{cases} 1 & 0 \leqslant t < 1 \\ 0 & 其他 \end{cases} \tag{4-1}$$

这是 Haar 尺度函数，其支撑区为 $[0, 1)$。

$$N_2(t) = N_1(t) * N_1(t) = \int_0^1 N_1(\tau) \times N_1(t-\tau)\mathrm{d}\tau = \begin{cases} t & 0 \leqslant t < 1 \\ 2-t & 1 \leqslant t < 2 \\ 0 & 其他 \end{cases} \tag{4-2}$$

式中，$N_2(t)$ 也称 Franklin 小波，具有函数连续的特点，其支撑区为 $[0, 2)$，如图 4-1 所示。

$$N_3(t) = N_2(t) * N_1(t) = \int_0^1 N_1(\tau) \times N_2(t-\tau)\mathrm{d}\tau$$

$$= \begin{cases} \dfrac{1}{2}t^2, & 0 \leqslant t < 1 \\[2mm] \dfrac{3}{4} - \left(t - \dfrac{3}{2}\right)^2, & 1 \leqslant t < 2 \\[2mm] \dfrac{1}{2}(t-3)^2, & 2 \leqslant t < 3 \\[2mm] 0 & 其他 \end{cases} \tag{4-3}$$

式中，$N_3(t)$ 具有函数连续和一阶导数连续的特点，其支撑区为 $[0, 3)$，如图 4-2 所示。

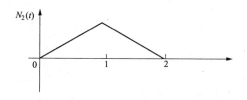

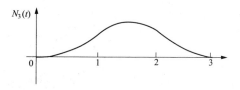

图 4-1　Franklin 小波 N_2 (t) 的图形　　　　图 4-2　样条函数 N_3 (t) 的图形

$$N_m(t) = N_{m-1}(t) * N_1(t) = \int_0^1 N_1(\tau) \times N_{m-1}(t-\tau) \mathrm{d}\tau, m \geqslant 2 \qquad (4\text{-}4)$$

或

$$N_m(t) = N_{m-2}(t) * N_1(t) * N_1(t) = \cdots = N_1(t) * N_1(t) \cdots N_1(t) \qquad (4\text{-}5)$$

$$N_m(\omega) = \left(\frac{1 - \mathrm{e}^{-i\omega}}{i\omega}\right)^m \qquad (4\text{-}6)$$

基数 B 样条 m 阶函数有如下的递推公式

$$N_m(t) = \frac{t}{m-1} N_{m-1}(t) + \frac{m-t}{m-1} N_{m-1}(t-1) \qquad (4\text{-}7)$$

为了理解卷积运算的内涵，特别以等时间隔采样的离散数据为例，即

$$f(t) = \int_0^2 B(\tau) \times A(t-\tau) \mathrm{d}\tau \qquad (4\text{-}8)$$

$$f(n) = \sum_{k=0}^2 B(k) \times A(n-k) \qquad (4\text{-}9)$$

如图 4-3 所示，B、A 两个数组都有三个数据，$A(k)$、$B(k)$ 数据排列从左到右，$A(-k)$ 数据排列从右到左，这是将 $A(k)$ 函数沿原点给翻转成 $A(-k)$，开始 a_0 和 b_0 对齐，而 $A(n-k)$ 是随 n 增加而右移。当 $n=0$ 时，a_0 和 b_0 对齐，有 $f(0) = b_0 a_0$，接连下去可得式（4-10）。

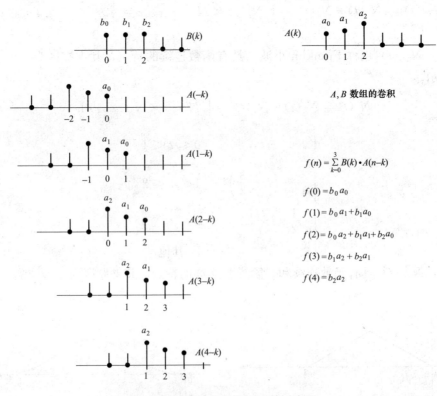

图 4-3　离散数组的卷积运算示意图

$$f(0) = b_0 a_0$$
$$f(1) = b_0 a_1 + b_1 a_0$$
$$f(2) = b_0 a_2 + b_1 a_1 + b_2 a_0$$
$$f(3) = b_1 a_2 + b_2 a_1$$
$$f(4) = b_2 a_2$$

（4-10）

用 z 变换函数表达来计算两个数组的卷积最为方便，即

$$A(z) = a_0 + a_1 z + a_2 z^2$$
$$B(z) = b_0 + b_1 z + b_2 z^2$$
$$F(z) = B(z) \times A(z)$$
$$= f(0) + f(1)z + f(2)z^2 + f(3)z^3 + f(4)z^4$$

（4-11）

这里我们不想将"样条小波"推导沿着经典理论做下去，因为那样太复杂了，而直接转入样条小波矩阵的探讨。从离散小波看

$$N_1(z) = 1 + z \qquad\qquad\qquad\qquad\qquad\qquad 支撑区 2 个点$$
$$N_2(z) = N_1(z) \times N_1(z) = (1+z)^2 = 1 + 2z + z^2 \qquad 支撑区 3 个点$$
$$N_3(z) = N_2(z) \times N_1(z) = (1+z)^3 = 1 + 3z + 3z^2 + z^3 \qquad 支撑区 4 个点$$

（4-12）

从 $N_3(z)$ 的系数我们直接引入样条小波矩阵

$$A = \frac{1}{2\sqrt{5}} \cdot \begin{bmatrix} 1 & 3 & 3 & 1 & 0 & 0 & 0 & 0 \\ 0 & 0 & 1 & 3 & 3 & 1 & 0 & 0 \\ 0 & 0 & 0 & 0 & 1 & 3 & 3 & 1 \\ 3 & 1 & 0 & 0 & 0 & 0 & 1 & 3 \\ 1 & -3 & 3 & -1 & 0 & 0 & 0 & 0 \\ 0 & 0 & 1 & -3 & 3 & -1 & 0 & 0 \\ 0 & 0 & 0 & 0 & 1 & -3 & 3 & -1 \\ 3 & -1 & 0 & 0 & 0 & 0 & 1 & -3 \end{bmatrix} \cdot \begin{pmatrix} f_0 \\ f_1 \\ f_2 \\ f_3 \\ f_4 \\ f_5 \\ f_6 \\ f_7 \end{pmatrix} = \begin{pmatrix} c_0^1 \\ c_1^1 \\ c_2^1 \\ c_3^1 \\ d_0^1 \\ d_1^1 \\ d_2^1 \\ d_3^1 \end{pmatrix}$$

（4-13）

其中，尺度系数和小波系数如下：

$$h_0 = \frac{1}{2\sqrt{5}} = g_0$$

$$h_1 = \frac{3}{2\sqrt{5}} = -g_1$$

$$h_2 = \frac{3}{2\sqrt{5}} = g_2$$

$$h_3 = \frac{1}{2\sqrt{5}} = -g_3$$

双正交小波矩阵 A 的概念，和前面正交小波矩阵 B 有相似之处，也有不同。不同之处在于 A 的"尺度波形"具有左右对称的特点，但 $A^T A \neq E$，它需要引入逆矩阵 $A^{-1} A =$

E，因而它需要两个不同的矩阵 A 和 A^{-1} 来实现函数的分解和重构。而正交小波矩阵 B 的"尺度波形"左右肯定不对称，但 $B^{\mathrm{T}}B=E$，所以它只需一个矩阵 B 就可以实现函数的分解和重构。它们相同之处在于矩阵构成的方式相同，A 小波矩阵的第一行就是"尺度波形"的系数，第二行系数和第一行系数相同，但向右移位两个列，见式（4-13）。到第四行时，由于尺度系数排列超出矩阵之外，需要进行循环移位到第一列、第二列。A 矩阵上面四行称为"尺度矩阵 H"。A 矩阵从第五行到第八行是"小波矩阵 G"，第五行就是"小波波形"的系数，它和"尺度波形"的系数关系是数据相同但正负相隔，由于左右对称的缘故，不需要像 B 矩阵那样再首尾相调，所以矩阵 A 和 B 它们构成方式完全相同。

在式（4-13）中，矩阵 A 尺度波形系数取杨辉法则 H4 的系数，即只有支撑区 4 个点，为了保证 $\sum_{k=0}^{3}h_k^2=1$，除以适当的系数。

$$A = \begin{pmatrix} H \\ G \end{pmatrix} \left.\vphantom{\begin{pmatrix} H \\ G \end{pmatrix}}\right\}$$
$$A^{-1} = (P \quad Q) \qquad\qquad (4\text{-}14)$$

以支撑点为 4 的原始矩阵 A 为例，在图 4-4 中，双正交小波 A 矩阵的尺度矩阵标为 H_4，小波矩阵标为 G_4。而 A 矩阵的尺度波形，就是尺度矩阵 H_4 中第一行的系数所画的波形，如图 4-4（a）所示，其对偶 A^{-1} 逆矩阵的尺度波形，就是逆矩阵 A^{-1} 的尺度矩阵 P_4 中第一列的系数所画的波形，如图 4-4（c）所示，P_4 尺度波形的支撑区要大于 A 矩阵的尺度波形 H_4 的支撑区，但为了和正交矩阵的概念接近，我们希望 A^{-1} 逆矩阵的尺度波形 P_4 的主要支撑区和 A 矩阵的尺度波形 H_4 的支撑区相近。相应 A [8，8] 矩阵原始尺度波形 H_4 的系数、原始小波 G_4 的系数；对偶逆矩阵尺度波形 P_4 系数，对偶逆矩阵小波波形 Q_4 系数都列在表 4-1 中。它们的尺度波形和小波波形如图 4-4 所示。

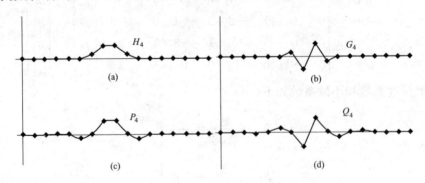

图 4-4 双正交小波的 A [8，8] 矩阵和对偶 A^{-1} 矩阵的尺度波形 H_4 和小波波形 G_4

（a）原矩阵尺度波形；（b）原矩阵小波波形；（c）逆矩阵尺度波形；（d）逆矩阵小波波形

表 4-1　　双正交小波的 A [8，8] 矩阵和对偶 A^{-1} 矩阵的尺度系数和小波系数

分解层数	原始尺度 H	原始小波 G	逆矩阵尺度/P	逆矩阵小波/Q
0	0.223 607	0.223 607	−0.028	−0.028

续表

分解层数	原始尺度 H	原始小波 G	逆矩阵尺度/P	逆矩阵小波/Q
1	0.670 82	$-0.670\ 82$	0.754 7	$-0.754\ 7$
2	0.670 82	0.670 82	0.754 7	0.754 7
3	0.223 607	$-0.223\ 607$	-0.028	0.028
4	0	0	$-0.251\ 6$	$-0.251\ 6$
5	0	0	0.083 9	$-0.083\ 9$
6	0	0	0.083 9	0.083 9
7	0	0	$-0.251\ 6$	0.251 6

用双正交小波矩阵 A 分解采样函数 F 时，先得到时谱 Y，见式（4-15），要重构原函数时需要采用逆矩阵 A^{-1}，见式（4-16）

$$A \cdot F = Y \qquad (4\text{-}15)$$

$$A^{-1} \cdot Y = F \qquad (4\text{-}16)$$

为了把原始函数 F 分解，可以将 A 矩阵分割成"尺度矩阵 H"和"小波矩阵 G"，时谱 Y 分割成"尺度时谱 C_1"和"小波时谱 D_1"，即

$$Y = \begin{bmatrix} C_1 \\ D_1 \end{bmatrix} \qquad (4\text{-}17)$$

并将其代入式（4-16）可得

$$\begin{bmatrix} H \\ G \end{bmatrix} \cdot F = \begin{bmatrix} C_1 \\ D_1 \end{bmatrix} \qquad (4\text{-}18)$$

$$C_1 = H \cdot F \qquad (4\text{-}19)$$

$$D_1 = G \cdot F \qquad (4\text{-}20)$$

为了求得"低频主波 F_1"和"高频细波 X_1"，需要将对偶逆矩阵 A^{-1} 分割成左右两部分，即

$$A^{-1} = (P \quad Q) \qquad (4\text{-}21)$$

将其代入式（4-16）可得

$$(P \quad Q) \cdot \begin{bmatrix} C_1 \\ D_1 \end{bmatrix} = P \cdot C_1 + Q \cdot D_1 = F_1 + X_1 = F \qquad (4\text{-}22)$$

即得"低频主波 F_1"，即

$$P \cdot C_1 = PH \cdot F = F_1 \qquad (4\text{-}23)$$

同时得出"高频细波 X_1"，即

$$Q \cdot D_1 = QG \cdot F = X_1 \qquad (4\text{-}24)$$

双正交小波矩阵正交的理由是必然的，有

$$A^{-1}A = (P \quad Q) \cdot \begin{bmatrix} H \\ G \end{bmatrix} = PH + QG = E \tag{4-25}$$

以式（4-12）构成的"双正交小波"去分解函数 F 波形，结果如图 4-5 所示，其中 F_1 是低频主波，X_1 是高频细波，可见效果还是不错的。

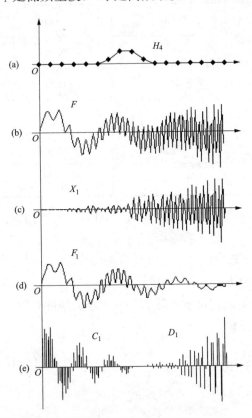

图 4-5 用双正交小波分解的实例效果

（a）尺度波形；（b）原始波形；（c）高频细波；

（d）低频主波；（e）尺度时谱和小波时谱

至于双正交小波的多尺度分解方法，可以按第 2 章多尺度分解来做，由于逆矩阵的支撑区较大，以后举例以 A [128，128] 作为尺度 1 的矩阵，它包含 H [64，128] 尺度矩阵和 G [64，128] 小波矩阵。

$$A[128,128] = \begin{bmatrix} H[64,128] \\ G[64,128] \end{bmatrix} \tag{4-26}$$

原矩阵的尺度波形可以选 H 矩阵中任何一行来画出。同样原矩阵的小波波形可以选 G 矩阵中任何一行来画出。为了对应，若尺度波形选第一行，则小波波形应选择 $\frac{N}{2}+1$ 行。

它的逆矩阵相当于正交矩阵中的转置矩阵，所以它的逆矩阵 A^{-1} [128，128] 应按列分割为左右两部分，即

$$A^{-1}[128,128] = (P[128,64] \quad Q[128,64]) \tag{4-27}$$

它包含低频重构矩阵 P [128，64] 和高频重构矩阵 Q [128，64]，它的逆尺度波形隐藏在 P 矩阵的列中。同样逆矩阵的小波波形可以选 Q 矩阵中任何一列来画出。

同理尺度 2 下，A_1 矩阵的阶数减少一半，

尺度 2 下的双正交小波矩阵为

$$A_1[64,64] = \begin{bmatrix} H_1[32,64] \\ G_1[32,64] \end{bmatrix} \tag{4-28}$$

它的逆矩阵 A_1^{-1} 类似于正交矩阵中的转置矩阵 B_1^{T}，所以也按列进行分割成 P_1 低频重构矩阵合 Q_1 高频重构矩阵，见式（4-29）

$$A_1^{-1}[64,64] = (P_1[64,32] \quad Q_1[64,32]) \tag{4-29}$$

尺度 2 下的低频尺度矩阵 Z_1 为

$$Z_1[32,128] = H_1[32,64] \cdot H[64,128] \tag{4-30}$$

这个矩阵 Z_1 每行的数据就是尺度 2 下的尺度波形，它由两个 $H_1 \cdot H$ 矩阵相乘得出，它和经典小波双尺度理论公式 $\varphi(t) = \sqrt{2}\sum_{n} h_n \varphi(2t-n)$ 相当，这个矩阵 Z_1 每行的数据相同，但彼此位移 4 列，选用其中一行可画出尺度 2 下的尺度波形。尺度 1 下的高频小波矩

阵式为

$$W_1[32,128] = G_1[32,64] \cdot H[64,128] \tag{4-31}$$

这个矩阵 W_1 每行的数据就是尺度 2 下的小波波形，它是由两个 $G_1 \cdot H$ 矩阵相乘得出的，它和经典小波双尺度理论公式 $\varPsi(t) = \sqrt{2}\sum_n g_n \varphi(2t-n)$ 相当，它是对尺度矩阵 H，再分解出的高频细节，这个矩阵 W_1 每行的数据相同，但彼此位移 4 列，选用其中一行可画出尺度 2 下的小波波形。

正矩阵 A 的尺度系数 $\{h_n\}$ 对各个尺度 $A\,[128,128]$ 和 $A_1\,[64,64]$ 矩阵都是一样的，它的小波系数 $\{g_n\}$ 按式（4-13）求出，按循环矩阵的原则可形成不同尺度的矩阵。由它们构成逆矩阵 $A^{-1}\,[128,128]$ 和 $A_1^{-1}\,[64,64]$，通过求逆矩阵计算求出，令人兴奋的是循环矩阵的逆矩阵 A^{-1} 在不同尺度下的逆尺度系数 $\{p_n\}$ 和逆小波系数 $\{q_n\}$ 也是一样的，这样我们只需进行一次逆矩阵计算，而后各种尺度下逆矩阵，可由逆尺度系数 $\{p_n\}$ 和逆小波系数 $\{q_n\}$ 按循环矩阵的原理构成。为了说明这一点，我们用求逆矩阵的计算分别算出 $A^{-1}\,[128,128]$、$A_1^{-1}\,[64,64]$ 和 $A_2^{-1}\,[32,32]$ 逆矩阵，它们各种尺度下的逆尺度系数 $\{p_n\}$ 见表 4-2，各种尺度下的逆小波系数 $\{q_n\}$ 见表 4-3，各种尺度下它们各自系数是完全相同的，但需满足一个条件，就是逆尺度的支撑区要小于 A 矩阵的阶数。

下列各表中对 $\{p_n\}$ 逆尺度系数是显示第 0 列的非零元素，每个元素 $\{p_n\}$ 都标明了行列号码。对 $\{q_n\}$ 逆小波系数是显示第 $Nk/2$ 列的非零元素，每个元素 $\{q_n\}$ 都标明了行列号码。

表 4-2   各种尺度下逆矩阵的尺度系数 $\{p_n\}$ 对照表

正矩阵 1, 3, 3, 1	逆矩阵		
$A\,[128,128]$	$A^{-1}\,[128,128]$	$A_1^{-1}\,[64,64]$	$A_2^{-1}\,[32,32]$
尺度 1 系数 $\{h_n\}$	尺度 1 系数 $\{p_n\}$	尺度 2 系数 $\{p_n\}$	尺度 3 系数 $\{p_n\}$
i,J=0,0；AHH=0.223 6	P(1,0)=0.745 4	P(1,0)=0.745 4	P(1,0)=0.745 4
i,J=0,1；AHH=0.670 8	P(2,0)=0.745 4	P(2,0)=0.745 4	P(2,0)=0.745 4
i,J=0,2；AHH=0.670 8	P(4,0)=−0.248 5	P(4,0)=−0.248 5	P(4,0)=−0.248 5
i,J=0,3；AHH=0.223 6	P(6,0)=0.082 8	P(6,0)=0.082 8	P(6,0)=0.082 8
	P(8,0)=−0.027 6	P(8,0)=−0.026	P(8,0)=−0.027 6
	P(10,0)=0.009 2	P(10,0)=0.009 2	P(10,0)=0.009 2
	P(12,0)=−0.003 1	P(12,0)=−0.003 1	P(12,0)=−0.003 1
	P(14,0)=0.001	P(14,0)=0.001	P(14,0)=0.001
	P(117,0)=0.001	P(53,0)=0.001	P(21,0)=0.001
	P(119,0)=−0.003 1	P(55,0)=−0.003 1	P(23,0)=−0.003 1
	P(121,0)=0.009 2	P(57,0)=0.009 2	P(25,0)=0.009 2
	P(123,0)=−0.027 6	P(59,0)=−0.027 6	P(27,0)=−0.027 6
	P(125,0)=0.082 8	P(61,0)=0.082 8	P(29,0)=0.082 8
	P(127,0)=−0.248 5	P(63,0)=−0.248 5	P(31,0)=−0.248 5

表 4-3　　　　　　　　各种尺度下逆矩阵的小波系数 $\{q_n\}$ 对照表

正矩阵 1,3,3,1	逆矩阵		
$A[128,128]$	$A^{-1}[128,128]$	$A_1^{-1}[64,64]$	$A_2^{-1}[32,32]$
小波 1 系数 $\{g_n\}$	小波 1 系数 $\{q_n\}$	小波 2 系数 $\{q_n\}$	小波 3 系数 $\{q_n\}$
i,J=64,0;AHH=0.223 6	Q(1,64)=−0.745 4	Q(1,32)=−0.745 4	Q(1,16)=−0.745 4
i,J=64,1;AHH=−0.670 8	Q(2,64)=0.745 4	Q(2,32)=0.745 4	Q(2,16)=0.745 4
i,J=64,2;AHH=0.670 8	Q(4,64)=−0.248 5	Q(4,32)=−0.248 5	Q(4,16)=−0.248 5
i,J=64,3;AHH=−0.223 6	Q(6,64)=0.082 8	Q(6,32)=0.082 8	Q(6,16)=0.082 8
	Q(8,64)=−0.027 6	Q(8,32)=−0.027 6	Q(8,16)=−0.027 6
	Q(10,64)=0.009 2	Q(10,32)=0.009 2	Q(10,16)=0.009 2
	Q(12,64)=−0.003 1	Q(12,32)=−0.003 1	Q(12,16)=−0.003 1
	Q(14,64)=0.001	Q(14,32)=0.001	Q(14,16)=0.001
	Q(117,64)=−0.001	Q(53,32)=−0.001	Q(21,16)=−0.001
	Q(119,64)=0.003 1	Q(55,32)=0.003 1	Q(23,16)=0.003 1
	Q(121,64)=−0.009 2	Q(57,32)=−0.009 2	Q(25,16)=−0.009 2
	Q(123,64)=0.027 6	Q(59,32)=0.027 6	Q(27,16)=0.027 6
	Q(125,64)=−0.082 8	Q(61,32)=−0.082 8	Q(29,16)=−0.082 8
	Q(127,64)=0.248 5	Q(63,32)=0.248 5	Q(31,16)=0.248 5

表 4-4　　　　　　　　双正交矩阵的尺度系数和小波系数的对照

正矩阵:1、3、3、1		逆矩阵	
$A[128,128]$		$A^{-1}[128,128]$	
尺度 1 系数 $\{h_n\}$	小波 1 系数 $\{g_n\}$	逆尺度 1 系数 $\{p_n\}$	逆小波 1 系数 $\{q_n\}$
i,J=0,0;AHH=0.223 6	i,J=64,0;AHH=0.223 6	P(1,0)=0.745 4	Q(1,64)=−0.745 4
i,J=0,1;AHH=0.670 8	i,J=64,1;AHH=−0.670 8	P(2,0)=0.745 4	Q(2,64)=0.745 4
i,J=0,2;AHH=0.670 8	i,J=64,2;AHH=0.670 8	P(4,0)=−0.248 5	Q(4,64)=−0.248 5
i,J=0,3;AHH=0.223 6	i,J=64,3;AHH=−0.223 6	P(6,0)=0.082 8	Q(6,64)=0.082 8
		P(8,0)=−0.027 6	Q(8,64)=−0.027 6
		P(10,0)=0.009 2	Q(10,64)=0.009 2
		P(12,0)=−0.003 1	Q(12,64)=−0.003 1
		P(14,0)=0.001	Q(14,64)=0.001
		P(117,0)=0.001	Q(117,64)=−0.001
		P(119,0)=−0.003 1	Q(119,64)=0.003 1
		P(121,0)=0.009 2	Q(121,64)=−0.009 2
		P(123,0)=−0.027 6	Q(123,64)=0.027 6
		P(125,0)=0.082 8	Q(125,64)=−0.082 8
		P(127,0)=−0.248 5	Q(127,64)=0.248 5

尺度 3 时的矩阵为

$$A_2[32,32] = \begin{bmatrix} H_2[16,32] \\ G_2[16,32] \end{bmatrix} \tag{4-32}$$

同理可推出尺度 3 下的尺度波形

$$Z_2[32,128] = H_2[16,32] \cdot H_1[32,64] \cdot H[64,128]$$
$$= H_2[16,32] \cdot Z_1[32,128] \tag{4-33}$$

同理可推出尺度 3 下的小波波形

$$W_2[32,128] = G_2[16,32] \cdot H_1[32,64] \cdot H[64,128]$$
$$= G_2[16,32] \cdot Z_1[32,128] \tag{4-34}$$

为了形象表示以杨辉系数 1、3、3、1 构成 H（4）的尺度波形所产生的双正交小波先把原矩阵的在不同尺度下的尺度、小波波形画出，如图 4-6 所示。

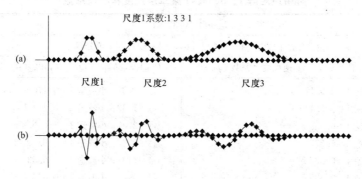

图 4-6　双正交小波 H（4）矩阵的原尺度波形和原小波波形
（a）原尺度波形；（b）原小波波形

至于逆矩阵 $A^{-1}[128,128] = (P[128,64] \quad Q[128,64])$ 的多尺度下的逆尺度波形和逆小波波形。

尺度 2 下的逆尺度矩阵公式为

$$\overline{Z}_1[128,32] = P[128,64] \cdot P_1[64,32] \tag{4-35}$$

注意它相当于正交小波中的转置矩阵，这个矩阵每列的数据相同，但彼此位移 4 行，选用其中一列可画出尺度 2 下的逆尺度波形，由于逆矩阵尺度波形支撑区更长，一般建议只显示大于 0.01 的数据，尺度 2 下的小波矩阵公式为

$$\overline{W}_1[128,32] = P[128,64] \cdot Q_1[64,32] \tag{4-36}$$

这个矩阵每列的数据相同，但彼此位移 4 行，选用其中一列可画出尺度 2 下的逆小波波形。

样条正矩阵 1、3、3、1 第二层尺度和小波系数见表 4-5。样条逆矩阵 1、3、3、1 第二层尺度和小波系数见表 4-6。

表 4-5   **样条正矩阵 1、3、3、1 第二层尺度和小波系数**

正矩阵 1, 3, 3, 1	
A_1 [64, 64] · H [64, 128] 按尺度 2 再分解	
H_1 [32, 64] · H [64, 128] 尺度 2 波形 $\{h_n\}$	G_1 [32, 64] · H [64, 128] 小波 2 波形 $\{g_n\}$
i,J=0,0；尺度正 1=0.05	i,J=32,0；小波正 1=0.05
i,J=0,1；尺度正 1=0.15	i,J=32,1；小波正 1=0.15
i,J=0,2；尺度正 1=0.3	i,J=32,3；小波正 1=−0.4
i,J=0,3；尺度正 1=0.5	i,J=32,4；小波正 1=−0.3
i,J=0,4；尺度正 1=0.6	i,J=32,5；小波正 1=0.3
i,J=0,5；尺度正 1=0.6	i,J=32,6；小波正 1=0.4
i,J=0,6；尺度正 1=0.5	i,J=32,8；小波正 1=−0.15
i,J=0,7；尺度正 1=0.3	i,J=32,9；小波正 1=−0.05
i,J=0,8；尺度正 1=0.15	
i,J=0,9；尺度正 1=0.05	

表 4-6   **样条逆矩阵 1、3、3、1 第二层尺度和小波系数**

逆矩阵 1, 3, 3, 1	
P [128, 64] · A_1^{-1} [64, 64] 按尺度 1 再分解	
P [128, 64] · P_1 [64, 32] 逆尺度 2 系数 $\{p_n\}$	P [128, 64] · Q_1 [64, 32] 逆小波 2 系数 $\{q_n\}$
i,J=0,0；尺度逆 1=−0.178 6	i,J=0,32；小波逆 1=0.178 6
i,J=1,0；尺度逆 1=−0.125 7	i,J=1,32；小波逆 1=0.244 7
i,J=2,0；尺度逆 1=0.059 5	i,J=2,32；小波逆 1=−0.059 5
i,J=3,0；尺度逆 1=0.377	i,J=3,32；小波逆 1=−0.734 1
i,J=4,0；尺度逆 1=0.535 7	i,J=4,32；小波逆 1=−0.535 7
i,J=5,0；尺度逆 1=0.535 7	i,J=5,32；小波逆 1=0.535 7
i,J=6,0；尺度逆 1=0.377	i,J=6,32；小波逆 1=0.734 1
i,J=7,0；尺度逆 1=0.059 5	i,J=7,32；小波逆 1=0.059 5
i,J=8,0；尺度逆 1=−0.125 7	i,J=8,32；小波逆 1=−0.244 7
i,J=9,0；尺度逆 1=−0.178 6	i,J=9,32；小波逆 1=−0.178 6
i,J=10,0；尺度逆 1=−0.143 3	i,J=10,32；小波逆 1=−0.103 6
i,J=11,0；尺度逆 1=−0.019 8	i,J=11,32；小波逆 1=−0.019 8
i,J=12,0；尺度逆 1=0.047 8	i,J=12,32；小波逆 1=0.034 5
i,J=13,0；尺度逆 1=0.059 5	i,J=13,32；小波逆 1=0.059 5
i,J=14,0；尺度逆 1=0.045 8	i,J=14,32；小波逆 1=0.050 2
i,J=16,0；尺度逆 1=−0.015 3	i,J=16,32；小波逆 1=−0.016 7
i,J=17,0；尺度逆 1=−0.019 8	i,J=17,32；小波逆 1=−0.019 8
i,J=18,0；尺度逆 1=−0.015 5	i,J=18,32；小波逆 1=−0.015
i,J=119,0；尺度逆 1=−0.015 5	i,J=119,32；小波逆 1=0.015
i,J=120,0；尺度逆 1=−0.019 8	i,J=120,32；小波逆 1=0.019 8
i,J=121,0；尺度逆 1=−0.015 3	i,J=121,32；小波逆 1=0.016 7
i,J=123,0；尺度逆 1=0.045 8	i,J=123,32；小波逆 1=−0.050 2
i,J=124,0；尺度逆 1=0.059 5	i,J=124,32；小波逆 1=−0.059 5
i,J=125,0；尺度逆 1=0.047 8	i,J=125,32；小波逆 1=−0.034 5
i,J=126,0；尺度逆 1=−0.019 8	i,J=126,32；小波逆 1=0.019 8
i,J=127,0；尺度逆 1=−0.143 3	i,J=127,32；小波逆 1=0.103 6

尺度 3 时的矩阵为

$$A_2^{-1}[32,32] = (P_2[32,16] \quad Q_2[32,16]) \tag{4-37}$$

同理可推出尺度 3 下的逆尺度波形为

$$\overline{Z}_2[128,16] = P[128,64] \cdot P_1[64,32] \cdot P_2[32,16]$$
$$= \overline{Z}_1[128,32] \cdot P_2[32,16] \tag{4-38}$$

同理可推出尺度 3 下的小波波形为

$$\overline{W}_2[128,16] = P[128,64] \cdot P_1[64,32] \cdot Q_2[32,16]$$
$$= \overline{Z}_1[128,32] \cdot Q_2[32,16] \tag{4-39}$$

为了形象表示以杨辉系数 1、3、3、1 构成 H（4）的尺度波形所产生的双正交小波，先把原矩阵的在不同尺度下的尺度、小波波形画出，如图 4-7 所示。

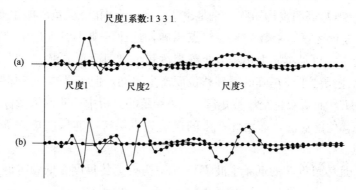

图 4-7　双正交小波 H（4）的逆矩阵的各种逆尺度波形和逆小波波形

（a）逆尺度波形；（b）逆小波波形

下面用此双正交小波按尺度 1、2、3 分解，得出低频主波 F_1、F_2、F_3 和高频细波 X_1、X_2、X_3，如图 4-8 所示，它们符合如下关系：

$$F = F_1 + X_1 = F_2 + X_2 + X_1 = F_3 + X_3 + X_2 + X_1 \tag{4-40}$$

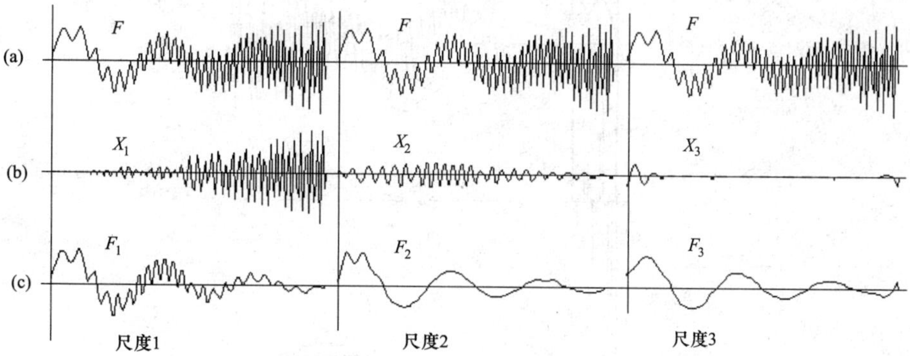

图 4-8　用 H（4）双正交小波 H（4）对原始波形 F 进行多尺度分解的结果图示

（a）原始波形；（b）高频细波；（c）低频主波

由于原尺度波形和逆尺度波形大致相似，所以这个分解还算满意。对于三层尺度分解的关系，我们写出一个双正交小波分解的关系式：

$$P[128,64]P_1[64,32]P_2[32,16] \cdot H_2[16,32]H_1[32,64]H[64,128] \cdot F[128] = F_3[128]$$
$$P[128,64]P_1[64,32]Q_2[32,16] \cdot G_2[16,32]H_1[32,64]H[64,128] \cdot F[128] = X_3[128]$$
$$P[128,64]Q_1[64,32] \cdot G_1[32,64]H[64,128] \cdot F[128] = X_2[128]$$
$$Q[128,64] \cdot G[64,128] \cdot F[128] = X_1[128]$$

$$(4\text{-}41)$$

特别要说明的是：在多尺度下，矩阵 A、A_1、A_2 的第一行系数完全相同。只要矩阵的阶数大于逆尺度波形的支撑区长度条件下，它的逆矩阵 A^{-1}、A_1^{-1}、A_2^{-1} 的第一列系数也完全相同。H、H_1、H_2 低频滤波矩阵中，各行都是由原尺度系数 1、3、3、1 循环构成的矩阵，而 G、G_1、G_2 高频滤波矩阵是由 H、H_1、H_2 相隔变负号派生而成，因而没有看起来的这么多的计算工作量。同样 P、P_1、P_2 低频重构矩阵中，它们的第一列系数相同，而 Q、Q_1、Q_2 高频重构矩阵，也是由 P、P_1、P_2 相隔变负号派生而来。用矩阵表达显得简洁，"点积运算"乘数的起点终点明确，这比经典小波理论中"多重求和公式"的标记要明确得多。可见本质上用小波矩阵表达和经典理论基本相同，只是在采样数据有界的状况下，采用尺度小波矩阵的循环移位而产生不同，但正是这一点却保证了小波矩阵的正交性 $B^T B = E$，而对双正交小波矩阵 $A^{-1}A = E$ 的分析中，我们依然保持尺度小波 H、H_1、H_2 的循环移位的做法，而由此产生的逆矩阵也保持着逆尺度矩阵 P、P_1、P_2 具有循环移位的特点。

如果是为了远传尺度 3 的低频主波 F_3，则只需要远传尺度 3 低频时谱 C_3 [16] 的 16 个点，如

$$C_3[16] = H_2[16,32]H_1[32,64]H[64,128] \cdot F[128] \qquad (4\text{-}42)$$

这些都是对原始数据进行压缩滤波的过程，而膨胀还原可由接收地进行，如

$$F_3[128] = P[128,64]P_1[64,32]P_2[32,16] \cdot C_3[16] \qquad (4\text{-}43)$$

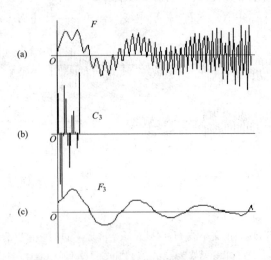

图 4-9　用远传"尺度 3 的低频时谱 C_3"到接收地恢复"尺度 3 的低频主波 F_3"

(a) 尺度 1 原始波形；(b) 尺度 3 低频时谱；(c) 尺度 3 低频主波

4.2 Franklin 双正交小波 $H(3)$ 的引入

本节讨论 Franklin 小波，它的支撑区是 3 个点，是 $N=2$ 下的杨辉系数，它也具有左右对称的尺度波形，见式(4-44)，每行尺度波形的有效值标幺化为 1。

$$A = \frac{1}{\sqrt{6}} \cdot \begin{bmatrix} 1 & 2 & 1 & 0 & 0 & 0 & 0 & 0 \\ 0 & 0 & 1 & 2 & 1 & 0 & 0 & 0 \\ 0 & 0 & 0 & 0 & 1 & 2 & 1 & 0 \\ 1 & 0 & 0 & 0 & 0 & 0 & 1 & 2 \\ 1 & -2 & 1 & 0 & 0 & 0 & 0 & 0 \\ 0 & 0 & 1 & -2 & 1 & 0 & 0 & 0 \\ 0 & 0 & 0 & 0 & 1 & -2 & 1 & 0 \\ 1 & 0 & 0 & 0 & 0 & 0 & 1 & -2 \end{bmatrix} \cdot \begin{Bmatrix} f_0 \\ f_1 \\ f_2 \\ f_3 \\ f_4 \\ f_5 \\ f_6 \\ f_7 \end{Bmatrix} = \begin{Bmatrix} c_0^1 \\ c_1^1 \\ c_2^1 \\ c_3^1 \\ d_0^1 \\ d_1^1 \\ d_2^1 \\ d_3^1 \end{Bmatrix} \quad (4\text{-}44)$$

它三层尺度下的正尺度波形如图 4-10 所示，从左到右分别是尺度从 1 到 3 支撑区成倍增大。图 4-10(b)是正小波波形，从左到右分别是尺度从 1 到 3，频率成倍降低。图 4-10(c)是逆尺度波形，从左到右分别是尺度从 1 到 3，它的支撑区比正尺度波形还要大些。图 4-10(d)是逆小波波形，从左到右分别是尺度从 1 到 3，它的支撑区比正小波波形还要大些。

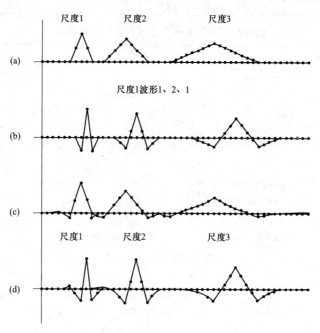

图 4-10　双正交小波 $H(3)$ 的原矩阵和逆矩阵的各种尺度波形和小波波形
(a)原尺度波形；(b)原小波波形；(c)逆尺度波形；(d)逆小波波形

各种尺度下逆矩阵的尺度系数 $\{p_n\}$ 对照表见表 4-7，小波系数 $\{q_n\}$ 对照表见表 4-8。尺度系数和小波系数的对照见表 4-9。

表 4-7 各种尺度下逆矩阵的尺度系数 $\{p_n\}$ 对照表

正矩阵 1，2，1	逆矩阵		
$A[128,128]$	$A^{-1}[128,128]$	$A_1^{-1}[64,64]$	$A_2^{-1}[32,32]$
尺度 1 系数 $\{h_n\}$	尺度 1 系数 $\{p_n\}$	尺度 2 系数 $\{p_n\}$	尺度 3 系数 $\{p_n\}$
i，J=0，0；AHH=0.408 2	P(0, 0)=0.358 7	P(0, 0)=0.358 7	P(0, 0)=0.358 7
i，J=0，0；AHH=0.816 5	P(1, 0)=0.866	P(1, 0)=0.866	P(1, 0)=0.866
i，J=0，2；AHH=0.408 2	P(2, 0)=0.358 7	P(2, 0)=0.358 7	P(2, 0)=0.358 7
	P(3, 0)=−0.148 6	P(3, 0)=−0.148 6	P(3, 0)=−0.148 6
	P(4, 0)=−0.061 5	P(4, 0)=−0.061 5	P(4, 0)=−0.061 5
	P(5, 0)=0.025 5	P(5, 0)=0.025 5	P(5, 0)=0.025 5
	P(6, 0)=0.010 6	P(6, 0)=0.010 6	P(6, 0)=0.010 6
	P(7, 0)=−0.004 4	P(7, 0)=−0.004 4	P(7, 0)=−0.004 4
	P(8, 0)=−0.001 8	P(8, 0)=−0.001 8	P(8, 0)=−0.001 8
	P(122, 0)=−0.001 8	P(58, 0)=−0.001 8	P(26, 0)=−0.001 8
	P(123, 0)=−0.004 4	P(59, 0)=−0.004 4	P(27, 0)=−0.004 4
	P(124, 0)=0.010 6	P(60, 0)=0.010 6	P(28, 0)=0.010 6
	P(125, 0)=0.025 5	P(61, 0)=0.025 5	P(29, 0)=0.025 5
	P(126, 0)=−0.061 5	P(62, 0)=−0.061 5	P(30, 0)=−0.061 5
	P(127, 0)=−0.148 6	P(63, 0)=−0.148 6	P(31, 0)=−0.148 6

表 4-8 各种尺度下逆矩阵的小波系数 $\{q_n\}$ 对照表

正矩阵 1，2，1	逆矩阵		
$A[128,128]$	$A^{-1}[128,128]$	$A_1^{-1}[64,64]$	$A_2^{-1}[32,32]$
小波 1 系数 $\{g_n\}$	小波 1 系数 $\{q_n\}$	小波 2 系数 $\{q_n\}$	小波 3 系数 $\{q_n\}$
i，J=64，1；AHH=−0.408 2	Q(0, 64)=−0.148 6	Q(0, 32)=−0.148 6	Q(0, 16)=−0.148 6
i，J=64，2；AHH=0.816 5	Q(1, 64)=−0.358 7	Q(1, 32)=−0.358 7	Q(1, 16)=−0.358 7
i，J=64，3；AHH=−0.408 2	Q(2, 64)=0.866	Q(2, 32)=0.866	Q(2, 16)=0.866
	Q(3, 64)=−0.358 7	Q(3, 32)=−0.358 7	Q(3, 16)=−0.358 7
	Q(4, 64)=−0.148 6	Q(4, 32)=−0.148 6	Q(4, 16)=−0.148 6
	Q(5, 64)=0.061 5	Q(5, 32)=0.061 5	Q(5, 16)=0.061 5
	Q(6, 64)=0.025 5	Q(6, 32)=0.025 5	Q(6, 12)=0.025 5
	Q(7, 64)=−0.010 6	Q(7, 32)=−0.010 6	Q(7, 16)=−0.010 6
	Q(8, 64)=−0.004 4	Q(8, 32)=−0.004 4	Q(8, 16)=−004 4
	Q(9, 64)=0.001 8	Q(9, 32)=0.001 8	Q(9, 16)=0.001 8
	Q(123, 64)=0.001 8	Q(59, 32)=0.001 8	Q(27, 16)=0.001 8
	Q(124, 64)=−0.004 4	Q(60, 32)=−0.004 4	Q(28, 16)=−0.004 4
	Q(125, 64)=−0.010 6	Q(61, 32)=−0.010 6	Q(29, 16)=−0.010 6
	Q(126, 64)=0.025 5	Q(62, 32)=0.025 5	Q(30, 16)=0.025 5
	Q(127, 64)=0.061 5	Q(63, 32)=0.061 5	Q(31, 16)=0.061 5

表 4-9　　　　　　　　　　　　　尺度系数和小波系数的对照

正矩阵 1、2、1		逆矩阵	
$A[128,128]$		$A^{-1}[128,128]$	
尺度 0 系数 $\{h_n\}$	小波 0 系数 $\{g_n\}$	逆尺度 0 系数 $\{p_n\}$	逆小波 0 系数 $\{q_n\}$
i，J=0，0；AHH=0.408 2	i，J=64，1；AHH=−0.408 2	P(0, 0)=0.358 7	Q(0, 64)=−0.148 6
i，J=0，1；AHH=0.816 5	i，J=64，2；AHH=0.816 5	P(1, 0)=0.866	Q(1, 64)=−0.358 7
i，J=0，2；AHH=0.408 2	i，J=64，3；AHH=−0.4082	P(2, 0)=0.358 7	Q(2, 64)=−0.866
		P(3, 0)=−0.148 6	Q(3, 64)=−0.358 7
		P(4, 0)=−0.016 5	Q(3, 64)=−0.148 6
		P(5, 0)=−0.025 5	Q(5, 64)=−0.061 5
		P(6, 0)=−0.010 6	Q(6, 64)=−0.025 5
		P(7, 0)=−0.004 4	Q(7, 64)=−0.010 6
		P(8, 0)=−0.001 8	Q(8, 64)=−0.004 4
		P(122, 0)=−0.001 8	Q(9, 64)=−0.001 8
		P(123, 0)=−0.004 4	Q(123, 64)=0.001 8
		P(124, 0)=0.010 6	Q(124, 64)=−0.004 4
		P(125, 0)=0.025 5	Q(125, 64)=−0.010 6
		P(126, 0)=−0.061 5	Q(126, 64)=0.255 5
		P(127, 0)=−0.148 6	Q(127, 64)=0.061 5

用 $H(3)$ 双正交矩阵对原始波形 F 进行多尺度分解的结果如图 4-11 所示。

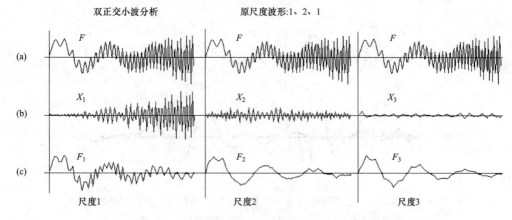

图 4-11　用 $H(3)$ 双正交矩阵对原始波形 F 进行多尺度分解的结果图
（a）原始波形；（b）高频细波；（c）低频主波

4.3　双正交小波 $H(6)$、$H(8)$、$H(10)$ 的引入

在式（4-15）中，矩阵 A 尺度波形系数取杨辉法则 $H(6)$ 的系数，为了保证 $\sum\limits_{k=0}^{5} h_k^2 = 1$，除以适当的系数 $2 \times \sqrt{63}$。

$$\frac{1}{2\times\sqrt{63}}\begin{bmatrix} 1 & 5 & 10 & 10 & 5 & 1 & 0 & 0 \\ 0 & 0 & 1 & 5 & 10 & 10 & 5 & 1 \\ 5 & 1 & 0 & 0 & 1 & 5 & 10 & 10 \\ 10 & 10 & 5 & 1 & 0 & 0 & 1 & 5 \\ 1 & -5 & 10 & -10 & 5 & -1 & 0 & 0 \\ 0 & 0 & 1 & -5 & 10 & -10 & 5 & -1 \\ 5 & -1 & 0 & 0 & 1 & -5 & 10 & -10 \\ 10 & -10 & 5 & -1 & 0 & 0 & 1 & -5 \end{bmatrix} \cdot \begin{bmatrix} f_0 \\ f_1 \\ f_2 \\ f_3 \\ f_4 \\ f_5 \\ f_6 \\ f_7 \end{bmatrix} = \begin{bmatrix} c_0^1 \\ c_1^1 \\ c_2^1 \\ c_3^1 \\ d_0^1 \\ d_1^1 \\ d_2^1 \\ d_3^1 \end{bmatrix} \tag{4-45}$$

和上一节一样画出原始尺度基、原始小波基；对偶尺度基、对偶小波基，如图 4-12 所示。

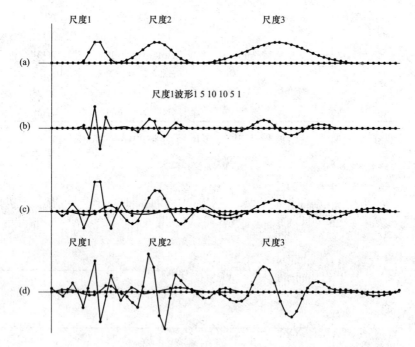

图 4-12　双正交小波 $H(6)$ 的原矩阵和逆矩阵的各种尺度波形和小波波形

（a）原尺度波形；（b）原小波波形；（c）逆尺度波形；（d）逆小波波形

从原尺度波形 $H(6)$ 由杨辉系数 1、5、10、10、5、1 构成，其逆尺度波形 P_6 的形状和它差别已经比较大，不符合双正交矩阵要求两个尺度波形应尽量相似为好。按此 $H(6)$ 多尺度分解结果如图 4-13 所示。

如图 4-14 所示画出支撑区为 8 个点和 10 个点的 $H(8)$ 和 $H(10)$ 双正交矩阵的"正、逆尺度波形"和"正、逆小波波形"。由图可见 $H(8)$ 和 $P(8)$"正、逆尺度波形"彼此差别很大，$H(10)$ 和 $P(10)$"正、逆尺度波形"彼此差别很大，所以据此不再考虑支撑区更长的杨辉系数的双正交矩阵了。

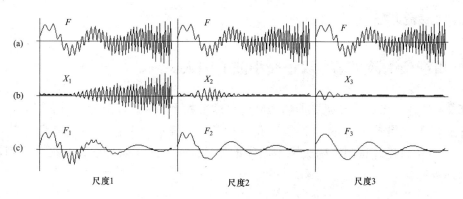

图 4-13　用 $H(6)$ 双正交矩阵对原始波形 F 进行多尺度分解的结果图

（a）原始波形；（b）高频细波；（c）低频主波

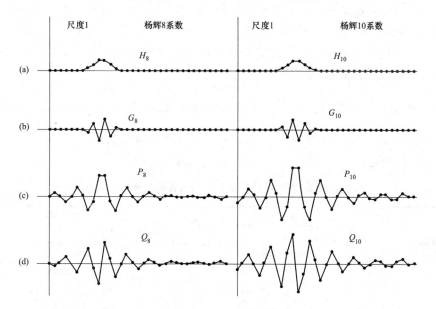

图 4-14　支撑区为 $H(8)$ 和 $H(10)$ 的"尺度波形"和"小波波形"

（a）原尺度波形；（b）原小波波形；（c）逆尺度波形；（d）逆小波波形

为了对比，特在图 4-15 中对比画出支撑区为 $H(4)$、$H(6)$、$H(8)$ 和 $H(10)$ 的"尺度波

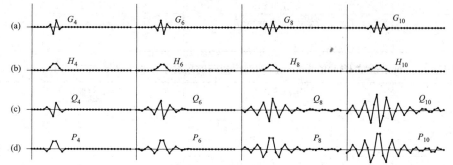

图 4-15　支撑区为 $H(4)$、$H(6)$、$H(8)$ 和 $H(10)$ 的"尺度波形"和"小波波形"

（a）小波波形；（b）尺度波形；（c）小波逆波形；（d）尺度逆波形

形"和"小波波形"。

4.4 用样条函数 $H(7)$ 双正交小波的引入

在文献[4]中介绍的样条函数原始矩阵的尺度系数 $H(7)$ 具有 7 个点的支撑区，它的对偶矩阵的尺度系数有 9 个点，为了辨认，用 $P(9)$ 表示。用它们构成循环矩阵，即用 $H(7)$、$G(7)$ 按行循环排列，构成原始循环矩阵 A；而用 $P(9)$、$Q(9)$ 按列循环排列，构成对偶循环矩阵 $\overline{A}$。

这里特别说明一下：原始矩阵我们都用 A 表示，而对经典理论中求双正交小波，它的对偶矩阵用 $\overline{A}$ 表示，它不同于本书方法，它是用 A 矩阵求逆的方法得出的 A^{-1} 矩阵，尽管它们都用 $(P \quad Q)$ 表示，但对偶循环矩阵 $\overline{A}$，其尺度系数矩阵 $P(9)$ 和小波矩阵 $Q(9)$ 和逆矩阵 A^{-1} 的尺度系数矩阵 $P(n)$ 和小波矩阵 $Q(n)$ 的支撑区点数不一定相同。理论上说逆矩阵 A^{-1} 的结果更准确，但一般支撑区会较长，而对偶矩阵 $\overline{A}$ 的支撑区会短一些，也足够近似正交要求，通过实例应用可看出这一点。

为了实现标幺化，即 $\sum\limits_{k=1}^{7} h_k^2 = 1$，表中系数都要乘以 $\sqrt{2}$。为了方便对比，在表 4-10 中将乘 $\sqrt{2}$ 后的数据用保留小数点后 4 位的结果显示原始矩阵和对偶矩阵的"尺度系数和小波系数"，见表 4-11。

表 4-10　　　样条函数 $H(7)$ 的原始矩阵和对偶矩阵的尺度系数的对照

支撑点序号	原始矩阵	对偶矩阵
	$H(7)$	$P(9)$
	原尺度波形	对偶尺度波形
0	—	$0.026\,748\,757\,411 \times \sqrt{2}$
1	$-0.045\,635\,881\,557 \times \sqrt{2}$	$-0.016\,864\,118\,443 \times \sqrt{2}$
2	$-0.028\,771\,763\,114 \times \sqrt{2}$	$-0.078\,223\,266\,529 \times \sqrt{2}$
3	$0.295\,635\,881\,557 \times \sqrt{2}$	$0.266\,864\,118\,443 \times \sqrt{2}$
4	$0.557\,543\,526\,229 \times \sqrt{2}$	$0.602\,949\,018\,236 \times \sqrt{2}$
5	$0.295\,635\,881\,557 \times \sqrt{2}$	$0.266\,864\,118\,443 \times \sqrt{2}$
6	$-0.028\,771\,763\,114 \times \sqrt{2}$	$-0.078\,223\,266\,529 \times \sqrt{2}$
7	$-0.045\,635\,881\,557 \times \sqrt{2}$	$-0.016\,864\,118\,443 \times \sqrt{2}$
8		$0.026\,748\,757\,411 \times \sqrt{2}$

表 4-11　　　样条函数 $H(7)$ 的原始矩阵和对偶矩阵的尺度系数和小波系数的对照

支撑点序号	原始矩阵 A		对偶矩阵 A	
	$H(7)$	$G(7)$	$P(7)$	$Q(7)$
	原尺度波形	原小波波形	对偶尺度波形	对偶小波波形
0	—	—	0.037 8	−0.037 8
1	−0.064 5	0.064 5	−0.023 8	−0.023 8
2	−0.040 7	−0.040 7	−0.110 6	0.110 6
3	0.418 1	−0.418 1	0.377 4	−0.377 4

续表

支撑点序号	原始矩阵 A		对偶矩阵 A	
	$H(7)$	$G(7)$	$P(7)$	$Q(7)$
	原尺度波形	原小波波形	对偶尺度波形	对偶小波波形
4	0.788 5	0.788 5	0.852 7	0.852 7
5	0.418 1	−0.418 1	0.377 4	−0.377 4
6	−0.040 7	−0.040 7	−0.110 6	0.110 6
7	−0.064 5	0.064 5	−0.023 8	−0.023 8
8	—	—	0.037 8	−0.037 8

　　样条函数 A 和 $\overline{A}$ 虽不是完全的双正交矩阵，但也算足够接近 $\overline{A} \cdot A \cong E$。兹举例说明：$\overline{A} \cdot A$ 乘积的第 0～3 行的非零数据见表 4-12，可见在矩阵对角线上是 1，其他还有一些非零元素，误差在 0.02～0.05。但由它构成的"原尺度波形"和"对偶尺度波形"是非常相似的，如图 4-16 所示，这和正交小波分解的本意相同。

表 4-12　　　　　　　　　　**样条函数 $H(7)$ 双正交小波矩阵正交性验证**

$\overline{A} \cdot A \cong E$ 非零元素			
第 0 行	第 1 行	第 2 行	第 3 行
i, J=0, 0; WHH=1	i, J=1, 0; WHH=−0.031 8	i, J=2, 1; WHH=0.031 8	i, J=3, 0; WHH=0.051 3
i, J=0, 1; WHH=0.031 8	i, J=1, 1; WHH=1	i, J=2, 2; WHH=1	i, J=3, 2; WHH=−0.031 8
i, J=0, 3; WHH=−0.051 3	i, J=1, 2; WHH=−0.031 8	i, J=2, 3; WHH=0.031 8	i, J=3, 3; WHH=1
i, J=0, 5; WHH=0.022	i, J=1, 4; WHH=0.051 3	i, J=2, 5; WHH=−0.051 3	i, J=3, 4; WHH=−0.031 8
i, J=0, 7; WHH=−0.002 4	i, J=1, 6; WHH=−0.022	i, J=2, 7; WHH=0.022	i, J=3, 6; WHH=0.051 3
i, J=0, 25; WHH=−0.002 4	i, J=1, 8; WHH=0.002 4	i, J=2, 9; WHH=−0.002 4	i, J=3, 8; WHH=−0.022
i, J=0, 27; WHH=0.022	i, J=1, 26; WHH=−0.002 4	i, J=2, 27; WHH=0.002 4	i, J=3, 10; WHH=0.002 4
i, J=0, 29; WHH=−0.0513	i, J=1, 28; WHH=−0.022	i, J=2, 29; WHH=0.022	i, J=3, 28; WHH=0.002 4
i, J=0, 31; WHH=0.031 8	i, J=1, 30; WHH=0.051 3	i, J=2, 31; WHH=−0.051 3	i, J=3, 30; WHH=−0.022

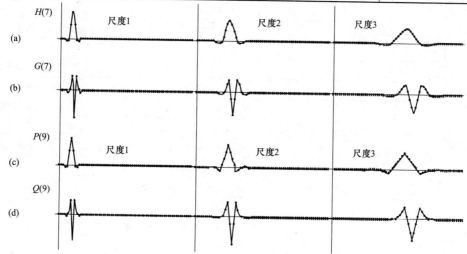

图 4-16　原始尺度波形支撑区 $H(7)$、对偶尺度波形支撑区 $P(9)$ 的"尺度波形"和"小波波形"
（a）原始尺度波形；（b）原始小波波形；（c）对偶尺度波形；（d）对偶波形小波

样条函数的尺度波形和小波波形都是左右对称的，用它们进行三层尺度分解原始函数的结果如图 4-17 所示。

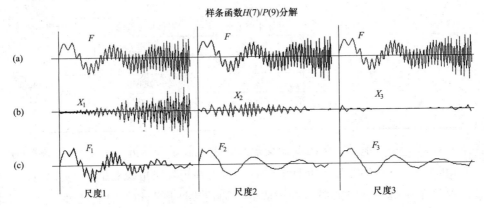

图 4-17　用 $H(7)/P(9)$ 样条函数对原始波形 F 进行多尺度分解的结果图
（a）原始函数；（b）高频细波；（c）低频主波

其实用样条函数求对偶矩阵的过程比较复杂，本书特别强调用求逆矩阵的方法，结果对比见表 4-13。注意所谓的"样条矩阵"是由原始矩阵 A 和对偶矩阵 $\overline{A}$ 组成；而"双正交矩阵"是由原始矩阵 A 和逆矩阵 A^{-1} 组成，它们的原始矩阵都是由 $H(7)$ 原尺度波形构成，用求逆矩阵的办法得到逆矩阵尺度波形为 13 个点，它完全符合正交条件的要求，同时也符合左右对称的条件，这个分解我们特称之为"双正交矩阵分解"，它们的原始尺度波形和逆矩阵尺度波形等的图形如图 4-18 所示。用 $H(7)/P(13)$ 双正交矩阵分解原始函数的结果如图 4-19 所示。

表 4-13　　　　　　　样条函数 $H(7)/P(9)$ 和双正交小波 $H(7)/P(13)$ 矩阵的对比

	原始矩阵	对偶矩阵	逆矩阵
	$H(7)$	$P(9)$	$P(13)$
支撑点序号	原尺度波形	对偶尺度波形	逆矩阵尺度波形
0			$-1.185\ 701\ 873\ 465\ 42\text{E}{-}02$
1			$2.425\ 204\ 662\ 834\ 68\text{E}{-}02$
2		$0.026\ 748\ 757\ 411\times\sqrt{2}$	$5.051\ 197\ 519\ 934\ 25\text{E}{-}02$
3	$-0.045\ 635\ 881\ 557\times\sqrt{2}$	$-0.016\ 864\ 118\ 443\times\sqrt{2}$	$-6.893\ 071\ 703\ 899\ 71\text{E}{-}02$
4	$-0.028\ 771\ 763\ 114\times\sqrt{2}$	$-0.078\ 223\ 266\ 529\times\sqrt{2}$	$-9.757\ 109\ 120\ 814\ 96\text{E}{-}02$
5	$0.295\ 635\ 881\ 557\times\sqrt{2}$	$0.266\ 864\ 118\ 443\times\sqrt{2}$	$0.403\ 597\ 656\ 973\ 356$
6	$0.557\ 543\ 526\ 229\times\sqrt{2}$	$0.602\ 949\ 018\ 236\times\sqrt{2}$	$0.818\ 886\ 506\ 513\ 507$
7	$0.295\ 635\ 881\ 557\times\sqrt{2}$	$0.266\ 864\ 118\ 443\times\sqrt{2}$	$0.403\ 597\ 656\ 973\ 356$
8	$-0.028\ 771\ 763\ 114\times\sqrt{2}$	$-0.078\ 223\ 266\ 529\times\sqrt{2}$	$-9.757\ 109\ 120\ 814\ 47\text{E}{-}02$
9	$-0.045\ 635\ 881\ 557\times\sqrt{2}$	$-0.016\ 864\ 118\ 443\times\sqrt{2}$	$-6.893\ 071\ 703\ 899\ 48\text{E}{-}02$
10		$0.026\ 748\ 757\ 411\times\sqrt{2}$	$5.051\ 197\ 519\ 934\ 23\text{E}{-}02$
11			$2.425\ 204\ 662\ 834\ 65\text{E}{-}02$
12			$-1.185\ 701\ 873\ 465\ 41\text{E}{-}02$

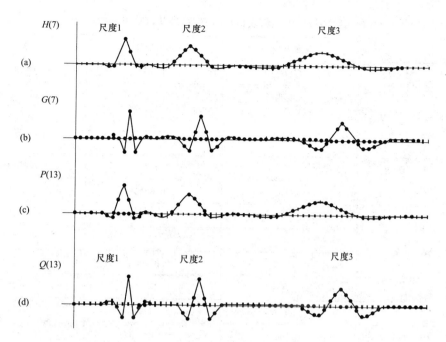

图 4-18　双正交矩阵 $H(7)/P(13)$ 的原矩阵和逆矩阵的各种尺度波形和小波波形
(a) 原尺度波形；(b) 原小波波形；(c) 逆尺度波形；(d) 逆小波波形

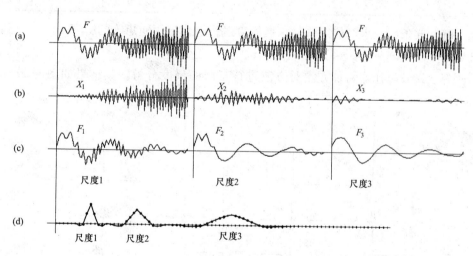

图 4-19　用 $H(7)/P(13)$ 双正交矩阵对原始波形 F 进行多尺度分解的结果图
(a) 原始波形；(b) 低频主波；(c) 高频细波；(d) 原尺度波形

　　为了方便对比，在表 4-14 中，将表 4-13 中与 $\sqrt{2}$ 相乘数据的结果用保留小数点后 4 位显示：它们原始尺度系数相同，支撑点 7 个。对偶矩阵的支撑点只有 9 个，而逆矩阵的支撑点选大于 0.01 的系数，共有 13 个。

　　用双正交小波 $H(7)$ 分解原始波形的效果如图 5-17 所示，效果和 Db10 小波分解效果相似，也是很好的。

表 4-14　　　　　样条函数 $H(7)/P(9)$ 和双正交小波 $H(7)/P(13)$ 矩阵的对比

	原始矩阵	对偶矩阵	逆矩阵
	$H(7)$	$P(9)$	$P(13)$
支撑点序号	原尺度波形	对偶尺度波形	逆矩阵尺度波形
0			−0.011 9
1			0.024 3
2		0.037 8	0.050 5
3	−0.064 5	−0.023 8	−0.068 9
4	−0.040 7	−0.110 6	−0.097 6
5	0.418 1	0.377 4	0.403 6
6	0.788 5	0.852 7	0.818 9
7	0.418 1	0.377 4	0.403 6
8	−0.040 7	−0.110 6	−0.097 6
9	−0.064 5	−0.023 8	−0.068 9
10		0.037 8	0.050 5
11			0.024 3
12			−0.011 9

　　本书避开样条函数求对偶矩阵的深奥解算过程，直接用逆矩阵的解算方法，得到对称且双正交的小波矩阵分解，这又是一大进步。

　　下面为了比较，让这两种方法对方波进行三层的尺度分解，其结果如图 4-20～图 4-22 所示。

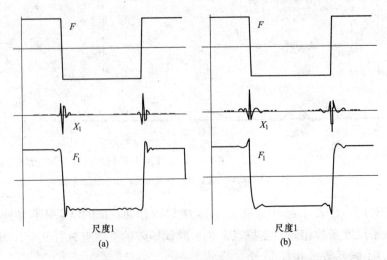

图 4-20　用 $H(7)$ 构成循环矩阵 A 和逆矩阵 A^{-1} 分解，A 和对偶矩阵 $\overline{A}$ 分解的比较

(a) A 和逆矩阵 A^{-1} 分解；(b) A 和对偶矩阵 $\overline{A}$ 分解

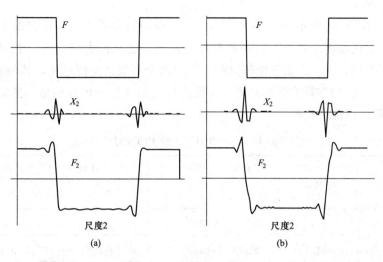

图 4-21　用 $H(7)$ 构成循环矩阵 A 和逆矩阵 A^{-1} 分解，A 和对偶矩阵 $\overline{A}$ 分解的比较

（a）A 和逆矩阵 A^{-1} 分解；（b）A 和对偶矩阵 $\overline{A}$ 分解

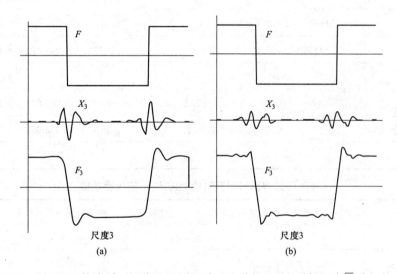

图 4-22　用 $H(7)$ 构成循环矩阵 A 和逆矩阵 A^{-1} 分解，A 和对偶矩阵 $\overline{A}$ 分解的比较

（a）A 和逆矩阵 A^{-1} 分解；（b）A 和对偶矩阵 $\overline{A}$ 分解

4.5　用样条函数 $H(11)$ 双正交小波的引入

关于样条函数前人已经做了很多工作，它具有对称性，属于接近正交的对偶矩阵，而且原始矩阵和对偶矩阵的尺度波形、小波波形彼此相似，因而它是有利于函数的多尺度分解。如果我们取其原始矩阵的尺度波形，再采用求逆矩阵的方式求其对偶矩阵，就完全符合双正交矩阵的小波分解了，特称其为双正交矩阵分解。在这里再分别介绍样条函数 $H(11)$ 的对偶矩阵和双正交矩阵。为了和引用文献对照，表中保留文献数据，又为了标幺化，实际表中系数还要再乘以 $\sqrt{2}$ 以达到 $\overline{A} \cdot A \cong E$。

为了对比方便，将表 4-15 中乘×$\sqrt{2}$ 数据只保留小数点后 4 位，放在表 4-16 中，显然原尺度系数和对偶尺度系数都符合左右对称的特点。显示在表 4-16 中，注意两个尺度系数最大值在第 5 行，由于是循环矩阵排列，只要两个系数最大值对应，其余矩阵构成结果都会自然满足。表 4-16 为了观测方便只保留小数点后 4 位，但在构成矩阵时，必须保证小数点后 12 位，以保证精度。

表 4-15　　　　　　　　样条函数 $H(11)$ 和其对偶矩阵 $P(9)$ 的尺度系数

N	样条原尺度系数 $H(11)$ 0 行	样条对偶尺度系数 $P(9)$ 0 列
0	$hh(0) = 0.009\ 515\ 330\ 511 \times \sqrt{2}$	$pph(0) = 0$
1	$hh(1) = -0.001\ 905\ 629\ 356 \times \sqrt{2}$	$pph(1) = 0.028\ 063\ 009\ 296 \times \sqrt{2}$
2	$hh(2) = -0.096\ 666\ 153\ 049 \times \sqrt{2}$	$pph(2) = 0.005\ 620\ 161\ 515 \times \sqrt{2}$
3	$hh(3) = -0.066\ 117\ 805\ 605 \times \sqrt{2}$	$pph(3) = -0.038\ 511\ 714\ 155 \times \sqrt{2}$
4	$hh(4) = 0.337\ 150\ 822\ 538 \times \sqrt{2}$	$pph(4) = 0.244\ 379\ 838\ 485 \times \sqrt{2}$
5	$hh(5) = 0.636\ 046\ 869\ 922 \times \sqrt{2}$	$pph(5) = 0.520\ 897\ 409\ 718 \times \sqrt{2}$
6	$hh(6) = 0.337\ 150\ 822\ 538 \times \sqrt{2}$	$pph(6) = 0.244\ 379\ 838\ 485 \times \sqrt{2}$
7	$hh(7) = -0.066\ 117\ 805\ 605 \times \sqrt{2}$	$pph(7) = -0.038\ 511\ 714\ 155 \times \sqrt{2}$
8	$hh(8) = -0.096\ 666\ 153\ 049 \times \sqrt{2}$	$pph(8) = 0.005\ 620\ 161\ 515 \times \sqrt{2}$
9	$hh(9) = -0.001\ 905\ 629\ 356 \times \sqrt{2}$	$pph(9) = 0.028\ 063\ 009\ 296 \times \sqrt{2}$
10	$hh(10) = 0.009\ 515\ 330\ 511 \times \sqrt{2}$	$pph(10) = 0$

表 4-16　　　　　　　　样条函数 $H(11)$ 和其对偶矩阵 $P(9)$ 的尺度系数

N	样条原尺度系数 $H(11)$ 0 行	样条对偶尺度系数 $P(9)$ 0 列
0	$hh(0) = 0.013\ 5$	$pph(0) = 0$
1	$hh(1) = -0.002\ 7$	$pph(1) = 0.039\ 7$
2	$hh(2) = -0.136\ 7$	$pph(2) = 0.007\ 9$
3	$hh(3) = -0.093\ 5$	$pph(3) = -0.054\ 5$
4	$hh(4) = 0.476\ 8$	$pph(4) = 0.345\ 6$
5	$hh(5) = 0.899\ 5$	$pph(5) = 0.736\ 7$
6	$hh(6) = 0.476\ 8$	$pph(6) = 0.345\ 6$
7	$hh(7) = -0.093\ 5$	$pph(7) = -0.054\ 5$
8	$hh(8) = -0.136\ 7$	$pph(8) = 0.007\ 9$
9	$hh(9) = -0.002\ 7$	$pph(9) = 0.039\ 7$
10	$hh(10) = 0.013\ 5$	$pph(10) = 0$

它们样条函数原始矩阵的尺度波形和小波波形如图 4-23（a）和图 4-23（b）所示，

而样条函数对偶矩阵的尺度波形和小波波形如图 4-23（c）和图 4-23（d）所示，可见尺度波形彼此是相似的。这里对偶尺度波形的支撑区只有 9 个点，比原始矩阵尺度波形支撑区 11 个点还要少。

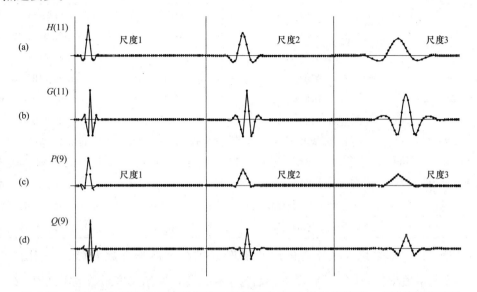

图 4-23　样条函数 $H(11)$ 的原始矩阵和对偶矩阵 $P(9)$ 的尺度波形、小波波形的对照
（a）原始尺度波形；（b）原始小波波形；（c）对偶尺度波形；（d）对偶小波波形

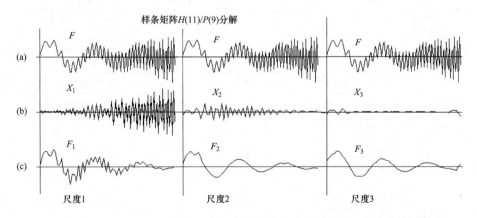

图 4-24　用 $H(11)/P(9)$ 样条函数矩阵对原始波形 F 进行多尺度分解的结果图
（a）原始波形；（b）高频细波；（c）低频主波

样条函数 $H(11)$ 具有 11 个点的支撑区，它的对偶矩阵的尺度系数有 9 个点，为了辨认，用 $P(9)$ 表示。用它们构成循环矩阵，即用 $H(11)$、$G(11)$ 按行循环排列，构成原始循环矩阵 A；而用 $P(9)$、$Q(9)$ 按列循环排列，构成对偶循环矩阵 $\overline{A}$。样条函数 A 和 $\overline{A}$ 虽不是完全的双正交矩阵，但也算足够接近 $\overline{A} \cdot A \cong E$，兹举出 $\overline{A} \cdot A$ 乘积的第 0～3 行的非零数据见表 4-17，可见在矩阵对角线上是 1，其他还有一些非零元素，误差为 0.02～0.08。但由它构成的"原尺度波形"和"对偶尺度波形"是非常相似的，如图 4-23 所示，这和正交小波分解的本意相同。

表 4-17 样条函数 $H(11)/P(9)$ 双正交小波矩阵正交性验证

$$\overline{A} \cdot A \cong E \text{ 非零元素}$$

第 0 行	第 1 行	第 2 行	第 3 行
i, J=0, 0；WHH=1	i, J=1, 0；WHH=0.05	i, J=2, 1；WHH=−0.05	i, J=3, 0；WHH=−0.082 4
i, J=0, 1；WHH=−0.05	i, J=1, 1；WHH=1	i, J=2, 2；WHH=1	i, J=3, 2；WHH=0.05
i, J=0, 3；WHH=0.082 4	i, J=1, 2；WHH=0.05	i, J=2, 3；WHH=−0.05	i, J=3, 3；WHH=1
i, J=0, 5；WHH=−0.038	i, J=1, 4；WHH=−0.082 4	i, J=2, 5；WHH=0.082 4	i, J=3, 4；WHH=0.05
i, J=0, 7；WHH=0.006 1	i, J=1, 6；WHH=0.038	i, J=2, 7；WHH=0.038	i, J=3, 6；WHH=−0.082 4
i, J=0, 9；WHH=−0.000 5	i, J=1, 8；WHH=−0.006 1	i, J=2, 9；WHH=0.006 1	i, J=3, 8；WHH=0.038
i, J=0, 119；WHH=−0.000 5	i, J=1, 10；WHH=0.000 5	i, J=2, 11；WHH=−0.000 5	i, J=3, 10；WHH=−0.006 1
i, J=0, 121；WHH=0.006 1	i, J=1, 120；WHH=0.000 5	i, J=2, 121；WHH=−0.000 5	i, J=3, 12；WHH=0.000 5
i, J=0, 123；WHH=−0.038	i, J=1, 122；WHH=−0.006 1	i, J=2, 123；WHH=0.006 1	i, J=3, 122；WHH=0.000 5
i, J=0, 125；WHH=0.082 4	i, J=1, 124；WHH=0.038	i, J=2, 125；WHH=−0.038	i, J=3, 124；WHH=−0.006 1
i, J=0, 127；WHH=−0.05	i, J=1, 126；WHH=−0.082 4	i, J=2, 127；WHH=0.082 4	i, J=3, 126；WHH=0.038

双正交矩阵，即采用样条矩阵的原始矩阵 A 的尺度波形系数 $H(11)$，用求逆矩阵 A^{-1} 得到尺度系数 $P(15)$，结果见表 4-18，为了标么化，原始尺度系数也需乘以 $\sqrt{2}$。

表 4-18 双正交矩阵 $H(11)/P(15)$ 正矩阵和逆矩阵的尺度系数对照表

原始矩阵 A 尺度系数 $H(11)$ 0 行	逆矩阵 A^{-1} 尺度系数 $P(15)$ 0 列
hh(0)=0.009 515 330 511×$\sqrt{2}$	P(0)=3.057 739 005 436 74E−02
hh(1)=−0.001 905 629 356×$\sqrt{2}$	P(1)=5.601 064 219 227 17E−02
hh(2)=−0.096 666 153 049×$\sqrt{2}$	P(2)=−4.776 543 574 382 36E−02
hh(3)=−0.066 117 805 605×$\sqrt{2}$	P(3)= −3.489 257 996 691 68E−02
hh(4)=0.337 150 822 538×$\sqrt{2}$	P(4)=378 128 993 428 766
hh(5)=0.636 046 869 922×$\sqrt{2}$	P(5)=0.688 497 529 634 973
hh(6)=0.337 150 822 538×$\sqrt{2}$	P(6)=0.378 128 993 428 759
hh(7)=−0.066 117 805 605×$\sqrt{2}$	P(7)=−0.034 892 579 966 913
hh(8)=−0.096 666 153 049×$\sqrt{2}$	P(8)=−4.776 543 574 383 42E−02
hh(9)=−0.001 905 629 356×$\sqrt{2}$	P(9)=5.601 064 219 227 87E−02
hh(10)=0.009 515 330 511×$\sqrt{2}$	P(10)=3.057 739 005 436 77E−02
	P(11)=−1.654 184 026 155 01E−02
	P(12)=−1.042 733 905 875 78E−02
	P(126)=−1.042 733 905 875 79E−02
	P(127)=−0.016 541 840 261 555

为了便于对比，将表 4-17 中乘×$\sqrt{2}$ 数值结果用保留小数点后 4 位，显示在表 4-19 中，注意两个尺度系数最大值在第 5 行，由于是循环矩阵排列，只要两个系数最大值对应，其余矩阵构成结果都会自然满足。表 4-19 为了观测方便只保留小数点后 4 位，但在构成矩阵时，必须保证小数点后 12 位，以保证精度。

表 **4-19**　　　　　　双正交矩阵 $H(11)/P(15)$ 正矩阵和逆矩阵的尺度系数对照表

原始矩阵 A 尺度系数 $H(11)$ 0 行	逆矩阵 A^{-1} 尺度系数 $P(15)$ 0 列
hh(0)＝0.013 5	$P(0)$＝0.030 65
hh(1)＝−0.002 7	$P(1)$＝0.056
hh(2)＝−0.136 7	$P(2)$＝−0.047 8
hh(3)＝−0.093 5	$P(3)$＝−0.034 9
hh(4)＝0.476 8	$P(4)$＝0.378 1
hh(5)＝0.899 5	$P(5)$＝0.688 5
hh(6)＝0.476 8	$P(6)$＝0.3781
hh(7)＝−0.093 5	$P(7)$＝−0.034 9
hh(8)＝−0.136 7	$P(8)$＝−0.047 8
hh(9)＝−0.002 7	$P(9)$＝0.056
hh(10)＝0.013 5	$P(10)$＝0.030 6
	$P(11)$＝−0.016 5
	$P(12)$＝−0.010 4
	$P(126)$＝−0.010 4
	$P(127)$＝−0.016 5

　　图 4-25 为样条函数 $H(11)$ 的原始矩阵和逆矩阵 $P(15)$ 的尺度波形、小波波形的对照图它们尺度波形既符合左右对称，又符合双正交矩阵的要求，且原尺度波形和逆尺度波形基本相似，所以是比较理想的小波分解。

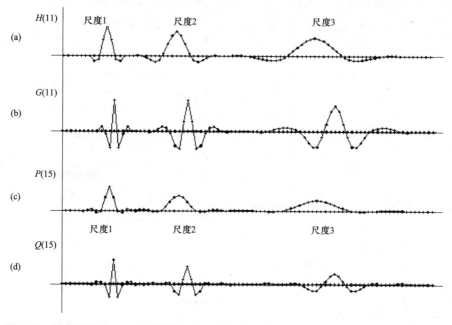

图 4-25　样条函数 $H(11)$ 的原始矩阵和逆矩阵 $P(15)$ 的尺度波形、小波波形的对照图
（a）原尺度波形；（b）原小波波形；（c）逆尺度波形；（d）逆小波波形

双正交矩阵$H(11)/P(15)$分解

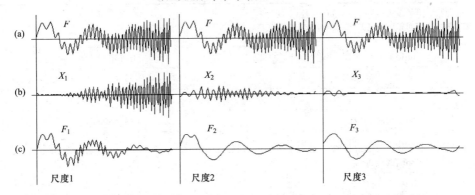

图 4-26　用 $H(11)/P(15)$ 双正交矩阵对原始波形 F 进行多尺度分解的结果图示
(a) 原始波形；(b) 高频细波；(c) 低频主波

4.6 Haar 小波分解和双抛物线光滑插值重构

用 Haar 小波矩阵分解得到的低频主波和高频细波都是台阶波，这使得 Haar 小波矩阵分解应用受到限制。如图 4-27 所示以 32 点正弦波数据为例，进行 2 层的尺度分解和重构，得到的低频主波是一串连续 4 个数据相等的波形，称作 Haar 模糊像 B_2，这就是台阶波。如果把 4 个相同的数据只保留一个，且在时间上处于 4 个时刻的中间，这样就得到压缩 4 倍共 8 个的离散数据，并通过光滑插值扩展 4 倍到 32 点，称之为恢复像 F_2。为了叙述简便，我们暂时把这个方法称之为 CHaar 分解，即它采用 Haar 小波矩阵分解，得出低频主波的模糊像，再用光滑插值重构来得到低频主波的恢复像 F_2。

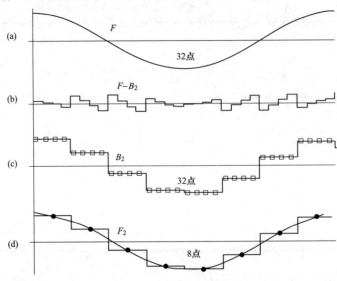

图 4-27　Haar 小波分解双抛物线插值重构
(a) 原始波形；(b) 总谐波；(c) Haar 模糊像；(d) 光滑重构恢复像

若用 Haar 矩阵算法对 $N = 2^n$ 点采样的"原始像"进行多次双尺度分解，得到第 m 阶的"模糊像"，这时其远传的信息量就缩小了 $M = 2^m$ 倍。当对侧收到 $Y = 2^{n-m}$ 点的"模糊像"后，如果用平均值重复插值膨胀到 $N = 2^n$ 点，其结果将是台阶波，这是人们所不希望的，也是 Haar 小波造成"模糊像"不可微分的诟病。

如图 4-27 所示是第二层模糊像，即信息被压缩了 4 倍，现要求在 s_k、s_{k+1} 之间进行插值，为了更好地光滑插值，我们采用双抛物线的插值。如图 4-28 所示，第一组抛物线经 s_{k-1}、s_k、s_{k+1} 三点，第二组抛物线经 s_k、s_{k+1}、s_{k+2} 三点，在 s_k、s_{k+1} 之间将两组抛物线数据求平均，就是要插值的数据。如图 4-28 所示，"模糊像"经膨胀 4 倍插值得到"恢复像" $\widetilde{f}(4k + x)$，x 轴的编号选 1、2、3、4。当一般由"模糊像"膨胀 2^m 倍得出"恢复像"时，其插值公式结果如下。

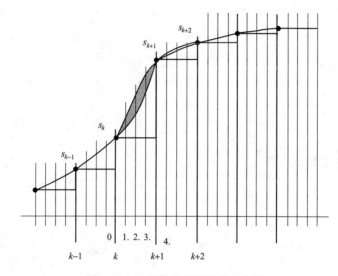

图 4-28　双抛物线光滑插值示意图

通过 s_{k-1}、s_k、s_{k+1} 的第一抛物线公式，依拉格朗日插值公式为

$$f_1(x) = \frac{(x - x_k)(x - x_{k+1})}{(x_{k-1} - x_k)(x_{k-1} - x_{k+1})} s_{k-1} + \frac{(x - x_{k-1})(x - x_{k+1})}{(x_k - x_{k-1})(x_k - x_{k+1})} s_k$$
$$+ \frac{(x - x_{k-1})(x - x_k)}{(x_{k+1} - x_{k-1})(x_{k+1} - x_k)} s_{k+1} \tag{4-46}$$

其中，各参数的定义如下：

$$x_{k-1} = 2^m \times (k - 1)$$
$$x_k = 2^m \times k$$
$$x_{k+1} = 2^m \times (k + 1)$$
$$x = 2^m \times k + u$$
$$u = 1, 2, 3 \cdots 2^m$$
$$k = 1, 2, 3 \cdots 2^{n-m}$$

代入可得

$$f_1(2^m \times k + u) = \frac{u(u-2^m)}{2^m \times 2^{m+1}} s_{k-1} + \frac{(u+2^m)(u-2^m)}{-2^m 2^m} s_k + \frac{(u+2^m)u}{2^{m+1}2^m} s_{k+1} \quad (4\text{-}47)$$

通过 s_k、s_{k+1}、s_{k+2} 的第二抛物线公式，依拉格朗日插值公式为

$$f_2(x) = \frac{(x-x_{k+1})(x-x_{k+2})}{(x_k-x_{k+1})(x_k-x_{k+2})} s_k + \frac{(x-x_k)(x-x_{k+2})}{(x_{k+1}-x_k)(x_{k+1}-x_{k+2})} s_{k+1}$$

$$+ \frac{(x-x_k)(x-x_{k+1})}{(x_{k+2}-x_k)(x_{k+2}-x_{k+1})} s_{k+2} \quad (4\text{-}48)$$

其中各参数的定义如下：

$$x_k = 2^m \times k$$
$$x_{k+1} = 2^m \times (k+1)$$
$$x_{k+2} = 2^m \times (k+2)$$
$$x = 2^m \times k + u$$
$$u = 1, 2, 3 \cdots 2^m$$
$$k = 1, 2, 3 \cdots 2^{n-m}$$

代入可得

$$f_2(2^m \times k + u) = \frac{(u-2^m)(u-2^{m+1})}{2^m \times 2^{m+1}} s_k - \frac{u(u-2^{m+1})}{2^m 2^m} s_{k+1} + \frac{u(u-2^m)}{2^{m+1}2^m} s_{k+2} \quad (4\text{-}49)$$

两条抛物线的平均值可得

$$f(2^m \times k + u) = \frac{f_1(2^m \times k + u) + f_2(2^m \times k + u)}{2} \quad (4\text{-}50)$$

经化简可得

$$f(2^m \times k + u) = \frac{u(u-2^m)}{2^{2m+2}} s_{k-1} - \frac{u^2 + 3 \times 2^m u - 2^{2m+2}}{2^{2m+2}} s_k + \frac{-u^2 + 5 \times 2^m u}{2^{2m+2}} s_{k+1}$$

$$+ \frac{u(u-2^m)}{2^{2m+2}} s_{k+2} \quad (4\text{-}51)$$

式中，

$$k = 0, 1, 2, \cdots 2^{n-m}$$
$$u = 1, 2, 3 \cdots 2^m \quad (4\text{-}52)$$

以图 4-27 为例，$m=2$，$n=5$，双抛物线插值公式如下：

$$f(4k+u) = \frac{x^2 - 4u}{64} s_{k-1} - \frac{u^2 + 12u - 64}{64} s_k - \frac{u^2 - 20u}{64} s_{k+1} + \frac{x^2 - 4u}{64} s_{k+2} \quad (4\text{-}53)$$

其中，$k = 0, 1, 2, 3 \cdots 8$，而 $u = 1, 2, 3, 4$

这样插值虽然能够得出光滑的低频主波曲线，但是不能够用它和原始曲线相减得到总谐波像。原因如图 4-29 所示，为了清晰图示，特将编号扩展一倍。因为原来把模糊像 4 个相同的数据只保留一个，但在时域上放在 4 个时刻的中间，即按 4 倍插值时，插值点只位在 0、2、4、6、8 各点上，而原始数据各点却位在 1、3、5、7 各点上，即在时刻上没有对齐，因而不能进行相减的操作。为此我们应该进行 8 倍的光滑插值，但插值点只需计算 1、3、5、7 点即可，因为只有这样才能使光滑插值的点能和原始数据在时刻上对齐，

并重新编号，使原始函数和光滑重构的低频主波波形编号对齐，从而可以计算总谐波像，即

$$W_2 = F - F_2 = X_1 + X_2 \tag{4-54}$$

它相当于小波变化中 2 层尺度高频小波的总和。

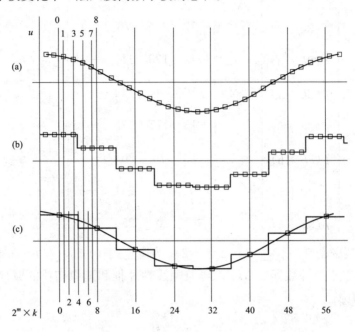

图 4-29　原始像和 CHaar 变换的恢复像之间的时刻对齐示意图

（a）原始像；（b）模糊像；（c）恢复像

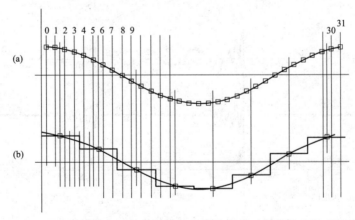

图 4-30　原始像和 CHaar 变换的恢复像之间的时刻编号对齐示意图

（a）原始像；（b）恢复像

举例：当 $m = 3$ 时，即远传的是第三层模糊像，信息被压缩 8 倍，此时将收到的模糊像膨胀 8 倍，光滑插值到恢复像的公式为

$$\tilde{f}(8k+x) = s_{k-1} \frac{x^2 - 8x}{256} + s_k \frac{-x^2 - 24x + 256}{256} + s_{k+1} \frac{-x^2 + 40x}{256} + s_{k+2} \frac{x^2 - 8x}{256}$$

$$\tag{4-55}$$

其中恢复像的元素 $\widetilde{f}(8k+x)$ 和原始像元素 f^0_{8k+x} 是相互对应的，即 $\widetilde{f}(8k+x)\Leftrightarrow f^0_{8k+x}$，当 $x = 1、2、3、4、5、6、7、8$ 代入后，可得恢复像的各个元素数据为

$$
\begin{bmatrix}
\widetilde{f}(8k+1) \\
\widetilde{f}(8k+2) \\
\widetilde{f}(8k+3) \\
\widetilde{f}(8k+4) \\
\widetilde{f}(8k+5) \\
\widetilde{f}(8k+6) \\
\widetilde{f}(8k+7) \\
\widetilde{f}(8k+8)
\end{bmatrix}
= \frac{1}{256}
\begin{bmatrix}
-7 & 231 & 39 & -7 \\
-12 & 204 & 76 & -12 \\
-15 & 175 & 111 & -15 \\
-16 & 144 & 144 & -16 \\
-15 & 111 & 175 & -15 \\
-12 & 76 & 204 & -12 \\
-7 & 39 & 231 & -7 \\
0 & 0 & 256 & 0
\end{bmatrix}
\cdot
\begin{bmatrix}
s_{k-1} \\
s_k \\
s_{k+1} \\
s_{k+2}
\end{bmatrix}
\tag{4-56}
$$

其中，k 的取值范围是 $0\sim(N-2 = 2^{n-m}-2)$，为避免式（4-55）在 $k=0$ 和 $k=N-2$ 时数组宗标溢出，对于区外数据 s_{-1}, s_N，可兼顾线性外推和镜像拓扑的原理，特取首端 s_0 和尾端 s_{N+1} 的值为：

$$
\left.
\begin{array}{l}
s_{-1} = s_0 + \dfrac{s_0 - s_1}{2} \\[2mm]
s_N = s_{N-1} + \dfrac{s_{N-1} - s_{N-2}}{2}
\end{array}
\right\}
\tag{4-57}
$$

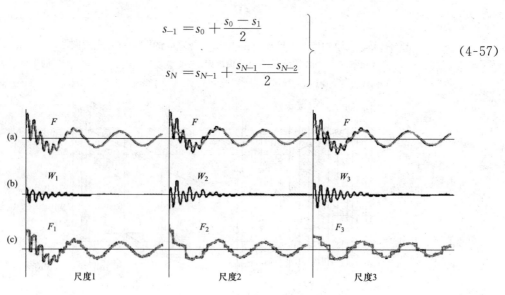

图 4-31　原始像用 CHaar 小波变换进行 3 层尺度分解

（a）原始波形；（b）总谐波像；（c）低频主波

CHaar 小波变换的优点是，它可以很方便地进行各种尺度的小波分解，只需求出相应尺度连续几个原始波形数据进行求平均值即可。下面对原始函数进行 5 层 CHaar 小波分解，为了简单计，只给出各尺度下的低频主波。128 点的原始波形作为基波周期，各层的频率范围见表 4-20。

表 4-20 　　原始波形 128 点 5 层分解的频率范围分布表

尺度	总谐波像	原始函数		低频主波		高频细波	
		函数符号	频率范围	函数符号	频率范围	函数符号	频率范围
0	W_1	F	0～64 周	F_1	0～32 周	X_1	33～64 周
1	W_2	F_1	0～32 周	F_2	0～16 周	X_2	17～32 周
2	W_3	F_2	0～16 周	F_3	0～8 周	X_3	9～16 周
3	W_4	F_3	0～8 周	F_4	0～4 周	X_4	5～8 周
4	W_5	F_4	0～4 周	F_5	0～2 周	X_5	3～4 周

（1）正弦波的 5 层分解，如图 4-32 所示。

第 5 层 F_5 的模糊像只有 4 个数据，所以在拟合插值时，明显出现边缘效应，但前面几层由于模糊像的点数有 8 个点以上，所以边缘效应都可忽略。

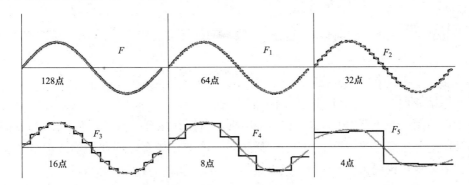

图 4-32　正弦波用 CHaar 小波变换进行 5 层尺度分解

（2）方波的 5 层分解，如图 4-33 所示。

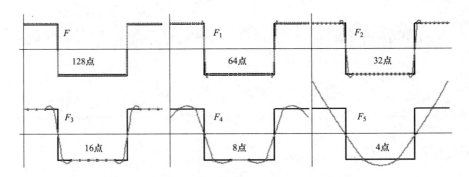

图 4-33　方波用 CHaar 小波变换进行 5 层尺度分解

方波第 5 层 F_5 的模糊像只有 4 个数据，所以在拟合插值时，明显出现边缘效应。但前面几层边缘效应都可忽略。如果看高频细波像（图中未画出），它由本级低频主波减去下一级的低频主波就可得到，即

$$\left. \begin{array}{l} X_1 = F - F_1 \\ X_2 = F_1 - F_2 \\ X_3 = F_2 - F_3 \\ X_4 = F_3 - F_4 \end{array} \right\} \tag{4-58}$$

这样都可看到突变点的小波变化。

（3）原始波形 1 的 5 层分解，如图 4-34 所示。

原始波形第 5 层 F_5 的模糊像只有 4 个数据，所以在拟合插值时，明显出现边缘效应。但前面几层边缘效应都可忽略。由于 F_4 低频主波的变化较多，用双抛物线拟合还显得不够光滑，下节将讨论引入三次样条拟合问题。

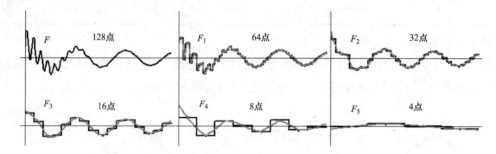

图 4-34　原始波形 1 用 CHaar 小波变换进行 5 层尺度分解

（4）原始波形 2 的 5 层分解，如图 4-35 所示。

原始波形第 5 层 F_5 的模糊像只有 4 个数据，所以在拟合插值时，明显出现边缘效应。但前面几层边缘效应都可忽略。由于 F_4 低频主波的变化较多，用双抛物线拟合还显得不够光滑，下节将讨论引入三次样条拟合问题。

在图 4-35 所示为具有 128 点的采样数据经 CHaar 算法压缩后，再膨胀光滑插值得到"恢复像"的小波分析全过程，其中包含 6 个分图。

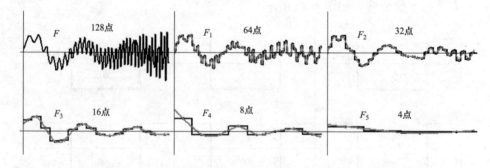

图 4-35　原始波形 2 用 CHaar 小波变换进行 5 层尺度分解

在图 4-36 中画出原始像进行 CHaar 变换的流程示意图，图中编号表明步骤进行的次序，左边为进行 Haar 变换的运算，当直接计算平均值时，可以不管总细节像的计算，更为简单，说明如下：

（1）128 点采样数据称为"原始像"如图 4-36 所示的曲线 1；

（2）经三层尺度 Haar 小波压缩算法后得到"模糊像"如图 4-36 曲线 2，它是台阶波；

（3）将台阶波中 8 个相同的数据只取其一，得到压缩 8 倍后的 16 个数据 s_0、s_1、$\cdots s_{15}$，将此数据通过膨胀 8 倍的光滑插值，得到 128 点的"恢复像"如图 4-36 所示的曲线 4，为了比较，将"恢复像"和"模糊像"并列在一起，可以看到"恢复像"围绕在"模糊像"

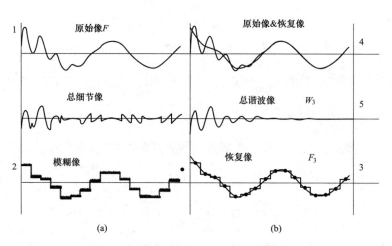

图 4-36　原始像进行 CHaar 变换的流程示意图

（a）Haar 小波分解；（b）Chaar 小波分解

的台阶波上下波动，这就是对"原始像"进行滤波的效果。

（4）而总细节像＝原始像－模糊像，这个结果是工程技术人员所不愿接受的，这是由于 Haar 小波"不连续、不可微"的后果，这也是 Haar 小波不被数学家采用的原因。

（5）而总谐波像＝原始像－恢复像，如图 4-36 所示的曲线 5，它非常光滑，充分反映了整个时段的谐波分布。

4.7　三次样条函数的引入

对于光滑插值问题，有时三次样条插值也是很好的选择，设在 $[a, b]$ 区间中有 $n+2$ 个节点：

$$a = x_0 < x_1 < x_2 < \cdots x_i < x_{i+1} < \cdots x_{n+1} = b \tag{4-59}$$

其对应函数数据为：$y_0, y_1, y_2, \cdots, y_i, y_{i+1}, \cdots, y_{n+1}$，要求用三次多项式拟合各节点之间的曲线，整体曲线要通过各个节点，且在内节点处还要保证一阶、二阶导数连续，这样拟合曲线称之为三次样条拟合。

设

$$\left.\begin{array}{l} x_i \leqslant x \leqslant x_{i+1} \\[2mm] h_i = x_{i+1} - x_i \\[2mm] w = \dfrac{x - x_i}{h_i} \\[2mm] \bar{w} = 1 - w = \dfrac{x_{i+1} - x}{h_i} \end{array}\right\} \tag{4-60}$$

为了推导过程简洁，先直接写出三次样条拟合公式，然后验证其满足条件。三次样条函数公式在 i 子区间 $[x_i, x_{i+1}]$ 可直接表示为

$$S_i(x) = wy_{i+1} + \bar{w}y_i + h_i^2\left[(w^3 - w)\sigma_{i+1} + (\bar{w}^3 - \bar{w})\sigma_i\right] \tag{4-61}$$

如果把式（4-60）代入，可得三次样条函数公式在 i 子区间 $[x_i, x_{i+1}]$ 可直接表示为

$$S_i(x) = \frac{x - x_i}{h_i}y_{i+1} + \frac{x_{i+1} - x}{h_i}y_i + h_i^2\left\{\left[\left(\frac{x - x_i}{h_i}\right)^3 - \frac{x - x_i}{h_i}\right]\sigma_{i+1}\right.$$

$$\left. + \left[\left(\frac{x_{i+1} - x}{h_i}\right)^3 - \frac{x_{i+1} - x}{h_i}\right]\sigma_i\right\} \tag{4-62}$$

如果把式（4-60）关系代入，可得三次样条函数公式在 i-1 子区间 $[x_{i-1}, x_i]$ 可直接表示为

$$S_{i-1}(x) = \frac{x - x_{i-1}}{h_{i-1}}y_i + \frac{x_i - x}{h_{i-1}}y_{i-1} + h_{i-1}^2\left\{\left[\left(\frac{x - x_{i-1}}{h_{i-1}}\right)^3 3 - \frac{x - x_{i-1}}{h_{i-1}}\right]\sigma_i\right.$$

$$\left. + \left[\left(\frac{x_i - x}{h_{i-1}}\right)^3 - \frac{x_i - x}{h_{i-1}}\right]\sigma_{i-1}\right\} \tag{4-63}$$

式中，σ_i, σ_{i+1} 是待定常数，为了使三次样条插值足够光滑，它要满足以下三个条件。

（1）在各节点上等于函数值。

当 $x = x_i$；有

$$w = 0, \bar{w} = 1; S(x_i) = y_i \tag{4-64}$$

当 $x = x_{i+1}$；有

$$w = 1, \bar{w} = 0; S(x_{i+1}) = y_{i+1} \tag{4-65}$$

（2）在内节点上的一阶、二阶导数可求出如下：

$$w' = -\bar{w}' = \frac{1}{h_i} \tag{4-66}$$

可得

$$S'_i(x) = \frac{y_{i+1} - y_i}{h_i} + h_i\left[(3w^2 - 1)\sigma_{i+1} - (3\bar{w}^2 - 1)\sigma_i\right]$$

$$= \Delta_i + h_i\left[(3w^2 - 1)\sigma_{i+1} - (3\bar{w}^2 - 1)\sigma_i\right] \tag{4-67}$$

式中

$$\Delta_i = \frac{y_{i+1} - y_i}{h_i} \tag{4-68}$$

注意式（4-64），在 i 子区间 $[x_i, x_{i+1}]$ 上的左端点 $x = x_i$ 的导数为

$$S'_i(x_i) = \Delta_i - h_i[\sigma_{i+1} + 2\sigma_i] \tag{4-69}$$

注意式（4-65），在 i 子区间 $[x_i, x_{i+1}]$ 上的右端点 $x = x_{i+1}$ 的导数为

$$S'_i(x_{i+1}) = \Delta_i + h_i[2\sigma_{i+1} + \sigma_i] \tag{4-70}$$

依据第二点要求，在 i-1 子区间 $[x_{i-1}, x_i]$ 的右端点 x_i 的导数 $S'_{i-1}(x_i)$ 应和在 i 子区间 $[x_i, x_{i+1}]$ 的左端点 x_i 的导数 $S'_i(x_i)$ 相等，即

$$S'_i(x_i) = S'_{i-1}(x_i) \tag{4-71}$$

于是有

$$\Delta_i - h_i[\sigma_{i+1} + 2\sigma_i] = \Delta_{i-1} + h_{i-1}[2\sigma_i + \sigma_{i-1}]$$

得到

$$h_{i-1}\sigma_{i-1} + + 2(h_{i-1} + h_i)\sigma_i + h_i\sigma_{i+1} = \Delta_i - \Delta_{i-1} \tag{4-72}$$

（3）在内节点上的二阶导数可求出如下：

由式（4-77）可得出二阶导数如下：

$$S''_i(x) = 6w\sigma_{i+1} + 6\bar{w}\sigma_i \tag{4-73}$$

依据第三点要求：在 i-1 子区间 $[x_{i-1}, x_i]$ 的右端点 x_i 的导数 $S''_{i-1}(x_i)$ 应和在 i 子区间 $[x_i, x_{i+1}]$ 的左端点 x_i 的导数 $S''_i(x_i)$ 相等，即

$$S''_i(x_i) = S''_{i-1}(x_i) \tag{4-74}$$

由式（4-73）可得：当在 i-1 子区间 $[x_{i-1}, x_i]$ 的右端点 $x = x_i$ 的导数

$$S''_{i-1}(x_i) = 6w\sigma_i + 6\bar{w}\sigma_{i-1} = 6\sigma_i \tag{4-75}$$

当在 i 子区间 $[x_{i+1}, x_i]$ 的右端点 $x = x_i$ 的导数

$$S''_i(x_i) = 6w\sigma_{i+1} + 6\bar{w}\sigma_i = 6\sigma_i \tag{4-76}$$

可见三次样条式（4-61）会自动满足二阶导数相等的要求，而且 $\sigma_i = S''_i(x_i)/6$。

因而待定常数的确定，只需由满足一阶导数相等的方程式（4-72）来确定，经过整理可得

$$\frac{h_{i-1}}{h_{i-1} + h_i}\sigma_{i-1} + 2\sigma_i + \frac{h_i}{h_{i-1} + h_i}\sigma_{i+1} = \frac{\Delta_i - \Delta_{i-1}}{h_{i-1} + h_i} \tag{4-77}$$

引入简化符号

设

$$x_i \leqslant x \leqslant x_{i+1}$$

$$h_i = x_{i+1} - x_i$$

$$\Delta_i = \frac{y_{i+1} - y_i}{h_i}$$

$$\left.\begin{aligned} \mu_{i-1} &= \frac{h_{i-1}}{h_{i-1} + h_i} \\[2mm] \lambda_{i-1} &= \frac{h_i}{h_{i-1} + h_i} \\[2mm] d_{i-1} &= \frac{\Delta_i - \Delta_{i-1}}{h_{i-1} + h_i} \end{aligned}\right\} \tag{4-78}$$

注意 $x_i \leqslant x \leqslant x_{i+1}$，而 $h_i = x_{i+1} - x_i$，因为有效定义域分别是 $[x_0, x_{n+1}], [h_0, h_n]$，所以 $i = 0$ 到 $i = n$；而变量定义域是：$[\mu_0, \mu_{n-1}], [\lambda_0, \lambda_{n-1}], [d_0, d_{n-1}]$

得出

$$\mu_{i-1}\sigma_{i-1} + 2\sigma_i + \lambda_{i-1}\sigma_{i+1} = d_{i-1} \tag{4-79}$$

$$\begin{pmatrix} 2 & \lambda_{-1} & & & & & & \\ \mu_0 & 2 & \lambda_0 & & & & & \\ & \mu_1 & 2 & \lambda_1 & & & & \\ & & \cdots & \cdots & \cdots & & & \\ & & & \mu_i & 2 & \lambda_i & & \\ & & & & \cdots & \cdots & \cdots & \\ & & & & & \mu_{n-1} & 2 & \lambda_{n-1} \\ & & & & & & \mu_n & 2 \end{pmatrix} \begin{pmatrix} \sigma_0 \\ \sigma_1 \\ \sigma_2 \\ \cdots \\ \sigma_{i+1} \\ \cdots \\ \sigma_n \\ \sigma_{n+1} \end{pmatrix} = \begin{pmatrix} d_{-1} \\ d_0 \\ d_1 \\ \cdots \\ d_i \\ \cdots \\ d_{n-1} \\ d_n \end{pmatrix} \tag{4-80}$$

把递推公式从 $i = 1, 2, 3, \cdots n$，得出式（4-80），只有中间 $[d_0, d_{n-1}]$ 的 n 个方程有效，需要依据边界条件写出另外两个方程式：

$$\left.\begin{array}{l} -\sigma_0 + \sigma_1 = h_0 \Delta_0^{(3)} \\[2mm] \sigma_n - \sigma_{n+1} = -h_n \Delta_{n-2}^{(3)} \end{array}\right\} \tag{4-81}$$

它相当于通过开始连续 4 个点的三次方程，和相当于通过最后连续 4 个点的三次方程而导出的式（4-81）。其中：

$$\left.\begin{array}{l} \Delta_i^{(2)} = \dfrac{\Delta_{i+1} - \Delta_i}{x_{i+2} - x_i} \\[4mm] \Delta_i^{(3)} = \dfrac{\Delta_{i+1}^{(2)} - \Delta_i^{(2)}}{x_{i+3} - x_i} \end{array}\right\} \tag{4-82}$$

修改式（4-80）得到三次样条待定系数的矩阵方程为

$$\begin{pmatrix} -1 & 1 & & & & & \\ \mu_0 & 2 & \lambda_0 & & & & \\ & \mu_1 & 2 & \lambda_1 & & & \\ & & \cdots & \cdots & \cdots & & \\ & & & \mu_i & 2 & \lambda_i & \\ & & & & \cdots & \cdots & \cdots \\ & & & & & \mu_{n-1} & 2 & \lambda_{n-1} \\ & & & & & & 1 & -1 \end{pmatrix} \begin{pmatrix} \sigma_0 \\ \sigma_1 \\ \sigma_2 \\ \cdots \\ \sigma_{i+1} \\ \cdots \\ \sigma_n \\ \sigma_{n+1} \end{pmatrix} = \begin{pmatrix} h_0 \Delta_0^{(3)} \\ d_0 \\ d_1 \\ \cdots \\ d_i \\ \cdots \\ d_{n-1} \\ -h_n \Delta_{n-1}^{(3)} \end{pmatrix} \tag{4-83}$$

联解上述 $n+2$ 个方程，可得出 $\sigma_0, \sigma_1 \cdots \sigma_{n+1}$ 待定系数，代入式（4-62）就可进行插值计算。

注意原始数据只有 n 个，前后边缘对于区外数据 y_0, y_{n+1}，可兼顾线性外推和镜像拓扑的原理，特取首端 y_0 和尾端 y_{n+1} 的值为

$$a = x_0 < x_1 < x_2 < \cdots < x_i < x_{i+1} < \cdots < x_{n+1} = b, y_0, y_1, y_2 \cdots y_i, y_{i+1} \cdots, y_n, y_{n+1}$$

$$\left.\begin{array}{l} y_0 = y_1 + \dfrac{y_1 - y_2}{2} \\[4mm] y_{n+1} = y_n + \dfrac{y_n - y_{n-1}}{2} \end{array}\right\} \tag{4-84}$$

考虑是等距插值拟合，如 $f(8k + x)$ 中间要进行 8 点插值，则 $h_0 = h_1 = \cdots = h_n = 8$，于是有

$$\begin{pmatrix} -1 & 1 & & & & & & \\ 0.5 & 2 & 0.5 & & & & & \\ & 0.5 & 2 & 0.5 & & & & \\ & \cdots & \cdots & \cdots & & & & \\ & & & 0.5 & 2 & 0.5 & & \\ & & & \cdots & \cdots & \cdots & & \\ & & & & 0.5 & 2 & 0.5 \\ & & & & & 1 & -1 \end{pmatrix} \begin{pmatrix} \sigma_0 \\ \sigma_1 \\ \sigma_2 \\ \cdots \\ \sigma_{i+1} \\ \cdots \\ \sigma_n \\ \sigma_{n+1} \end{pmatrix} = \begin{pmatrix} h_0 \Delta_0^{(3)} \\ d_0 \\ d_1 \\ \cdots \\ d_i \\ \cdots \\ d_{n-1} \\ -h_n \Delta_{n-1}^{(3)} \end{pmatrix} \quad (4\text{-}85)$$

为了求出 CHaar 分解的高频细波，需要拟合插值数据和原始数据时刻对齐，可参考前面双抛物线一节的叙述，这里不再重复。

图 4-37 和图 4-38 分别为正弦波和方波用 CHaar 小波变换进行 5 层尺度分解的图。

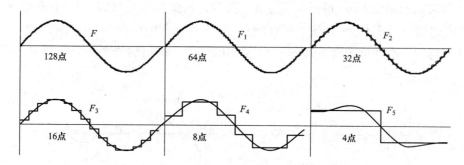

图 4-37　正弦波用 CHaar 小波变换进行 5 层尺度分解

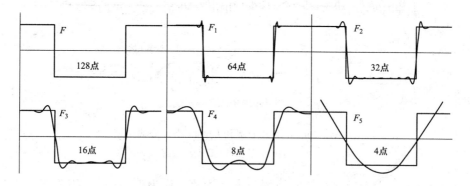

图 4-38　方波用 CHaar 小波变换进行 5 层尺度分解

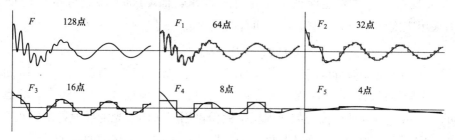

图 4-39　例 1 原始波形用 CHaar 小波变换进行 5 层尺度分解

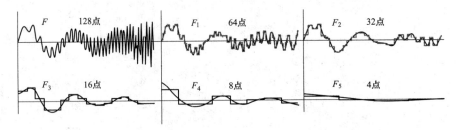

图 4-40　例 2 原始波形用 CHaar 小波变换进行 5 层尺度分解

4.8 CHaar 小波的定义

我们把改进 Haar 小波分解的方法称作 CHaar 小波分解。如图 4-41 所示，首先用 Haar 小波对原始函数 $F(n)$ 进行 3 层分解，得到模糊像 $B_3(n)$。对 $B_3(n)$ 数据中连续相同的 8 个点数据，只保留一个点，且时间位于这 8 个点的中间时刻，即得到压缩函数 $S(n/8)$，再用三次样条光滑插值 $S(n/8)$ 重构的方法，得出插值膨胀的低频主波 $F_3(n)$，称为 CHaar 小波分解。

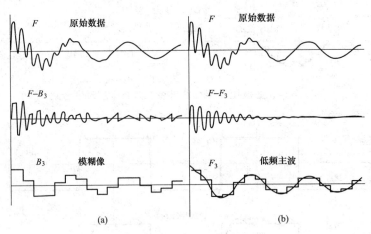

图 4-41　Haar 小波分解和 CHaar 小波分解比较

(a) Haar 分解；(b) CHaar 分解

由于 Haar 小波分解就是按等时域划分求平均值，作为 Haar 小波矩阵要求矩阵的阶数为 2 的 m 次幂，这样才能保证正交矩阵的要求，而 CHaar 小波分解重构低频主波 $F_3(n)$ 时采用三次样条光滑插值重构，而总高频细波采用

$$W_3(n) = F(n) - F_3(n) \tag{4-86}$$

对于二维图像的小波分解也可采用 CHaar 小波分解重构的方式，如图 4-42 所示，二维图像中，2 分频代表取黑点四周四个点的平均值，得到模糊像。3 分频代表取黑点四周九个点的平均值，得到模糊像。如何根据模糊像再用三次样条光滑插值得出低频主波的二维光滑像，需要分三步走，下面还是以 2 分频取平均值的方法来说明这个过程。

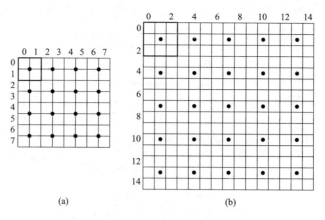

图 4-42   二维图像的小波分解

(a) 2 分频；(b) 3 分频

4.9 二维图像的低频滤波过程

根据模糊像再用三次样条光滑插值得出低频主波的二维光滑像，需要分三步走，下面还是以 2 分频取平均值的方法来说明这个过程。

(1) 2 分频求平均值：如图 4-43 (a) 所示，将二维图像 8×8＝64 个数据，相当于原始二维数据位于 64 个方格中，按 2 分频求平均值，得到 16 个数据，分布如图 4-43 (a) 中的黑点，称为模糊像。黑点的坐标如左上角开始黑点坐标为 $A[x,y]=A[0.5,0.5]$，它是其四周四个方格原始数据 $F[0,0],F[1,0],F[0,1],F[1,1]$ 的平均值，即

$$A[0.5,0.5]=\frac{1}{4}(F[0,0]+F[1,0]+F[0,1]+F[1,1]) \tag{4-87}$$

同理可标出 16 个黑点的坐标如下，它们分别是其四周四个方格原始数据的平均值。

第 1 行自左往右，依次为 $A[0.5,\ 0.5]$，$A[2.5,\ 0.5]$，$A[4.5,\ 0.5]$，$A[6.5,\ 0.5]$。

第 2 行自左往右，依次为 $A[0.5,\ 2.5]$，$A[2.5,\ 2.5]$，$A[4.5,\ 2.5]$，$A[6.5,\ 2.5]$。

第 3 行自左往右，依次为 $A[0.5,\ 4.5]$，$A[2.5,\ 4.5]$，$A[4.5,\ 4.5]$，$A[6.5,\ 4.5]$。

第 4 行自左往右，依次为 $A[0.5,\ 6.5]$，$A[2.5,\ 6.5]$，$A[4.5,\ 6.5]$，$A[6.5,\ 6.5]$。

(2) 横插值：如图 4-43 (b) 所示，以左边 "2 分频" 图中的第一行（$y=0.5$）四个黑圆点的数据为基值，沿 x 方向插值构成 $x(t)$，即：

$$\left.\begin{array}{l} x(0.5)=A[0.5,0.5] \\ x(2.5)=A[2.5,0.5] \\ x(4.5)=A[4.5,0.5] \\ x(6.5)=A[6.5,0.5] \end{array}\right\} \tag{4-88}$$

用三次样条光滑插值，这是 2 倍膨胀，为了观察方便，特将插值结果画在中间"横插值"图中第一行里，用黑方格表示，注意要使插值点的横坐标落在中间"横插值"图中的整数点上，即

$$\left.\begin{aligned}A[0,0.5]&=x(0)\\A[1,0.5]&=x(1)\\A[2,0.5]&=x(2)\\A[3,0.5]&=x(3)\\A[4,0.5]&=x(4)\\A[5,0.5]&=x(5)\\A[6,0.5]&=x(6)\\A[7,0.5]&=x(7)\end{aligned}\right\} \tag{4-89}$$

同样第 2～4 行用三次样条光滑插值，得出 $A[x,y]$ 结果如下：

第 1 行自左往右，依次为 $A[0, 0.5]$，$A[1, 0.5]$，$A[2, 0.5]$，$A[3, 0.5]$，$A[4, 0.5]$，$A[5, 0.5]$，$A[6, 0.5]$，$A[7, 0.5]$。

第 2 行自左往右，依次为 $A[0, 2.5]$，$A[1, 2.5]$，$A[2, 2.5]$，$A[3, 2.5]$，$A[4, 2.5]$，$A[5, 2.5]$，$A[6, 2.5]$，$A[7, 2.5]$。

第 3 行自左往右，依次为 $A[0, 4.5]$，$A[1, 4.5]$，$A[2, 4.5]$，$A[3, 4.5]$，$A[4, 4.5]$，$A[5, 4.5]$，$A[6, 4.5]$，$A[7, 4.5]$。

第 4 行自左往右，依次为 $A[0, 6.5]$，$A[1, 6.5]$，$A[2, 6.5]$，$A[3, 6.5]$，$A[4, 6.5]$，$A[5, 6.5]$，$A[6, 6.5]$，$A[7, 6.5]$。

总共获得 32 个数据，它们的横坐标 x 已经是整数。

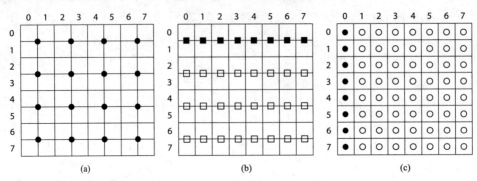

图 4-43　二维图像的小波二分频分解，再横插值膨胀和再纵插值膨胀示意图
(a) 2 分频；(b) 横插值；(c) 纵插值

(3) 纵插值：如图 4-43 (c) 所示，从位于中间"横插值"图看手，以它的第 0 列（$x=0$）一个黑方块接连 3 个空心方块的数据为基值，沿 y 方向插值构成 $y(t)$，即

$$\left.\begin{array}{l} y(0.5) = A[0,0.5] \\ y(2.5) = A[0,2.5] \\ y(4.5) = A[0,4.5] \\ y(6.5) = A[0,6.5] \end{array}\right\} \tag{4-90}$$

用三次样条光滑插值，这是 2 倍膨胀，为了观察方便，特将第 0 列插值结果画在右边"纵插值"第 0 列图中，用黑圆圈表示，注意要使插值点纵坐标也落在右边"纵插值"图中的整数点上。

$$\left.\begin{array}{l} A[0,0] = y(0) \\ A[0,1] = y(1) \\ A[0,2] = y(2) \\ A[0,3] = y(3) \\ A[0,4] = y(4) \\ A[0,5] = y(5) \\ A[0,6] = y(6) \\ A[0,7] = y(7) \end{array}\right\} \tag{4-91}$$

同样第 1～8 列用三次样条光滑插值，结果如下：至此所有插值点都落在整数点上，构成经过高频滤波后的低频主波图。

第 0 列自上往下，依次为 $A[0,0]$，$A[1,0]$，$A[2,0]$，$A[3,0]$，$A[4,0]$，$A[5,0]$，$A[6,0]$，$A[7,0]$。

第 1 列自上往下，依次为 $A[0,1]$，$A[1,1]$，$A[2,1]$，$A[3,1]$，$A[4,1]$，$A[5,1]$，$A[6,1]$，$A[7,1]$。

第 2 列自上往下，依次为 $A[0,2]$，$A[1,2]$，$A[2,2]$，$A[3,2]$，$A[4,2]$，$A[5,2]$，$A[6,2]$，$A[7,2]$。

第 3 列自上往下，依次为 $A[0,3]$，$A[1,3]$，$A[2,3]$，$A[3,3]$，$A[4,3]$，$A[5,3]$，$A[6,3]$，$A[7,3]$。

第 4 列自上往下，依次为 $A[0,4]$，$A[1,4]$，$A[2,4]$，$A[3,4]$，$A[4,4]$，$A[5,4]$，$A[6,4]$，$A[7,4]$。

第 5 列自上往下，依次为 $A[0,5]$，$A[1,5]$，$A[2,5]$，$A[3,5]$，$A[4,5]$，$A[5,5]$，$A[6,5]$，$A[7,5]$。

第 6 列自上往下，依次为 $A[0,6]$，$A[1,6]$，$A[2,6]$，$A[3,6]$，$A[4,6]$，$A[5,6]$，$A[6,6]$，$A[7,6]$。

第 7 列自上往下，依次为 $A[0,7]$，$A[1,7]$，$A[2,7]$，$A[3,7]$，$A[4,7]$，$A[5,7]$，$A[6,7]$，$A[7,7]$。

总共获得 64 个数据，注意它们横坐标和纵坐标都是整数，说明低频主波二维图像和原始二维图像一一对应了。

为了数据远传，只需发送 16 个数据，即可由接收方还原"低频主波二维图像"。

4.10 二维图像的高频滤波过程

高频图像的获得，不必用插值计算，直接由"二维原始数据"减去"低频主波二维图像数据"即可。

$$F(i,j) - F_1(i,j) = X_1(i,j) \qquad (4\text{-}92)$$

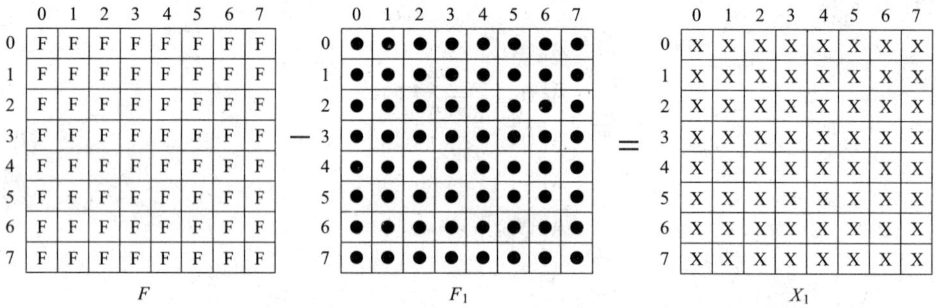

图 4-44　二维图像的小波二分频分解重构"低频主波"后，再计算"高频细波"示意图

对高频图像可以设置门限 $M_x = 0.05 \times |F_1(i,j)|_{\max}$，保留超过 5% 的"低频主波最大值"的"高频图像"数据，即保留 $|X_1(i,j)| > 0.05 \times |F_1(i,j)|_{\max}$ 的数据，作为特征。

4.11 彩色图像的处理原则

一般颜色图片每个点，都标有 RGB(250, 0, 0)＝红色，RGB(0, 250, 0)＝绿色，RGB(0, 0, 250)＝蓝色。

RGB(250, 250, 250)＝白色，RGB(0, 0, 0)＝黑色。一般说 RGB(r, g, b)＝彩色，其中

$$\left.\begin{array}{l} 250 > r > 0 \\ 250 > g > 0 \\ 250 > b > 0 \end{array}\right\} \qquad (4\text{-}93)$$

为了远传彩色图像，可以将图像的彩色 $R(i,j), G(i,j), B(i,j)$ 三种数据，如图 4-45 所示按 2 分频颜色进行压缩成 16 个点，将 R, G, B 远传到接收方时，可分别用 2 倍膨胀

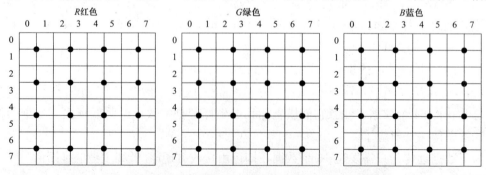

图 4-45　二维彩色图像的小波二分频分解重构示意图

R,G,B 数据，恢复二维低频主波彩色图像。整个过程可参考 4.9 节。

如果采用 3 分频，其 CHaar 小波分解过程大致相似，由于 Haar 小波分解过程只需要对 x，y 两侧数据取平均值就可，然后得出压缩后的 $S(n/3)$ 函数，再利用光滑插值膨胀 3 倍到 n 点即可。用 3 分频的好处是，其平均值的时间中心点依然是整数点上，因而和原函数在时刻对齐这一点上要简单得多。二维图像的 CHaar 小波分解的各项原则都相同。

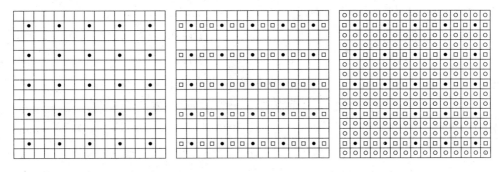

图 4-46　二维图像的用 3 分频 CHaar 小波分解重构过程示意图

4.12 用小波矩阵分析二维图像的经典分解

用小波矩阵分析二维图像的经典分解，显得十分清晰，设二维图像函数是 $F(x,y) = \{f_{i,j}\}$，现用 8 阶 Db4 小波矩阵 B 为例，对 $F(x,y) = F[8,8]$ 进行分解，每一列看作是原始数据，分解出尺度系数和小波系数，最后对 8 列二维函数进行分解后可得出矩阵，即

$$
\begin{bmatrix}
h_0 & h_1 & h_2 & h_3 & 0 & 0 & 0 & 0 \\
0 & 0 & h_0 & h_1 & h_2 & h_3 & 0 & 0 \\
0 & 0 & 0 & 0 & h_0 & h_1 & h_2 & h_3 \\
0 & 0 & 0 & 0 & 0 & 0 & h_0 & h_1 \\
g_0 & g_1 & g_2 & g_3 & 0 & 0 & 0 & 0 \\
0 & 0 & g_0 & g_1 & g_2 & g_3 & 0 & 0 \\
0 & 0 & 0 & 0 & g_0 & g_1 & g_2 & g_3 \\
0 & 0 & 0 & 0 & 0 & 0 & g_0 & g_1
\end{bmatrix}
\cdot
\begin{bmatrix}
f_{00} & f_{01} & f_{02} & f_{03} & f_{04} & f_{05} & f_{06} & f_{07} \\
f_{10} & f_{11} & f_{12} & f_{13} & f_{14} & f_{15} & f_{16} & f_{17} \\
f_{20} & f_{21} & f_{22} & f_{23} & f_{24} & f_{25} & f_{26} & f_{27} \\
f_{30} & f_{31} & f_{32} & f_{33} & f_{34} & f_{35} & f_{36} & f_{37} \\
f_{40} & f_{41} & f_{42} & f_{43} & f_{44} & f_{45} & f_{46} & f_{47} \\
f_{50} & f_{51} & f_{52} & f_{53} & f_{54} & f_{55} & f_{56} & f_{57} \\
f_{60} & f_{61} & f_{62} & f_{63} & f_{64} & f_{65} & f_{66} & f_{67} \\
f_{70} & f_{71} & f_{72} & f_{73} & f_{74} & f_{75} & f_{76} & f_{77}
\end{bmatrix}
$$

$$
=
\begin{bmatrix}
c_{00} & c_{01} & c_{02} & c_{03} & c_{04} & c_{05} & c_{06} & c_{07} \\
c_{10} & c_{11} & c_{12} & c_{13} & c_{14} & c_{15} & c_{16} & c_{17} \\
c_{20} & c_{21} & c_{22} & c_{23} & c_{24} & c_{25} & c_{26} & c_{27} \\
c_{30} & c_{31} & c_{32} & c_{33} & c_{34} & c_{35} & c_{36} & c_{37} \\
d_{40} & d_{41} & d_{42} & d_{43} & d_{44} & d_{45} & d_{46} & d_{47} \\
d_{50} & d_{51} & d_{52} & d_{53} & d_{54} & d_{55} & d_{56} & d_{57} \\
d_{60} & d_{61} & d_{62} & d_{63} & d_{64} & d_{65} & d_{66} & d_{67} \\
d_{70} & d_{71} & d_{72} & d_{73} & d_{74} & d_{75} & d_{76} & d_{77}
\end{bmatrix}
\tag{4-94}
$$

简写为

$$\begin{bmatrix} H[4,8] \\ G[4,8] \end{bmatrix} \cdot F[8,8] = \begin{bmatrix} C[4,8] \\ D[4,8] \end{bmatrix}. \tag{4-95}$$

为了对向水平列方向的小波分解，可用 B^{T} 矩阵右乘式 (4-94) 的结果，可得出式 (4-96)，为了和经典方法对比，特注明"低频像谱 c^1"、"水平细节 $d^{1,h}$"、"垂直细节 $d^{1,v}$"、"对角细节 $d^{1,d}$"。

$$\begin{bmatrix} C[4,8] \\ D[4,8] \end{bmatrix} \cdot (H^{\mathrm{T}}[8,4] \quad G^{\mathrm{T}}[8,4]) = \begin{bmatrix} CH^{\mathrm{T}}[4,4] & CG^{\mathrm{T}}[4,4] \\ DH^{\mathrm{T}}[4,4] & DG^{\mathrm{T}}[4,4] \end{bmatrix}$$

$$= \begin{bmatrix} HFH^{\mathrm{T}} & HFG^{\mathrm{T}} \\ GFH^{\mathrm{T}} & GFG^{\mathrm{T}} \end{bmatrix} = \begin{bmatrix} \text{低频像谱 } c^1 & \text{水平细节 } d^{1,h} \\ \text{垂直细节 } d^{1,v} & \text{对角细节 } d^{1,d} \end{bmatrix} \tag{4-96}$$

列出细节，即

$$\begin{bmatrix} c_{00} & c_{01} & c_{02} & c_{03} & c_{04} & c_{05} & c_{06} & c_{07} \\ c_{10} & c_{11} & c_{12} & c_{13} & c_{14} & c_{15} & c_{16} & c_{17} \\ c_{20} & c_{21} & c_{22} & c_{23} & c_{24} & c_{25} & c_{26} & c_{27} \\ c_{30} & c_{31} & c_{32} & c_{33} & c_{34} & c_{35} & c_{36} & c_{37} \\ d_{40} & d_{41} & d_{42} & d_{43} & d_{44} & d_{45} & d_{46} & d_{47} \\ d_{50} & d_{51} & d_{52} & d_{53} & d_{54} & d_{55} & d_{56} & d_{57} \\ d_{60} & d_{61} & d_{62} & d_{63} & d_{64} & d_{65} & d_{66} & d_{67} \\ d_{70} & d_{71} & d_{72} & d_{73} & d_{74} & d_{75} & d_{76} & d_{77} \end{bmatrix} \cdot \begin{bmatrix} h_0 & 0 & 0 & h_2 & g_0 & 0 & 0 & g_2 \\ h_1 & 0 & 0 & h_3 & g_1 & 0 & 0 & g_3 \\ h_2 & h_0 & 0 & 0 & g_2 & g_0 & 0 & 0 \\ h_3 & h_1 & 0 & 0 & g_3 & g_1 & 0 & 0 \\ 0 & h_2 & h_0 & 0 & 0 & g_2 & g_0 & 0 \\ 0 & h_3 & h_1 & 0 & 0 & g_3 & g_1 & 0 \\ 0 & 0 & h_2 & h_0 & 0 & 0 & g_2 & g_0 \\ 0 & 0 & h_3 & h_1 & 0 & 0 & g_3 & g_1 \end{bmatrix}$$

$$= \begin{bmatrix} cc_{00} & cc_{01} & cc_{02} & cc_{03} & dc_{04} & dc_{05} & dc_{06} & dc_{07} \\ cc_{10} & cc_{11} & cc_{12} & cc_{13} & dc_{14} & dc_{15} & dc_{16} & dc_{17} \\ cc_{20} & cc_{21} & cc_{22} & cc_{23} & dc_{24} & dc_{25} & dc_{26} & dc_{27} \\ cc_{30} & cc_{31} & cc_{32} & cc_{33} & dc_{34} & dc_{35} & dc_{36} & dc_{37} \\ cd_{40} & cd_{41} & cd_{42} & cd_{43} & dd_{44} & dd_{45} & dd_{46} & dd_{47} \\ cd_{50} & cd_{51} & cd_{52} & cd_{53} & dd_{54} & dd_{55} & dd_{56} & dd_{57} \\ cd_{60} & cd_{61} & cd_{62} & cd_{63} & dd_{64} & dd_{65} & dd_{66} & dd_{67} \\ cd_{70} & cd_{71} & cd_{72} & cd_{73} & dd_{74} & dd_{75} & dd_{76} & dd_{77} \end{bmatrix} \tag{4-97}$$

依据恢复原图像，只要注意 $B^{\mathrm{T}}B = BB^{\mathrm{T}} = E[8,8]$，可立即写出恢复原图像式为

$$B^{\mathrm{T}}(BF(x,y)B^{\mathrm{T}})B = F(x,y) \tag{4-98}$$

$$(H^{\mathrm{T}} \quad G^{\mathrm{T}}) \cdot \begin{bmatrix} HFH^{\mathrm{T}} & HFG^{\mathrm{T}} \\ GFH^{\mathrm{T}} & GFG^{\mathrm{T}} \end{bmatrix} \cdot \begin{bmatrix} H \\ G \end{bmatrix}$$

$$= (H^{\mathrm{T}}HFH^{\mathrm{T}} + G^{\mathrm{T}}GFH^{\mathrm{T}} \quad H^{\mathrm{T}}HFG^{\mathrm{T}} + G^{\mathrm{T}}GFG^{\mathrm{T}}) \cdot \begin{bmatrix} H \\ G \end{bmatrix}$$

$$= H^{\mathrm{T}}HFH^{\mathrm{T}}H + G^{\mathrm{T}}GFH^{\mathrm{T}}H + H^{\mathrm{T}}HFG^{\mathrm{T}}G + G^{\mathrm{T}}GFG^{\mathrm{T}}G \tag{4-99}$$

可分别得出主波像和三个细节像，即

$$\left.\begin{array}{l} 二维低频主波像 = H^{\mathrm{T}}HFH^{\mathrm{T}}H \\ 二维水平细节像 = G^{\mathrm{T}}GFH^{\mathrm{T}}H \\ 二维垂直细节像 = H^{\mathrm{T}}HFG^{\mathrm{T}}G \\ 二维对角细节像 = G^{\mathrm{T}}GFG^{\mathrm{T}}G \end{array}\right\} \tag{4-100}$$

由此可见，用小波循环矩阵分析既简单，而且对分析二维图像还没有边缘效应。数据远传低频主波像信息 HFH^{T}，对比原像数据可压缩 4 倍。

为了对图像进行第二层分解，可从"低频像谱 c^1"开始，把它当成原始像 $F_1[4,4] = HFH^{\mathrm{T}}$，仿式（4-96）可直接得出第二层分解结果，即

$$B_1 F_1 B_1^{\mathrm{T}} = \begin{pmatrix} H_1 F_1 H_1^{\mathrm{T}} & H_1 F_1 G_1^{\mathrm{T}} \\ G_1 F_1 H_1^{\mathrm{T}} & G_1 F_1 G_1^{\mathrm{T}} \end{pmatrix} = \begin{pmatrix} 低频像谱 \ c^2 & 水平细节 \ d^{2,h} \\ 垂直细节 \ d^{2,v} & 对角细节 \ d^{2,d} \end{pmatrix} \tag{4-101}$$

第 5 章

对采样数据序列进行时频分解法的改进

5.1 经验模态分解（EMD）

小波分析能按时间尺度对采样数据进行时频分解，以弥补傅立叶谐波分解的不足。Harr 小波族虽满足完备正交基的条件，但它不连续、不可微的缺点，数学家不能接受。为了寻找对称、正交、连续、可微小波，数学家作了艰难卓越努力，但结果不是十分满意。1998 年由美籍华人 Huang 提出的经验模态分解（EMD），在概念上比较形象，也具有时频分解的特点，但在离散数据串中寻找极值的操作上需要人为判断的不确定性，故称之为"经验"模态分解。本文首先对 EMD 方法进行改进，提出按尺度分解求出"零中间线"，避免寻找极值的操作，计算过程简单、唯一，特称之为 CHaar 小波分解方法，从而开辟一条小波分析的新路。

随着风电和光伏电源的投入，采样数据序列出现了复杂性，需要对其时频分布作出分析。经验模态分解是对一个信号进行平稳化处理，将信号中真实存在的不同尺度波动曲线逐级分解出来，它适于对非平稳系统采样数据作出更深刻的分析。

如图 5-1 所示，EMD 方法的分解过程是先把采样数据 $f(t)$ 的所有极大值用三次样条函数拟合成一条上包络线 $u(t)$，再把所有极小值用三次样条函数拟合成一条下包络线 $v(t)$，用它们的平均值：

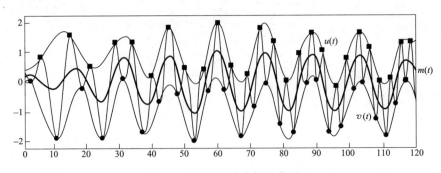

图 5-1　EMD 方法分解示意图

$$m(t) = [u(t) + v(t)]/2 \tag{5-1}$$

构成一条零中间线，再由原始曲线减去零中间线就得到主模态 IMF 曲线 $x(t)$，即

$$x(t) = f(t) - m(t) \tag{5-2}$$

依 Huang 的定义一个固有主模态函数必须满足下面两个条件[24]：

（1）整个数据长度内，极值点的个数和过零点的个数必须相等或最多相差一个；

（2）在任意时刻，由局部极大值点形成的上包络线和由局部极小值点形成的下包络线的平均值为零，即上下包络线关于时间轴是局部对称的。

例 1：如图 5-2 所示，在一个三角波的基础上骑着一个变频的正弦波，且频率连续变化。

$$f(i) = \left\{ \begin{array}{ll} 10i - 320 + y(i) & 0 \leqslant i \leqslant 64 \\ -10i + 960 + y(i) & 64 \leqslant i \leqslant 128 \end{array} \right\} \tag{5-3}$$

$$y(i) = 160\sin(2\pi i\sqrt{i}/128) \tag{5-4}$$

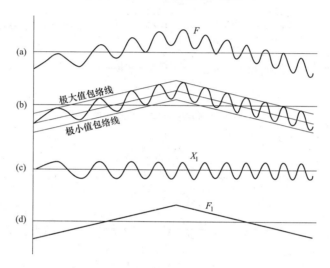

图 5-2　用 EMD 方法求 IMF 分量主模态示意图

（a）原始波形；（b）包络线；（c）主模态；（d）零中间线

用 EMD 方法的优点是它不受尺度的限制，直接从上下包络线求出零中间线，得出的主模态如图 5-2 中的 X_1 所示，它相当于高频细波。零中间线 M_1 相当于低频主波 F_1。由于 X_1 已满足主模态的条件，所以不能再进行分解，但 X_1 是频率连续变化的细波，从时频分解的角度看，它没有进一步的分析，这是它的缺点。EMD 方法的缺点除了已知的在求上、下包络线过程中会出现边缘"飞翼"问题，这是由于第一个极大值和第一个极小值是处于不同时刻，也非曲线的起点所致，同样最后一个极大值和最后一个极小值也是处于不同时刻，且不是曲线的终点。

如图 5-3 所示，我们用 CHaar 小波分解方法对例 1 的原始波形进行分析，先由 Haar 小波分解重构得到模糊像，如模糊像在连续相同的 8 个数据只保留一个，并以此压缩点进行三次样条插值膨胀得到恢复像，其实它也是另一种意义上的零中间线，只是 CHaar 小波分解方法求零中间线和尺度有关，且方法更为简单。在双抛物线光滑拟合方法中给出边缘扩展端点的明确公式，所以它的飞翼问题不会严重。CHaar 小波分解方法的优点是按尺度逐步分解，得到一系列的低频主波和高频细波。它在多尺度分解方面也比正交小波分解要简单易行。用 CHaar 小波分解方法对例 1 的原始波形进行 3 层主波一次到位分析示意图如图 5-4 所示。

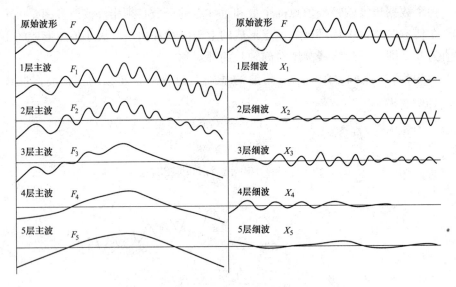

图 5-3　用 CHaar 小波分解方法对例 1 的原始波形进行分析示意图

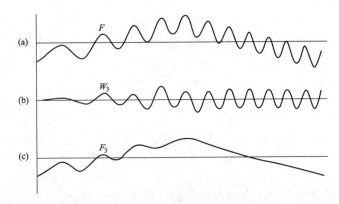

图 5-4　用 CHaar 小波分解方法对例 1 的原始波形进行 3 层主波一次到位分析示意图

（a）原始波形；（b）总谐波像；（c）低频注波

5.2　按时间尺度分层 CHaar 小波分解方法

按时间尺度分层求零中间线的方法是本文主要改进点，如图 5-5 所示，以 128 点原始

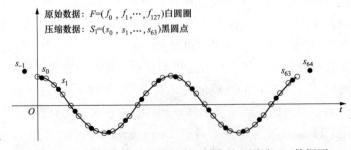

图 5-5　由原始数据 F 进行尺度压缩得出压缩点 S_1 数据图

数据（图中的白圆圈）

$$F = (f_0, f_1 f_{127})$$ (5-5)

为例，首先是把相邻两点原始数据压缩求平均值（图中的黑圆圈），即

$$s_i = (f_{2i} + f_{2i+1})/2$$ (5-6)

从而得到 64 个压缩数据，即

$$S_1 = (s_0, s_1, \cdots, s_{63})$$ (5-7)

然后对 64 个压缩点进行三次样条拟合插值，并扩展到 128 点，得出零中间线为

$$M_1 = (m_0, m_1 \cdots m_{127})$$ (5-8)

由于压缩点 s_i 对应的时刻是 $t = 2i + 0.5$，相邻两个压缩点的时间间隔等于 2。为了使插值后的零中间线数据 m_n 能和原始数据 f_n 在时间刻度上对齐，要求 m_{2i} 对应的时刻是 $t = 2i$，同样 m_{2i+1} 对应的时刻依然要是 $t = 2i+1$。为了首、尾两点数据对齐，需要在压缩点的起端 s_0 和末端 s_{63} 都要增加一个外推点。为了兼顾平衡，特设定

$$s_{-1} = s_0 + (s_0 - s_1)/2$$ (5-9)

和

$$s_{64} = s_{63} + (s_{63} - s_{62})/2$$ (5-10)

其中 s_{-1} 对应的时刻是 $t = -1.5$，s_{64} 对应的时刻是 $t = 128.5$。

这样用原始数据 F 减去第一尺度下的零中间线 M_1，仿照前例把 M_1 也称尺度 0 下的低频主波 F_1，就可按式（5-11）得到在第一层尺度 0 下的固有主模态 X_1，或称作高频细波 X_1，即

$$X_1 = (x_0, x_1, \cdots, x_{127}) = F - M_1 = F - F_1$$ (5-11)

接着把 M_1 当作新的原始数据 F_1，进行第二层尺度的压缩，注意此时两个压缩点的时间间隔变成 4，压缩点的数值由式（5-12）得出

$$s_i = \Big[\sum_{j=0}^{j=3} m_{4i+j} \Big]/4$$ (5-12)

即

$$S_2 = (s_0, s_1, \cdots, s_{31})$$ (5-13)

按同理给出首尾的扩展点 s_{-1} 和 s_{32}，同理将 S_2 按三次样条拟合插值到 128 点，得出零中间线，即

$$M_2 = (m_0, m_1 \cdots m_{127})$$ (5-14)

仿照前例把 M_2 也称尺度 1 下的低频主波 F_2，从而得出第二层主模态 X_2，于是有

$$X_2 = M_1 - M_2 = F_1 - F_2 = (x_0, x_1 \cdots x_{127})$$ (5-15)

一般时间尺度 k 选择按相邻 2^k 点求平均值得出压缩点，即

$$s_i = \Big[\sum_{j=0}^{j=2^k-1} m_{2^k \times i+j} \Big]/2^k$$ (5-16)

得到的压缩点数据 $S_k = (s_0, s_1 \cdots s_n)$，式中，$n = 2^{(7-k)} - 1$，其余按此推理。下面以例 1 的波形按时间尺度分层的主模态分解如图 5-6 所示。

由图 5-6 可知，当时间尺度小于信号的周期时，零中间线 F_1 和原始信号 F 会比较接

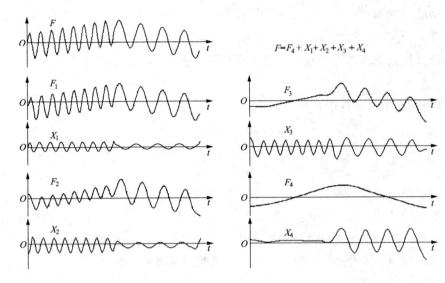

图 5-6　例 1 按时间尺度分层数学模态分解

近，得出的模态函数 X_1 会泄漏出一些交变信号，而 X_1 依然能满足 IMF 的两个条件，说明零中间线求取是正确合理的。当时间尺度等于、大于信号的周期时，如零中间线 F_3 和 F_4 会滤去相应频率的交变信号，得出的模态函数 X_3 和 X_4，它会滤出剩余的交变信号，其中 F_3 和 X_3 的下角标表示所在的时间尺度。依据逐次求出的各时间尺度分量，还原原始信号可由如下公式求出

$$F = F_4 + \sum_{i=1}^{i=4} X_i \tag{5-17}$$

其实 CHaar 小波分解和改进后 EMD 分解的概念对照如下：各个尺度下的零中间线就是低频主波，原始波形和低频主波相减就是高频细波。再把得到的低频主波作为新原始函数，用 CHaar 小波分解就可得到下层尺度的分解。

5.3　按时间双尺度的数学模态分解的方法

如图 5-7 所示，人们可能认为按时间尺度分层得出的 IMF 过于零碎，也可以一次性地直接对原始数据压缩 2^k 倍，压缩点的计算为

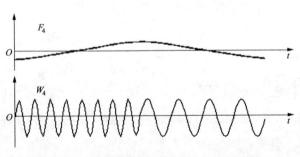

图 5-7　例 1 按时间双尺度的数学模态分解

$$s_i = \Big[\sum_{j=0}^{j=2^k-1} f_{2^k \times i + j} \Big] / 2^k \tag{5-18}$$

用三次样条曲线拟合这些压缩点，得出直接压缩的零中间线用 F_k 表示，如例 1，取时间尺度 $k = 4$ 时可得结果如式（5-19），IMF 曲线用 W_4 表示，见图 5-7。可见它和 EMD 的结果 $x(t)$ 相同。

$$W_4 = (w_0, w_1, \cdots, w_{127}) = F - F_4 \tag{5-19}$$

5.4　数学模态分解的实例

（1）当原始数据曲线沿时轴的变化很复杂时，按时间尺度分层数学模态分解的方法就能体现出它的优点，如例 1：设原始数据 128 点由式（5-20）算出，它是一个振荡衰减和变幅调频信号的组合。其按时间尺度分层数学模态分解的结果如图 5-8 所示。

$$f(i) = 240\mathrm{e}^{-i/60} \cdot \sin(6\pi i/128) + \left[20\mathrm{e}^{-i/80} + 40\mathrm{e}^{i/60}\right] \cdot \sin(6\pi i\sqrt{i}/128 + 1/16)$$

$$\tag{5-20}$$

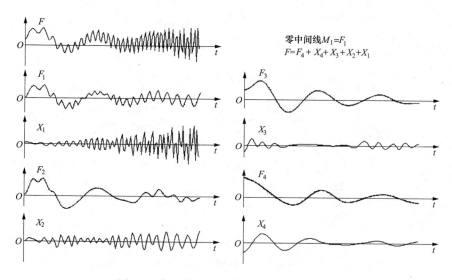

图 5-8　例 1 按时间尺度分层数学模态分解

（2）从图 5-8 可知，随着时间尺度 k 的增大，零中间线 M_k 的交变频次也在变缓，得出各时间尺度下的模态分解结果 X_k 的频次随尺度增大而减小，而且 X_k 也都符合 IMF 的两个要求，说明零中间线直接从平均值入手求取的方法，既简单又有效。

（3）当分析进行到 M_4 时，M_4 本身已符合 IMF 的两个条件，所以就不必再进行下去了。

（4）若取时间尺度 $k=3$，按时间双尺度的数学模态分解的结果 W_3 如图 5-9 所示，它接近 EMD 经验模态分解的结果，它用曲线揭示时频分布状况，可见按本节介绍的方法求取 F_3 和 W_3 显然比 EMD 方法求 $m(t)$ 和 $x(t)$ 要简单得多。

综上所述，本节提出了简化并改

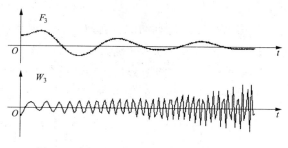

图 5-9　例 1 按时间双尺度的数学模态分解

善 EMD 变换的新途径。

5.5 CHaar 小波分解和 Haar 小波分解的关系

法国数学家 Meyer 指出 Haar 小波矩阵[5]是目前唯一满足完备正交基的小波族，但它不连续、不可微是数学家不能接受的原因。如图 5-10 所示，对原始 128 点的采样数据 F，进行 Haar 双尺度分解，压缩倍率取 4，对 Haar 小波分解的结果（见图 5-10 所示），这样分解数学家当然不满意。特别是模糊像相邻 4 个数据都相同，且等于该区间函数的平均值。本文通过对模糊像进行压缩，即每 4 个数据只保留一个，再用 3 次样条函数平滑插值的扩展得出按时间尺度分解的恢复像，相当于前述的零中间线 M，而模态函数 $X = F - M$ 就是被光滑化了的小波［图 5-10(a)］，这样就救活了具有对称、正交、最高分辨率的 Haar 小波分解，它简单易懂，便于普及，意义十分重大。

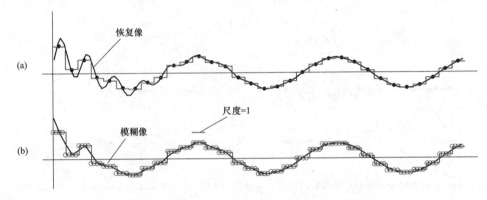

图 5-10　Haar 小波分解的模糊像到 CHaar 小波分解的恢复像

（a）CHaar 小波分解的恢复像；（b）Haar 小波分解的模糊像

5.6 Prony 分解的本质及算法的思路

Prony 算法能从均匀采样信号中提取有价值的信息，可分解出一系列按指数衰减的正弦曲线。该算法需要计算最小二乘法拟合和高次代数方程求复根。当信号中嵌入噪声时，Prony 求解过程会因方程病态而失败。如输入数据太长，或预估有效模态项数较多，就会造成计算数字溢出。本节介绍的方法是：对太长的数据系列采用分段平均值压缩滤波，在求解"法方程"时，能自动确定有效模态的项数，无需 SVD 奇异值计算，从而大大简化 Prony 算法、扩大适应范围并确保解算的质量。

Prony 算法是用一组指数项的线性组合来拟合 $x(t) = x(n \times \Delta\tau)$ 等间距采样数据的方法，可以从中分析出信号的幅值 B、相位 β、阻尼因子 σ、频率 f 等信息。即

$$x(t) = \sum_{i=1}^{i=k} B_i e^{\sigma_i t} \cos(2\pi f_i t + \beta_i) \qquad (5\text{-}21)$$

Prony 算法实质是对采样数据求拟合公式，用于曲线插值或外推评估，特别适用于具

有衰减振荡分量的非平稳过程的研究。由于 Prony 模型在数值上是病态的，最优的算法对于噪声的影响十分敏感，这极大地限制了 Prony 模型的应用。目前许多文章在介绍 Prony 算法原理的时候，往往限于篇幅而语焉不详，本文从数据拟合的差分方程入手，导出 Prony 方法的思路，提出用分段平均值压缩滤波、提示误差验证、自动确定方程阶数、剔除病态解项等办法，改善 Prony 的算法，使其抗噪声能力大为提高，可确保主要低频衰减分量解结果的保真，以利于 Prony 算法的推广应用。

已知等时间隔采样的 N 个数据 x_0、$x_1 \cdots x_{N-1}$，Prony 算法的思路是，如果第 n 个采样数据能够根据前 k 个采样数据而线性递推出，即

$$x(n) = -[a_1 x(n-1) + a_2 x(n-2) + \cdots + a_k x(n-k)] \tag{5-22}$$

式中：$n = k, k+1 \cdots N-1$

这就是差分方程，为了书写简化，改用 $x_n = x(n)$ 来表示第 n 个采样值。如果递推公式假定成立，为求出 a_1、a_2、$\cdots$、a_k 系数，从而可得 $N-k$ 个方程，即

$$\begin{bmatrix} x_{k-1} & x_{k-2} & \cdots & x_1 & x_0 \\ x_k & x_{k-1} & \cdots & x_2 & x_1 \\ \cdots & \cdots & \cdots & \cdots & \cdots \\ x_{N-2} & x_{N-3} & \cdots & x_{N-k} & x_{N-1-k} \end{bmatrix} \cdot \begin{bmatrix} a_1 \\ a_2 \\ \cdots \\ a_k \end{bmatrix} = - \begin{bmatrix} x_k \\ x_{k+1} \\ \cdots \\ x_{N-1} \end{bmatrix} \tag{5-23}$$

简写为：$\boldsymbol{H} \cdot \boldsymbol{a} = -\boldsymbol{h}$

其中列向量：$\boldsymbol{a} = (a_1、a_2、\cdots、a_k)^{\mathrm{T}}$；$\boldsymbol{h} = (x_k、x_{k+1}、\cdots、x_{N-1})^{\mathrm{T}}$

当 $N > 2k$ 时，方程的个数大于未知数的个数，即存在矛盾方程，可用总平方误差最小的办法来确定系数 a_1、$a_2 \cdots a_k$，即最小二乘法。由式（5-23）可知总平方误差 W_1 为

$$W_1 = \sum_{m=k}^{m=N-1} (x_m + a_1 x_{m-1} + \cdots + a_i x_{m-i} + \cdots + a_k x_{m-k})^2 \tag{5-24}$$

由 W_1 分别对 a_1、$a_2 \cdots a_k$ 求偏导数，并令其等于零，可得有关 a_i 的方程组为

$$\frac{1}{2} \cdot \frac{\partial W_1}{\partial a_i} = \sum_{m=k}^{m=N-1} (x_m + a_1 x_{m-1} + \cdots + a_i x_{m-i} + \cdots + a_k x_{m-k}) \cdot x_{m-i} = 0 \tag{5-25}$$

$$i = 1、2 \cdots k$$

从而得出法方程，即

$$\begin{bmatrix} R_{1,1} & R_{2,2} & R_{1,3} & \cdots & R_{1,k} \\ R_{2,1} & R_{2,2} & R_{2,3} & \cdots & R_{2,k} \\ R_{3,1} & R_{3,2} & R_{3,3} & \cdots & R_{3,k} \\ \cdots & \cdots & \cdots & \cdots & \cdots \\ R_{k,1} & R_{k,2} & R_{k,3} & \cdots & R_{k,k} \end{bmatrix} \cdot \begin{bmatrix} a_1 \\ a_2 \\ a_3 \\ \cdots \\ a_k \end{bmatrix} = \begin{bmatrix} r_1 \\ r_2 \\ r_3 \\ \cdots \\ r_k \end{bmatrix}$$

简记之：

$$\boldsymbol{R} \cdot \boldsymbol{a} = \boldsymbol{r} \tag{5-26}$$

其中矩阵 $\boldsymbol{R}$ 的各元素计算如下：

$$R_{i,j} = \sum_{m=k}^{m=N-1} x_{m-j} x_{m-i} \tag{5-27}$$
$$i,j = 1、2 \cdots k$$

仔细观察，最小二乘法得到的法方程系数矩阵 $\boldsymbol{R}$ 和 $\boldsymbol{H}^{\mathrm{T}} \cdot H$ 矩阵相乘的结果相同。注意 $\boldsymbol{R}$ 法矩阵各元素都是信号和自身延迟信号的点积，具有准能量的量纲，它是对称矩阵，所以法矩阵的"秩"和信号中包含的有效模态项目数有关。

$$\boldsymbol{R} = \boldsymbol{H}^{\mathrm{T}} \cdot H \tag{5-28}$$

而常数项列向量 $\boldsymbol{r}$ 等于 $r = -\boldsymbol{H}^{\mathrm{T}} \cdot \boldsymbol{h}$ 相乘的结果相同，其中：

$$\boldsymbol{r}_i = -\sum_{m=k}^{m=N-1} x_m x_{m-i} \tag{5-29}$$

求出系数列向量的解为

$$\boldsymbol{a} = \boldsymbol{R}^{-1} \cdot \boldsymbol{r} \tag{5-30}$$

求出 $\boldsymbol{a} = (a_1、a_2 \cdots a_k)^{\mathrm{T}}$ 后，就确定了差分方程的系数，可以求其通解：

$$x(n) + a_1 x(n-1) + a_2 x(n-2) + \cdots + a_k x(n-k) = 0 \tag{5-31}$$

设解的形式为：$x(n) = \lambda^n$，代入式（5-31），得到特征方程如下：

$$\lambda^k + a_1 \lambda^{k-1} + a_2 \lambda^{k-2} + \cdots + a_k = 0 \tag{5-32}$$

解出高次方程的根为：$\lambda_1、\lambda_2 \cdots \lambda_k$，通项为：$\lambda_i = d_i \cdot \mathrm{e}^{\pm j\theta}$

$x(n)$ 通解可用待定系数表示为

$$x(n) = b_1 \lambda_1^n + b_2 \lambda_2^n + \cdots + b_k \lambda_k^n \tag{5-33}$$

为了确定待定系数 $b_1、b_2 \cdots b_k$，可从令 $n = 0,1,2\cdots$，$N-1$ 而得出 N 个方程如下：

$$\begin{bmatrix} 1 & 1 & 1 & \cdots & 1 \\ \lambda_1 & \lambda_2 & \lambda_3 & \cdots & \lambda_k \\ \lambda_1^2 & \lambda_2^2 & \lambda_3^2 & \cdots & \lambda_k^2 \\ \cdots & \cdots & \cdots & \cdots & \cdots \\ \lambda_1^{N-1} & \lambda_2^{N-1} & \lambda_3^{N-1} & \cdots & \lambda_k^{N-1} \end{bmatrix} \cdot \begin{bmatrix} b_1 \\ b_2 \\ b_3 \\ \cdots \\ b_k \end{bmatrix} = \begin{bmatrix} x_0 \\ x_1 \\ x_2 \\ \cdots \\ x_{N-1} \end{bmatrix} \tag{5-34}$$

简写为

$$\Phi \cdot b = g \tag{5-35}$$

接着进入第二次最小二乘拟合各个衰减振荡项的系数 $B_i \angle \beta_i$ 的方程解算，即求 $\boldsymbol{b} = (\hat{\boldsymbol{\Phi}}^{\mathrm{T}} \cdot \boldsymbol{\Phi})^{-1} \cdot \hat{\boldsymbol{\Phi}}^{\mathrm{T}} \cdot \boldsymbol{g}$ 的解。

列向量 $\boldsymbol{b}$ 的解可求出如下，一般说它是复数。由于特征方程的根包含共轭复根，所以复系数 b_i 中也必包含成对的共轭复根。

令：

$$b_i = \frac{1}{2} B_i \mathrm{e}^{\pm j\beta_i} \tag{5-36}$$

差分方程的解可以表成如下形式：

$$x(n) = \sum_{i=1}^{i=k/2} \frac{1}{2} B_i d_i^n \cdot \mathrm{e}^{\pm j(\beta_i + n\theta)}$$

$$= \sum_{i=1}^{i=k/2} B_i d_i^n \cdot \cos(n\theta_i + \beta_i)$$

$$= \sum_{i=1}^{i=k/2} B_i d_i^n \cdot \sin(n\theta_i + \delta_i) \tag{5-37}$$

为了使差分方程的解 $x(n)$ 和高次方程的解 $\lambda_i = d_i \cdot \mathrm{e}^{\pm j\theta}$ 直接对应，其中，d 是每步采样的步进衰减系数，θ 是每步采样的步进角度。以后我们都采用式（5-37）的表达方式。由该式可知，当 $d_i > 1$ 时，此项是递增的；$0 < d_i < 1$ 时此项是衰减的；$d_i = 1$ 此项是等幅振荡。当 $\theta = 0$ 时，相应项就是非周期的衰减（递增）分量，当 $d = 1$ 和 $\theta = 0$ 时它就是直流分量。这时第二次最小二乘法拟合的目的是求各指数项的系数，它和原始信号的误差 W_2 可计算如下：

$$W_2 = \sum_{n=0}^{n=N-1} \left[x_n - \sum_{i=1}^{i=k/2} B_i d_i^n \cdot \cos(n\theta_i + \beta_i) \right]^2 \tag{5-38}$$

5.7　用分段平均值压缩滤波改善 Prony 算法

Prony 算法的稳定性和高次方程的阶数 k 的选取有很大关系，由于事先对被采样的函数中到底包含多少项主模态分量并不知情，所以开始总是希望把阶数 k 设得大一些，但 k 值设得太大，相应的矩阵 $R[k \times k]$ 运算量增加，且更会使往后求解高次方程的复根变得困难。本文建议预估的主模态分量的项数取 $k_0 = N/2$ 或 $k_0 = 64$ 的较小者，再进行"法方程"计算，如果发生数字计算溢出，可先对采样数据进行平均值压缩滤波[3]，而这种压缩滤波不会影响函数的低频振荡分量的特征。振荡分量的关键特征应当是衰减系数 d_i^n 和角频率 $n\theta_i$ 不变。而它们的幅值 B_i 和初相角 β_i 会因滤波而有所变化，是可以接受的。

选择合适的 k_0，可求出系数向量 $\boldsymbol{a} = (a_0、a_1、\cdots、a_{k0})^{\mathrm{T}}$，此时由式（5-24）计算的总平方误差 W_1 的值应该很小，如果 W_1 较大，往往是预设的阶数 k_0 不够大。当采样个数 N 远远大于 $2k$ 时，矛盾方程个数 $N - k$ 就很大了，这对于求解 $\boldsymbol{a}$ 是不利的。如果增加拟合阶数 k_0 有困难时，就应用分段平均值的办法来压缩总点数 N。

为了使平均值压缩滤波能多次进行下去，一般希望采样数据取 $N = 2^p$ 点，例如取 $N = 2^7 = 128$ 点，而分段平均值滤波的点数可取 $M = 2^q$ 点，其中 p、q 都是整数。对原始采样数据 $x_0、x_1、\cdots、x_{N-1}$，用分段平均值进行滤波。如取压缩尺度 $M = 2^2 = 4$ 倍，即将采样数据依次连续 4 个数据求平均值，作为一个点，由此得到的压缩数据个数是 $N_m = N/M = 128/4 = 32$ 个点。得到压缩的新数据系列 $s_0、s_1、\cdots s_j、\cdots、s_{31}$ 的"模糊像"如下：

$$s_j = \frac{1}{4} \sum_{i=0}^{i=3} x_{i+4j} \quad j = 0,1,2,\cdots,31 \tag{5-39}$$

例 1： 以 $N = 128$ 点采样，幅值为 10 的方波作为原始信号，由于方波包含的谐波成分很多，方波的差分方程是：$x(n) + x(n+64) = 0$，式中 $n = 0,1,2,\cdots,63$，一般说 k 值必需取 $k = N/2 = 64$ 时，才能使误差 $W_1 = 0$。为了图示清晰，我们再将原始信号压缩 4 倍，

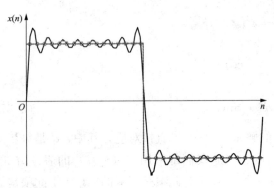

图 5-11　128 点方波和压缩 4 倍后的 Prony 拟合函数

压缩后的点数 $N_m = N/M = 128/4 = 32$，而 k 值只需取到 $k = N_m/2 = 16$ 就能使误差 $W_1 \cong 0$。计算结果如图 5-11 所示。

压缩 M 倍后方波的差分方程如下：$s(n) + s(n+16) = 0$；其中 $n = 0, 1, 2, \cdots$, 15，将对应压缩后的高次方程根标记为 $d_S \angle \theta_S$，它和未压缩的高次方程根 $d \angle \theta$ 存在如下关系：$d_S = d^M$；$\theta_S = M \times \theta$，为了和原始方程比较，一律转换到未压缩前原始方程的根。

由此可知 Prony 算法是涵盖了傅立叶级数的谐波分解。从拟合曲线看，它完全穿越经过压缩 4 倍后的 $s(n)$ 基准点上（见图 5-12 中的小圆圈）。

5.8　高次方程阶 k 的自动确定

如果被采样的函数包含的衰减振荡项数不多，当预估的阶数 k_0 值取得较大时，虽能保证误差 W_1 很小，但因此形成的高次方程根的项数却远远超过了实际衰减振荡项数，不但计算麻烦，会引入误差，更不便外推评估，因而我们希望能自动确定合适的阶数 k 值。

设采样数据在全区间的有效值为 $X_{YXZ} = \sqrt{\sum\limits_{i=0}^{N-1} \dfrac{x_i^2}{N}}$，为了避免数字计算溢出，可对原始数据先进行标幺化。按本文建议取预估的阶数值 $k_0 = N/2$ 或 $k_0 = 64$ 的较小者，构成求解差分系数的法方程组 $\boldsymbol{R} \cdot \boldsymbol{a} = \boldsymbol{r}$，建议用列主元法进行消去，并监视每第 i 次消元以后的列主元 $Z_{i.\max}$ 标幺值是否满足 $Z_{i.\max} < 10^{-10}$，同时其右方的残留 r 列向量所有元素的绝对值也满足 $|r_{i.\max}| < 10^{-10}$ 后，就停止消去法，令 $k = i-1$，其实此时 k 就是法方程矩阵 R 的"秩"，从而据此自动确定的递推方程的阶数 k，并假定以后的系数 $a_{k+1} = a_{k+2} = \cdots = a_{k0} = 0$，直接转入回代求解 $(a_1, a_2, \cdots, a_k)^{\mathrm{T}}$ 的列向量，从而得到高次方程系数，它包含的项数 k 正是实际的衰减振荡项数。按"列主元消去法自动确定阶数 k"这是本文提出改进方法的关键一步，因为当列主元 $Z_{i.\max}$ 很小时，意味着矩阵 R 的"秩"$=k$，而此时"法方程"形成不必重来，接着进行回代求解即可，它依然能保证误差 W_1 很小。

例 2：设 128 点的模拟采样数据如下：

$$x(n) = 20 \times (0.98142)^n \times \sin(2\pi \times 5.6n/128)$$
$$+ 15 \times (0.98142)^n \times \sin(2\pi \times 12.8n/128) + 10 \times (0.95719)^n$$
$$\times \sin(2\pi \times 17.6n/128) + 10 + 5 \times (-1)^n \tag{5-40}$$

原始数据没有经过压缩，设预估阶数 $k_0 = 64$，经自动定阶的计算程序，得到 Prony 计算结果见表 5-1，程序自动定阶 $k=8$，它正确地拟合出各个衰减振荡分量的 d、θ、B、β，还拟合出直流分量 10 和干扰的噪声 $5 \times (-1)^n$ 等。

表 5-1　　　　　　　　　　**例 2 没有压缩、自动定阶 8，Prony 计算结果**

i	频次	D_i 步进衰减系数	Θ_i 步进角度	B_i 幅值	δ_i 初相角
1	5.6	0.981 42	15.750 05	19.999 88	−0.001 153
3	12.8	0.981 42	36.000 12	14.999 912	−0.002 737
5	17.6	0.957 19	49.500 38	10.000 497	−0.003 054
7	0	1	0	10.000 195	90
8	64	1	180	5.000 006	90

对比式（5-40），可见拟合的精度是很高的。

 5.9 　**压缩滤波倍数对 Prony 计算结果的影响**

　　下面分别对 5.8 节中的例 2 原始数据经过压缩 2、4、8 倍后，再分别进行自动定阶的 Prony 计算，结果表明：各种成分的步进衰减系数 d_i 和角速度 θ_i 基本不受影响，而各种成分的幅值 B_i 和初相角 β_i（或 δ_i），则随频率的提升，影响逐步增大。在相应的图形中可以看到 Prony 拟合曲线总是在原始曲线中间，它总是通过压缩后的基准点（小圆圈）。

　　（1）将例 2 数据压缩 2 倍滤波，经程序自动定阶为 7，结果见表 5-2，图示如图 5-12 所示，它相当于将白噪声 $5 \times (-1)^n$ 滤去。

表 5-2　　　　　　　　　　**例 2 压缩 2 倍、自动定阶 7，Prony 计算结果**

i	频次	D_i 步进衰减系数	Θ_i 步进角度	B_i 幅值	δ_i 初相角
1	5.6	0.981 42	15.750 06	19.633 364	−0.074 347
3	12.8	0.981 42	36.000 11	14.136 495	−0.175 269
5	17.6	0.957 19	49.500 07	8.892 146	−0.557 261
7	0	1.000 04	0	9.976 424	90

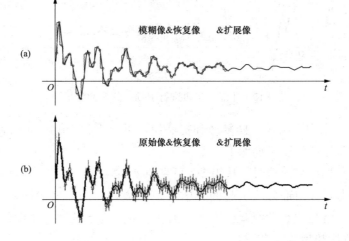

图 5-12　压缩 2 倍后，自动拟合阶数 $k=7$ 时的 Prony 拟合函数图

图 5-12(b) 所示为原始像和用 Prony 拟合函数求得的恢复像,并将恢复像作外推,得出扩展像,可以看出 Prony 拟合函数的整体效果是合理的。图 5-12(a) 所示为模糊像和恢复像,恢复像总是通过模糊像的各压缩基准点(小圆圈)。

(2) 将例 2 数据压缩 4 倍滤波,经程序自动定阶为 7,结果见表 5-3,图示如图 5-13 所示。

从图 5-13(b) 看,拟合曲线相当于原始曲线的中间曲线,体现对高频滤波的功能。注意分段平均值滤波对低频的衰减系数 d 和步进角 θ 的影响很小,而对后两项频率较高的 d、θ、B、β 都受到较大的影响,这是压缩滤波的后果。当原始数据中包含的衰减分量较少时,为了提高计算结果精度,应尽量减少压缩倍数,而采用自动定阶的办法来减少计算工作量,它能避免大矩阵的数值计算引入的误差。

表 5-3　　　　　　　　　　**例 2 压缩 4 倍、自动定阶 7,Prony 计算结果**

i	频次	D_i 步进衰减系数	Θ_i 步进角度	B_i 幅值	δ_i 初相角
1	5.6	0.981 42	15.749 49	18.536 968	$-0.361\ 407$
3	12.8	0.981 43	36.000 17	11.219 974	$-0.929\ 181$
5	17.6	0.957 19	40.499 88	5.524 262	48.636 708
7	0	0.999 94	0	10.037 591	90

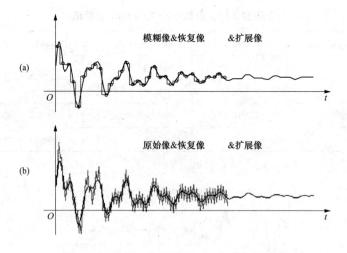

图 5-13　压缩 4 倍再进行 Prony 分解的效果

图 5-13(b) 所示为原始像、恢复像和扩展像,可以看出 Prony 拟合函数的整体效果也是合理的,只是滤波深度又加深了一点。

(3) 当例 2 数据压缩 8 倍时,从表 5-4 可见原来高频分量被滤去,却多出了两个低频分量,这是高频分量残留部分所引起的。从图 5-14 看出,压缩后的恢复像始终位于原始像的中间线上,这就是"数学经验模态法"要求的某尺度下的"零中间线",而本节得出"零中间线"的方法却简单得多。

表 5-4　　　　　　　　**例 2 压缩 8 倍、自动定阶 7，Prony 计算结果**

i	频次	D_i 步进衰减系数	Θ_i 步进角度	B_i 幅值	δ_i 初相角
1	1.600 06	0.957 19	4.500 18	0.909 574	2.855
3	3.199 97	0.981 42	8.999 92	3.365 417	30.035
5	5.600 01	0.981 42	15.750 03	15.243 442	−1.694
7	0	1.000 1	0	10.000 012	90

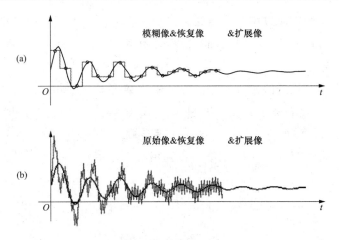

图 5-14　压缩 8 倍后，自动拟合阶数 $k=7$ 时的 Prony 拟合函数

5.10　根的排序和病态项的剔除

将高次方程的根分三档进行排序：第一档是振荡分量，即角速度 $\theta_i \neq 0$，排在最前面，其中又按 θ_i 的大小，把低频的根排在最前面。第二档是非周期分量 $d_i > 0$ 且 $\theta_i = 0$。第三档是噪声 $d_i < 0$ 且 $\theta_i = 0$，所以 d_i^n 是衰减交变的噪声。

对于采用压缩原始数据而进行的 Prony 拟合结果，都包含滤波的效果，这时 $x(t)$ 的拟合曲线（恢复像）非常接近压缩后的数据 $s_0, s_1, \cdots, s_j,$ $\cdots, s_{Nm}$ 基准点，相对这些基准点而言是最佳的。但当预估的阶数较大时，会多出很多实际不存在的无效振荡项，虽然通过第二次拟合，理论上也会使这些不存在的无效项系数 $B_i \cong 0$，但由于无效根 d_i 的误差（特别是 $d_i > 1$ 时），可能在外推时造成 d_i^n 项振荡溢出，如图 5-15(b) 曲线。而采

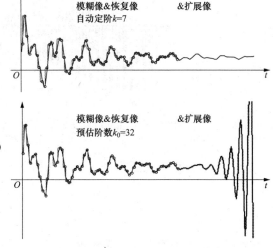

图 5-15　压缩 8 倍再进行 Prony 分解的效果
(a) 自动定阶 $k=7$；(b) 预估阶数 $k_0=32$

用本文的"方程自动定阶"以后，就没有无效项，外推结果也比较合理，如图 5-15（a）曲线。

Prony 分析对采样数据的要求

（1）Prony 算法特别适用于具有衰减（发散）振荡分量的非平稳过程的研究，但在采样数据中其间不宜包含再次发生的突发暂态过程的数据，这一点必须引起注意。如果数据中包含有二次突发过程，则应剔除后面的数据，再进行 Prony 算法的分析，Prony 算法对总点数 N 没有限制。

（2）对于两个频率相近的拍频信号，要求采样数据至少要包含半个拍频信号的信息。例 1：式（5-41）所表示的信号函数，每秒采样 4000 点，两个信号的频率分别是 49Hz 和 50Hz，原始像的总点数为 2048 个点，这样才能得到比较好的结果。本例没有经过数据压缩处理，而预估的阶数取 $k_0 = 64$，用本文自动定阶法确定 $k = 4$，拟合及外推结果见表 5-5 和图 5-16。

$$x(n) = 100 \times \sin\left(49 \times \frac{2\pi n}{4000}\right) + 100 \times \sin\left(50 \times \frac{2\pi n}{4000}\right) \tag{5-41}$$

表 5-5　　　　　　　　　　　　　　拍频信号分析结果

i	频次	D_i 步进衰减系数	θ_i 步进角度	B_i 幅值	δ_i 初相角
1	48.994 6	**0.999 99**	**4.409 51**	100.118 353	5.618 546
3	49.999 63	**1**	**4.499 97**	99.871 197	−0.381 765

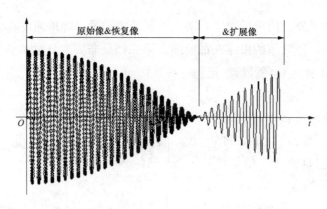

图 5-16　Prony 拟合及外推结果，$N = 2048$ 点，自动定阶 $k = 4$

（3）在解算过程中如遇到高次方程求复根困难，可用 $\lambda = \dfrac{p+1}{p-1}$ 代入式（5-32）中，将其转换为有关微分方程算子 p 的多项式方程，可直接用劳斯判据确定其整个系统的稳定性，因为自动定阶 k 后，剔除了无效的模态项数，确保整体稳定判别合理。

本节详细论述了 Prony 算法的原理，提出分段平均值压缩滤波、误差验证、用列主元消去法求"法矩阵"的"秩"，据此自动确定差分方程的阶数，不需进行 SVD 矩阵奇异值计算，从而大大简化并改善 Prony 算法，扩大适应范围并确保解算结果中低频振荡分量的保真。

5.12 四种分析方法的对比

本节举例来对比四种分析方法。例 1：原始采样函数为

$$f(n) = 20\mathrm{e}^{-n/200}\sin\left(6\pi\,\frac{n+8}{128}\right) + 30\mathrm{e}^{-n/20}\sin\left(42\pi\,\frac{n}{128}\right) \tag{5-42}$$

比较 Prony 分解、Haar 分解、CHaar 分解和 Daubechies（选 Db20 小波）分解的效果，都采用 3 层滤波求出低频主波 F_3 和总谐波像 W_3 或高频细波 X_3，如图 5-17 所示。

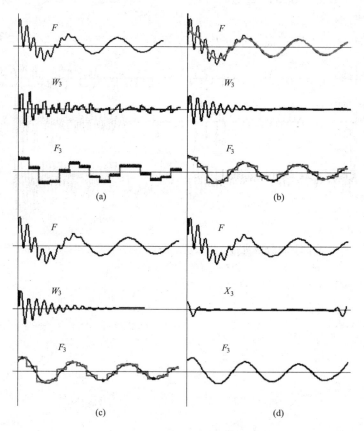

图 5-17　用四种分解方法的比较示意图

（a）Haar 分解；（b）CHaar 分解；（c）Prony 分解；（d）Db20 分解

这 4 种方法中，由于原始数据是典型的指数衰减的正弦波，所以 Prony 分解是准确的结果。而 Haar 分解体现台阶波的形状，所以最不受欢迎。CHaar 分解是对 Haar 分解的改进，其结果和 Prony 分解非常接近，也很光滑，所以这个方案可行。Db20 小波分解结果和 Prony 分解也非常接近，其中 $X_3 = F_2 - F_3$ 是第三层的高频细波，而 $W_3 = F - F_3$ 是总的多频细波，所以这两者是不同的。Db20 小波分解适用于更为复杂的波形分解，如振

荡衰减又变频的波形的时频分解，这是 Prony 分解所不能完成的任务。

在图 5-18 中用 CHaar 分解进行 5 层尺度分解得出的时频谱和各层的高频细波，其中时频谱采用宝塔式示出，有利于和各层高频细波对照。最下面一行时频 C/D 谱是紧凑排列，以便节省篇幅。

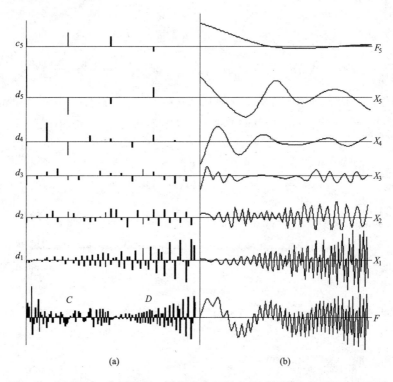

图 5-18　用 CHaar 分解进行 5 层尺度分解得出的时频谱和各层的高频细波
(a) CHaar 时谱；(b) CHaar 分解

多项式方程求复根和稳定判据

6.1 林士锷—Bairstow 方法

求实系数多项式方程的复根的方法，称林士锷—Bairstow

$$f(x) = a_0 x^n + a_1 x^{n-1} + a_2 x^{n-2} + \cdots + a_{n-1} x + a_n = 0 \qquad (6-1)$$

我们试图求出多项式 $f(x)$ 的一个二次因子 $(x^2 + p^* x + q^*)$，这样就容易求出一对共轭复根，现采用渐近迭代法，假设有一个近似的估计二次因子为 $x^2 + px + q$，则有：

$$f(x) = (x^2 + px + q)Q(x) + R_1 x + R_2 = 0 \qquad (6-2)$$

式中，$R_1 x + R_2$ 是余数一次式，显然 R_1, R_2 是 p, q 的函数，记为

$$\left. \begin{array}{l} R_1 = R_1(p, q) \\ R_2 = R_2(p, q) \end{array} \right\} \qquad (6-3)$$

而

$$Q(x) = b_0 x^{n-2} + b_1 x^{n-3} + \cdots + b_{n-2} \qquad (6-4)$$

同时若令正确的二次因子的系数为

$$\left. \begin{array}{l} p^* = p + \Delta p \\ q^* = q + \Delta q \end{array} \right\} \qquad (6-5)$$

代入 $R_1(p^*, q^*) = 0$；$R_2(p^*, q^*) = 0$ 中应为零，右面对小量 $\Delta p, \Delta q$ 按台劳级数展开，只取一阶增量可得

$$\left. \begin{array}{l} 0 = R_1(p^*, q^*) = R_1(p + \Delta p, q + \Delta q) = R_1(p, q) + \dfrac{\partial R_1}{\partial p} \Delta p + \dfrac{\partial R_1}{\partial q} \Delta q \\[3mm] 0 = R_2(p^*, q^*) = R_2(p + \Delta p, q + \Delta q) = R_2(p, q) + \dfrac{\partial R_2}{\partial p} \Delta p + \dfrac{\partial R_2}{\partial q} \Delta q \end{array} \right\} \qquad (6-6)$$

为了求出修正量 $\Delta p, \Delta q$，需要先求出 $R_1, R_2, \dfrac{\partial R_1}{\partial p}, \dfrac{\partial R_1}{\partial q}, \dfrac{\partial R_2}{\partial p}, \dfrac{\partial R_2}{\partial q}$ 六个参数。

通过多项式同次幂系数比对，得到

$$f(x) = a_0 x^n + a_1 x^{n-1} + a_2 x^{n-2} + \cdots + a_{n-1} x + a_n$$

$$= (x^2 + px + q) \cdot (b_0 x^{n-2} + b_1 x^{n-3} + \cdots + b_{n-2}) + R_1 x + R_2 = 0 \qquad (6-7)$$

可得

$$a_0 = b_0$$

$$a_1 = b_1 + pb_0$$

$$a_k = b_k + pb_{k-1} + qb_{k-2}; k = 2, 3, \cdots, n-2 \Bigg\}$$

$$a_{n-1} = R_1 + pb_{n-2} + qb_{n-3}$$

$$a_n = R_2 + qb_{n-2}$$

(6-8)

令

$$R_1 = b_{n-1} \atop R_2 = b_n + pb_{n-1} = a_n - qb_{n-2} \Bigg\}$$

(6-9)

则上述各式可统一递推关系为

$$b_k = a_k - pb_{k-1} - qb_{k-2}; \ k = 0, 1, 2, \cdots, n\}$$

(6-10)

其中：$b_{-1} = b_{-2} = 0$，通过求出 b_{n-1}, b_{n-2} 后，就可按式（6-9）计算出 R_1, R_2，现要导出 $\dfrac{\partial R_1}{\partial p}, \dfrac{\partial R_1}{\partial q}, \dfrac{\partial R_2}{\partial p}, \dfrac{\partial R_2}{\partial q}$ 的计算公式。

对式（6-2）对 p, q 求偏导数，可得

$$xQ(x) = -(x^2 + px + q)\frac{\partial Q}{\partial p} - \frac{\partial R_1}{\partial p}x - \frac{\partial R_2}{\partial p} \Bigg\}$$

$$Q(x) = -(x^2 + px + q)\frac{\partial Q}{\partial q} - \frac{\partial R_1}{\partial q}x - \frac{\partial R_2}{\partial q}$$

(6-11)

可知 $-\dfrac{\partial R_1}{\partial p}, -\dfrac{\partial R_2}{\partial p}$ 是以 $(x^2 + px + q)$ 去除 $xQ(x)$ 所得余式的两个系数，而 $-\dfrac{\partial R_1}{\partial q}$，$-\dfrac{\partial R_2}{\partial q}$ 是以 $(x^2 + px + q)$ 去除 $Q(x)$ 所得余式的两个系数。若令

$$Q(x) = (x^2 + px + q)H(x) + S_1 x + S_2 \tag{6-12}$$

其中

$$H(x) = c_0 x^{n-4} + c_1 x^{n-5} + \cdots + c_{n-4} \tag{6-13}$$

则

$$xQ(x) = (x^2 + px + q)xH(x) + S_1 x^2 + S_2 x$$

$$= (x^2 + px + q)[xH(x) + S_1] - (pS_1 - S_2)x - qS_1 \tag{6-14}$$

比较式（6-11）～式（6-14），可得

$$-\frac{\partial R_1}{\partial q} = S_1 \atop -\frac{\partial R_2}{\partial q} = S_2 \Bigg\}$$

(6-15)

$$-\frac{\partial R_1}{\partial p} = -(pS_1 - S_2) \atop -\frac{\partial R_2}{\partial p} = -qS_2 \Bigg\}$$

(6-16)

为了求出 S_1, S_2，比较式（6-12）和式（6-4）两侧的同次幂系数可得

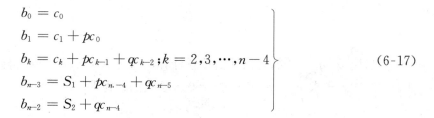

$$
\left.
\begin{array}{l}
b_0 = c_0 \\
b_1 = c_1 + pc_0 \\
b_k = c_k + pc_{k-1} + qc_{k-2};k = 2,3,\cdots,n-4 \\
b_{n-3} = S_1 + pc_{n-4} + qc_{n-5} \\
b_{n-2} = S_2 + qc_{n-4}
\end{array}
\right\} \tag{6-17}
$$

令

$$
\left.
\begin{array}{l}
S_1 = c_{n-3} \\
S_2 = c_{n-2} + pc_{n-3} = b_{n-2} - qc_{n-4}
\end{array}
\right\} \tag{6-18}
$$

则上述各式可统一为

$$
\left.
\begin{array}{l}
c_k = b_k - pc_{k-1} - qc_{k-2};k = 0,1,2\cdots n-2 \\
\text{其中 } c_{-1} = c_{-2} = 0
\end{array}
\right\} \tag{6-19}
$$

由此可得

$$
\left.
\begin{array}{l}
-\dfrac{\partial R_1}{\partial q} = S_1 = c_{n-3} \\[2mm]
-\dfrac{\partial R_2}{\partial q} = S_2 = b_{n-2} - qc_{n-4} = c_{n-2} + pc_{n-3}
\end{array}
\right\} \tag{6-20}
$$

$$
\left.
\begin{array}{l}
-\dfrac{\partial R_1}{\partial p} = -(pS_1 - S_2) = -pc_{n-3} + c_{n-2} + pc_{n-3} = c_{n-2} \\[2mm]
-\dfrac{\partial R_2}{\partial p} = -qS_2 = -qc_{n-3} = c_{n-1} + pc_{n-2} - b_{n-1}
\end{array}
\right\} \tag{6-21}
$$

其中：

$$
c_{n-1} = b_{n-1} - pc_{n-2} - qc_{n-3} \tag{6-22}
$$

这样一来，式（6-6）可写成如下关于 $\Delta p,\Delta q$ 的二阶线性方程组：

$$
\left.
\begin{array}{l}
c_{n-2}\Delta p + c_{n-3}\Delta q = b_{n-1} \\
(c_{n-1} + pc_{n-2} - b_{n-1})\Delta p + (c_{n-2} + pc_{n-3})\Delta q = b_n + pb_{n-1}
\end{array}
\right\} \tag{6-23}
$$

或其等价方程组：

$$
\left.
\begin{array}{l}
c_{n-2}\Delta p + c_{n-3}\Delta q = b_{n-1} \\
(c_{n-1} - b_{n-1})\Delta p + c_{n-2}\Delta q = b_n
\end{array}
\right\} \tag{6-24}
$$

记

$$
\Delta = \begin{vmatrix} c_{n-2} & c_{n-3} \\ c_{n-1} - b_{n-1} & c_{n-2} \end{vmatrix} = c_{n-2}^2 - (c_{n-1} - b_{n-1})c_{n-3} \tag{6-25}
$$

由此从式（6-24）可解出

$$
\left.
\begin{array}{l}
\Delta p = (b_{n-1}c_{n-2} - b_n c_{n-3})/\Delta \\
\Delta q = [b_n c_{n-2} - b_{n-1}(c_{n-1} - b_{n-1})]/\Delta
\end{array}
\right\} \tag{6-26}
$$

$$\left.\begin{array}{l} p_1 = p + \Delta p \\ q_1 = q + \Delta q \end{array}\right\} \tag{6-27}$$

然后用 p_1, q_1 作为新的估计值重新计算，直至 $R_1 \Rightarrow 0; R_2 \Rightarrow 0$，得到 p^*, q^* 的近似值，从而以二次因子求 $x^2 + p^* x + q^* = 0$ 方程式的共轭根。

6.2 多项式方程求复根实例

例1：$x^6 + 4x^5 + 11x^4 + 19x^3 + 21x^2 + 15x + 4 = 0$

设初值 $p_0 = 0; q_0 = 0$，迭代求解结果见表6-1。

表 6-1　　　　　　　　　　　　　　　例 1 迭代求解结果

系数		根	幅值 A_m	角度 θ_m	$P^*/2$	Q^*	迭代次数 m
a0=	1						
a1=	4	x1=	−1.360 534	0	0.924 215 44	0.663 800 18	9
a2=	11	x2=	−0.487 897	0			
a3=	19	x3=	1.314 392	116.989 156	0.596 500 99	1.727 626 79	6
a4=	21	x4=	1.314 392	−116.989 156			
a5=	15	x5=	1.867 604	104.869 834	0.4792 740 5	3.487 946 43	6
a6=	4	x6=	1.867 604	−104.869 834			

例2：$x^6 + 4x^5 + 11x^4 + 18x^3 + 20x^2 + 13x + 3 = 0$

设初值 $p_0 = 0; q_0 = 0$，迭代求解结果见表6-2。

表 6-2　　　　　　　　　　　　　　　例 2 迭代求解结果

系数		根	幅值 A_m	角度 θ_m	$P^*/2$	Q^*	迭代次数 m
a0=	1						
a1=	4	x1=	−1	0	0.715 079 85	0.430 159 70	7
a2=	11	x2=	−0.430 16	0			
a3=	18	x3=	1.524 703	120.984 17	0.784 919 94	2.324 718 13	8
a4=	20	x4=	1.524 703	−120.984 17			
a5=	13	x5=	1.732 066	106.778 776	0.500 009 77	3.000 053 61	8
a6=	3	x6=	1.732 066	−106.778 776			

6.3 多项式方程求复根的迭代初值选择

对于 $f(x) = a_0 x^n + a_1 x^{n-1} + a_2 x^{n-2} + \cdots + a_{n-1} x + a_n = 0$ 方程而言，当 $a_{n-2} = 0$ 时，即缺 x^2 项时，就不能设初值 $p_0 = 0; q_0 = 0$，否则迭代计算会发散，这时应选用 $p_0 = -2$；$q_0 = 1$ 作初值。

一般情况下初值可以选定如下：

$$q_0 = \frac{a_n}{a_{n-2}}$$

$$p_0 = \frac{a_{n-1} - q_0 a_{n-3}}{a_{n-2}} \tag{6-28}$$

例 1：$x^6 + 3x^5 + 4.8x^4 + 4.4x^3 + 4.6x + 5 = 0$

注意本例题中缺 x^2 项，即 $a_{n-2} = 0$，如设初值 $p = 0; q = 0$，会计算发散，而设定初值 $p = -2; q = 1$，再迭代求解结果见表 6-4。

表 6-3 　　　　　　　　　　　　　迭代求解结果

	系数	根	幅值 A_m	角度 θ_m	$P^*/2$	Q^*	迭代次数 m
a0=	1						
a1=	3	x1=	0.982 313	51.489 427	−0.611 646 95	0.964 939 76	6
a2=	4.8	x2=	0.982 313	−51.489 427			
a3=	4.4	x3=	−1.852 483	0	1.347 214 91	1.559 691 93	5
a4=	0	x4=	−0.841 947				
a5=	4.6	x5=	1.822 718	114.795 844	0.764 424 34	3.322 3	5
a6=	5	x6=	1.822 718	−114.795 844			

6.4 对特征多项式方程的各种稳定判据的优缺点分析

在 Prony 算法中会遇到高次代数多项式的求复数根问题，如果迭代法求复数根不能收敛时，可以由代数多项式的系数来判定代数多项式根的稳定性问题。本文对特征多项式方程的稳定性，提出了基于辗转相除的连分式稳定判据，有明显的几何复数转换概念，原理清晰，证明容易。它还能在特征多项式方程缺项和不稳定的情况下，指出正根的个数。也推导了它和劳斯判据、古尔维茨判据之间的关系式，并且对米哈伊洛夫判据曲线进行了改良。

在分析自动控制系统的稳定性问题时，往往会导出一个特征多项式方程：

$f(p) = d_0 p^n + d_1 p^{n-1} + d_2 p^{n-2} + \cdots + d_{n-1} p + d_n = 0$，其中，$p$ 为拉普拉斯算子。而研判特征多项式方程：$f(p) = d_0(p - \lambda_1)(p - \lambda_2)(p - \lambda_3) \cdots (p - \lambda_n) = 0$ 的复数根 λ_i 是否全部位于复数坐标的左半平面，这就是特征方程式的负定判别问题。若符合负定条件，这样求解的结果就会是随时间按指数衰减的时间函数。

目前负定判别的方法分两类，一是直接求复根（林士锷－Bairstow 方法），它是渐近迭代过程，计算工作量大，有时可能不收敛。二是不需求复根的负定判据，后者有劳斯判据（1877 年，Routh）、古尔维茨判据（1895 年，Hurwitz），他们的原理是来自数学的证明，由于过于复杂，一般工程书上都没有给出证明，这对读者灵活应用就带来限制。还有米哈依洛夫判据（1938 年，Mikhailov），它具有明显的几何意义，概念清晰，但需要配合几何绘图，由于幂函数递增很快，图形比例很难兼顾，需要改进。

6.5 连分式负定判据

本文提出的辗转相除的连分式负定判据[29]，它具有明显几何与复数的含义，证明简单，概念清晰，使读者对负定判据的每一项应用都了然于心，就能自信地灵活应用。古尔维茨判据的缺点就是多阶行列式计算麻烦；劳斯判据的缺点是：如多项式有缺项，计算就难以为继，且正根（泛指所有位于右半平面的复根）的个数等于系数符号变化的次数，应用有些不便。本文提出的连分式负定判据的充要条件是：所有辗转相除得到连分式的系数大于零，如果系数有负数的，其负数个数就是多项式方程正根的个数，当多项式具有缺项时，它就是不稳定的。本文同时阐明它和古尔维茨判据、劳斯判据、米哈依洛夫判据之间的关联。它还对米哈依洛夫判据图示方法给出了一些改进，效果十分显著。

依据显然的几何概念有，如果把算子 p 看作复数，则 $|f(p)|$ 是 p 到所有复根距离的乘积的绝对值，而 $|f(-p)|$ 是 $-p$ 到所有复根距离的乘积的绝对值。依据明显的几何图像可知：如果多项式方程全部复根都位于复数坐标的左半平面，则当复变量 p 位于复数的右半平面内时，即 $\mathrm{re}(p)>0$，显然有 $|f(p)|>|f(-p)|$。

定理 1： 幅值相位定理[32]。如果多项式的全部根都满足负定条件，当 $\mathrm{re}(p)>0$ 时，依几何关系必有 $|f(p)|>|f(-p)|$，且必有 $\mathrm{re}\left(\dfrac{f(p)+f(-p)}{f(p)-f(-p)}\right)>0$，

$$\text{证明：} \mathrm{re}\left(\frac{f(p)+f(-p)}{f(p)-f(-p)}\right) = \mathrm{re}\left[\frac{(f(p)+f(-p)\cdot(\hat{f}(p)-\hat{f}(-p))}{(f(p)-f(-p)\cdot(\hat{f}(p)-\hat{f}(-p))}\right]$$

$$= \mathrm{re}\left(\frac{|f(p)|^2-|f(-p)|^2+f(p)\hat{f}(-p)-f(-p)\hat{f}(p)}{|f(p)-f(-p)|^2}\right)$$

$$= \frac{|f(p)|^2-|f(-p)|^2}{|f(p)-f(-p)|^2}>0 \tag{6-29}$$

其中，$\hat{f}(p)$ 是 $f(p)$ 的共轭复数，且 $\dfrac{f(p)\hat{f}(-p)-f(-p)\hat{f}(p)}{|f(p)-f(-p)|^2}$ 是纯虚数。

定理 2： 实部相当定理。如果 p 是任意可能的复变数，c_1、c_2、c_3 都是正实数，则如下它们实部的符号始终是相同的，见式（6-30）。

$$\mathrm{re}(p) \cong \mathrm{re}(c_1 p) \cong \mathrm{re}\left(\frac{1}{c_2 p}\right) \cong \mathrm{re}\left(c_1 p+\frac{1}{c_2 p}\right) \cong \mathrm{re}\left[c_1 p+\frac{1}{c_2 p+\dfrac{1}{c_3 p}}\right] \tag{6-30}$$

即它们的实部虽不相等，但具有相同的正负号，称作实部相当定理。

定理 3： 连分式负定判据。分子 $f(p)+f(-p)$ 相当于偶次多项式，分母 $f(p)-f(-p)$ 相当于奇次多项式，辗转相除得到的系数 $c_i>0$ 是多项式方程全部根负定的充要条件，这是定理 2 的推论。

证明：$\left(\dfrac{f(p)+f(-p)}{f(p)-f(-p)}\right)=\dfrac{d_0 p^6+d_2 p^4+d_4 p^2+d_6}{d_1 p^5+d_3 p^3+d_5 p}$

$=\dfrac{d_0}{d_1}p+\dfrac{d_2^{(1)}p^4+d_4^{(1)}p^2+d_6^{(1)}}{d_1 p^5+d_3 p^3+d_5 p}=\dfrac{d_0}{d_1}p+\dfrac{1}{\dfrac{d_1 p^5+d_3 p^3+d_5 p}{d_2^{(1)}p^4+d_4^{(1)}p^2+d_6^{(1)}}}$

$$=c_1 p+\cfrac{1}{c_2 p+\cfrac{1}{c_3 p+\cfrac{1}{c_4 p+\cfrac{1}{c_5 p+\cfrac{1}{c_6 p}}}}} \tag{6-31}$$

当 c_1、c_2、$\cdots$、c_6 都是正数，且 $\mathrm{re}(p)>0$，则就有 $|f(p)|>|f(-p)|$，即多项式方程的全部根都是负定的。若有 k 个系数为负，则对应有 k 个实部为正的根。设正根为 λ_{i+}，而 p_{i+} 是非常靠近正根的复数，当 $|p_{i+}-\lambda_{i+}|<\varepsilon$ 时，总会有 $|f(p_{i+})|<|f(-p_{i+})|$，所以系数中必然有一个 $c_i<0$ 和它来对应。

定理 4： 高次幂不稳定原理。对 p 是任意可能的复数，其复数 p 的各次幂之间，不一定能保证实部符号始终相同，称作高次幂不稳定原理。即：

$$\mathrm{re}(p)\neq\mathrm{re}(p^2)\neq\mathrm{re}(p^3) \tag{6-32}$$

在连分式计算过程中，若出现系数缺项时，就会出现高次幂，可判为不稳定，不必再往下计算。例如

$$\left(\dfrac{f(p)+f(-p)}{f(p)-f(-p)}\right)=\dfrac{p^6+3p^4+3p^2+2}{2p^5+6p^3+2p}$$

$$=\dfrac{1}{2}p+\dfrac{2p^2+2}{2p^5+6p^3+2p}\Rightarrow\dfrac{1}{2}p+\cfrac{1}{p^3+2p+\cfrac{-2p}{2p^2+2}}$$

$$=\dfrac{1}{2}p+\cfrac{1}{p^3+2p+\cfrac{1}{-p+\cfrac{1}{-p}}}$$

由于 $\mathrm{re}(p)$ 和 $\mathrm{re}(p^3)$ 不能保证 p 在所有情况下实部都同符号，所以是不稳定的。但缺项不影响连分式的继续辗转相除，如果只包含一个 p^3，它就只包含一对实部为正的共轭复根，还有两个正根是因为有两个负系数。本例的 6 个根是：$+0.203\,823\pm\mathrm{j}0.72694$；$+0.089\,187\pm\mathrm{j}1.555\,328$；$-1.768\,497$；$-0.817\,499$。

6.6　劳斯判据、古尔维茨判据和连分式判据之间的关系

以 $n=6$ 为例，特征多项式为：$f(p)=d_0 p^6+d_1 p^5+d_2 p^4+\cdots+d_5 p+d_6=0$

1. 劳斯判据

先用偶次、奇次系数写出第一行、第二行，再按公式计算第 3、4、5$\cdots$行，最后得到的最左边的第一列就是劳斯判据系数，自上往下分别是 ls_0，ls_1，ls_2，$\cdots$，ls_6。

$$
\begin{array}{lllll}
p^6 & d_0 & d_2 & d_4 & d_6 \\[4pt]
p^5 & d_1 & d_3 & d_5 & 0 \\[4pt]
p^4 & a_1=-\dfrac{(d_0 d_3-d_1 d_2)}{d_1} & a_2=-\dfrac{(d_0 d_5-d_1 d_4)}{d_1} & a_3=-\dfrac{(0-d_1 d_6)}{d_1} & 0 \\[10pt]
p^3 & b_1=-\dfrac{(d_1 a_2-a_1 d_3)}{a_1} & b_2=-\dfrac{(d_1 a_3-a_1 d_5)}{a_1} & 0 \\[10pt]
p^2 & c_1=-\dfrac{(a_1 b_2-b_1 a_2)}{b_1} & c_2=-\dfrac{(0-b_1 a_3)}{b_1} & 0 \\[10pt]
p^1 & \cdots \\[4pt]
p^0 & \cdots
\end{array}
\tag{6-33}
$$

劳斯判据：当劳斯系数 ls_0、ls_1、ls_2、$\cdots$、ls_6 都是正数时，则多项式方程的全部根都是负定的。如果劳斯系数有负数在内，则劳斯系数符号变化次数就是正根的个数。

2. 古尔维茨判据

其 6 阶古尔维茨行列式构成如下，对角线上分别是 d_1、d_2、d_3、$\cdots$、d_6，每一列自上向下系数的下脚码递减，并和对角线脚码相吻合，其余超出 $0\sim6$ 脚码之外的元素均置零。

$$
\Delta_6=\begin{bmatrix}
d_1 & d_3 & d_5 & 0 & 0 & 0 \\
d_0 & d_2 & d_4 & d_6 & 0 & 0 \\
0 & d_1 & d_3 & d_5 & 0 & 0 \\
0 & d_0 & d_2 & d_4 & d_6 & 0 \\
0 & 0 & d_1 & d_3 & d_5 & 0 \\
0 & 0 & d_0 & d_2 & d_4 & d_6
\end{bmatrix}
\tag{6-34}
$$

其主对角线上的各阶主子行列式分别是：

$$
\Delta_1=[d_1];\quad \Delta_2=\begin{bmatrix} d_1 & d_3 \\ d_0 & d_2 \end{bmatrix};\quad \Delta_3=\begin{bmatrix} d_1 & d_3 & d_5 \\ d_0 & d_2 & d_4 \\ 0 & d_1 & d_3 \end{bmatrix}
\tag{6-35}
$$

古尔维茨判据：多项式方程根负定的充要条件是，所有的各阶主子行列式的值大于零，即

$$
d_0>0;\ \Delta_1>0;\ \Delta_2>0;\ \Delta_3>0;\ \cdots;\ \Delta_6>0
\tag{6-36}
$$

3. 二者的关系

劳斯系数和古尔维茨多项式值之间的关系：如果将式（6-36）Δ_6 看作是一个矩阵，只要它是满序的，不进行换行、换列就能对方阵进行简单消去，使其变成上三角矩阵，这时对角线上的元素，就是相应劳斯判据的第一列系数：ls_1、ls_2、ls_3、ls_4、ls_5、ls_6，再加 $ls_0=d_0$，见式（6-37），上三角中其他的元素，一律只用 x 表示，不显示他们具体的数据。

$$\Delta_6 = \begin{bmatrix} ls_1 & x & x & x & x & x \\ 0 & ls_2 & x & x & x & x \\ 0 & 0 & ls_3 & x & x & x \\ 0 & 0 & 0 & ls_4 & x & x \\ 0 & 0 & 0 & 0 & ls_5 & x \\ 0 & 0 & 0 & 0 & 0 & ls_6 \end{bmatrix} \qquad (6\text{-}37)$$

依据式（6-37），也可以求出对角线主子行列式的值如下，从而得出古尔维茨判据和劳斯判据系数之间的关系，如式（6-38）。如果式（6-34）的矩阵不是满序时，它就不可能完成矩阵的上三角矩阵变换，也就是不能求出劳斯判据的全部系数，这是它们之间的差别。

$$\Delta_1 = ls_1$$
$$\Delta_2 = ls_1 \times ls_2$$
$$\Delta_3 = ls_1 \times ls_2 \times ls_3$$
$$\cdots$$
$$\Delta_6 = ls_1 \times ls_2 \times ls_3 \times ls_4 \times ls_5 \times ls_6 \qquad (6\text{-}38)$$

6.7 连分式判据、劳斯判据、古尔维茨判据三者之间的关系

它们三者系数之间存在如下关系，见式（6-39），再通过实例验证。

$$c_0 = d_0 = ls_0 = \Delta_0$$
$$c_1 = \frac{ls_0}{ls_1} = \frac{\Delta_0}{\Delta_1}$$
$$c_2 = \frac{ls_1}{ls_2} = \frac{\Delta_1^2}{\Delta_0 \Delta_2};$$
$$c(i) = \frac{ls(i-1)}{ls(i)} = \frac{\Delta_{i-1}^2}{\Delta_{i-2} \Delta_i} \qquad (6\text{-}39)$$

例 1：设多项式方程 $f(p) = p^6 + 12p^5 + 61p^4 + 168p^3 + 268p^2 + 240p + 100 = 0$
稳定判据见表 6-4。

表 6-4 稳 定 判 据

序号 i	$d(i)$	辗转相除系数 $c(i)$	劳斯系数 $ls(i)$	古尔维茨行列式值 Δ_i
0	1	1	1	1
1	12	0.083 333 33	12	12
2	61	0.255 319 15	47	564
3	168	0.448 983 74	104.680 85	59 040
4	268	0.690 018 47	151.707	8 956 800
5	240	1.042 903 97	145.466	1 302 912 000
6	100	1.454 662 38	100	130 291 200 000

多项式方程具有 3 对复根见式（6-40），且都是负定的，三种判据的系数都大于零，说明全部根都是负定的。

$$z_{1,2} = -1 \pm j1$$
$$z_{3,4} = -2 \pm j1$$
$$z_{5,6} = -3 \pm j1 \tag{6-40}$$

例2： 多项式方程 $f(p) = d_0 p^6 + d_1 p^5 + d_2 p^4 + d_3 p^3 + d_4 p^2 + d_5 p + d_6 = 0$

多项式系数见表 6-5 第 2 列。稳定判据见表 6-5。

表 6-5 　　　　　　　　　　　　　　**稳 定 判 据**

序号 i	$d(i)$	辗转相除系数 $c(i)$	劳斯系数 $ls(i)$	古尔维茨行列式值 Δi
0	1	1	1	1
1	3	0.333 333	3	3
2	4.8	0.9	3.333 333	10
3	4.4	−20.833 333	−0.16	−1.6
4	6.6	−0.022 377 6	7.149 999	−11.44
5	4.6	33.744 224 4	0.211 888	−2.423 999
6	5	0.042 377 6	5	−12.119 999

$$z_{1,2} = +0.495\,509 \pm j1.002607$$
$$z_{3,4} = -0.483\,992 \pm j0.969\,664$$
$$z_{4,5} = -1.511\,519 \pm j1.057825 \tag{6-41}$$

例 2 中高次方程的根是 3 对复根，其中有 2 个根的实部大于零，即系统是不稳定的。从表 6-5 可见，连分式判据系数有 2 个负数，理论和实例计算都证明，连分式判据系数的负数个数始终和正根的个数相当，这是此方法的一大优点，且它具有明显的几何复数概念的基础，使用者能透彻理解。劳斯判据依劳斯系数变号两次，所以不稳定根有两个，结论也正确。古尔维茨行列式值的符号变化和正根的关系最为混乱，也不可取。

例3： 设多项式方程 $f(p) = p^7 + 3p^6 + 3p^5 + p^4 + p^3 + 3p^2 + 3p + 1 = 0$

$$\left(\frac{f(p)+f(-p)}{f(p)-f(-p)}\right) = \frac{p^7 + 3p^5 + p^3 + 3p}{3p^6 + p^4 + 3p^2 + 1}$$

$$= \frac{1}{3}p + \frac{\frac{8}{3}p^5 + 0p^3 + \frac{8}{3}p}{3p^6 + p^4 + 3p^2 + 1} \Rightarrow \frac{1}{3}p + \cfrac{1}{\frac{9}{8}p + \cfrac{1}{\frac{8}{3}p + \cfrac{0}{p^4+1}}} \tag{6-42}$$

在辗转相除的过程中出现全零的分子，依据辗转相除也是求最大公约数的原理，此处 p^4+1 是分子、分母的公约式，它也是多项式方程的因子分解式，可见除了 3 个系数：$\frac{1}{3}$；$\frac{9}{8}$；$\frac{8}{3}$ 为正，说明包含 3 个负根外，其余根的判别，需再增加 $p^4+1=0$ 的根的判别，它包含 2 个正根、2 个负根。整个方程的 7 个根解出如下，可见具有 2 个实部为正的复根根：

　　$+0.707\ 1\pm j0.707\ 1$；$-0.707\ 1\pm j0.707\ 1$；$-1.018\pm j0.031\ 1$；$-0.962\ 24$

6.8 米哈伊洛夫判据

　　如式（6-43），让 $p=j\omega$ 沿着虚轴，当 ω 从 0 到 $+\infty$ 递增时，若全部根位于左半平面，则复数 $f(j\omega)$ 旋转的角度是 $+\dfrac{n}{2}\pi$。

$$f(j\omega)=d_0(j\omega-\lambda_1)(j\omega-\lambda_2)(j\omega-\lambda_3)(j\omega-\lambda_6)$$
$$=(-d_0\omega^6+d_2\omega^4-d_4\omega^2+d_6)+j(d_1\omega^5-d_3\omega^3+d_5\omega)$$
$$=P(\omega)+jQ(\omega) \tag{6-43}$$

　　在 $P+jQ$ 复数平面上，将依次沿逆时针方向，分别和实轴、虚轴相交。但由于幂函数增加很快，绘图比例很难兼顾。可通过令 $y=-\omega^2$，改进实部、虚部表达公式，如式（6-44）、式（6-45），再对 $R(y)$、$X(y)$ 都开 5 次方，可得式（6-46）、式（6-47），再去绘制 $r(y)+jx(y)$ 的变化图。开 5 次方的结果是把大于 1 的数缩小，而把小于 1 的数放大，从而压缩了因幂函数递增而引起的绘图比例失控的问题，效果十分明显。经过改造后的米哈伊洛夫曲线，当多项式方程负定时，曲线是沿逆时针方向旋转 $+\dfrac{n}{2}\pi$，如图 6-1 所示是例 1 改进压缩后的图形，图 6-2 所示是例 1 是没有压缩的图形。

　　令：
$$y=-\omega^2$$

$$R(y)=P(\omega)=d_0y^3+d_2y^2+d_4y+d_6 \tag{6-44}$$

$$X(y)=\omega\times Q(\omega)=-d_1y^3-d_3y^2-d_5y \tag{6-45}$$

$$r(y)=\sqrt[5]{R(y)} \tag{6-46}$$

$$x(y)=\sqrt[5]{X(y)} \tag{6-47}$$

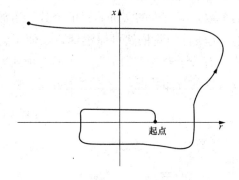

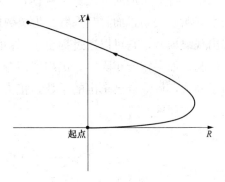

图 6-1　例 1 米哈伊洛夫判据
改进后曲线（压缩比例）

图 6-2　例 1 米哈伊洛夫判据改进
前曲线（原始比例）

米哈伊洛夫判据的优点是：方程 $R(y) = 0$；$X(y) = 0$ 的多项式次数都降低一半，且它们的根都必须是负的实数，而且彼此大小交替相间，而且 $r(y) + jx(y)$ 的曲线必须沿逆时针方向旋转，系统才是负定的。如例1，它的实部、虚部的根见表6-6。

表 6-6　　　　　　　　　　　　　　　例1的实部、虚部的根

根	$R(y) = 0$	$X(y) = 0$
Y_1	$-0.411\ 397$	0
Y_2	$-4.319\ 878$	$-1.614\ 835$
Y_3	$-56.268\ 725$	$-12.385\ 165$

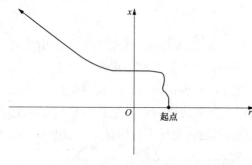

图 6-3　例2米哈伊洛夫判据改进后曲线（压缩比例）

如图6-3所示为例2不稳定时的米哈伊洛夫判据改进后曲线（压缩比例），没有6个交点。

米哈伊洛夫判据和连分式判据的关系： 当多项式方程是负定时，连分式系数 c_i 全部都大于零，如果令 $p = j\omega$，连分式就可以看成是一个由电感、电容构成的串并联链型电路的复数阻抗，如式（6-48），如图6-4所示。

$$z(j\omega) = c_1 j\omega + \cfrac{1}{c_2 j\omega + \cfrac{1}{c_3 j\omega + \cfrac{1}{c_4 j\omega + \cfrac{1}{c_5 j\omega + \cfrac{1}{c_6 j\omega}}}}} \tag{6-48}$$

当 ω 从0到$+\infty$递增时，这个复数阻抗依次具有串联谐振、并联谐振，它们的谐振频率是交替相间出现的。这个物理现象和米哈伊洛夫曲线依次和实轴、虚轴相交的概念，具有内在联系。可见采用连分式负定判据，它的数学原理简单清晰、和各种多项式方程负定的判据都有明确关系，而且其系数 c_i 为负数的个数，就是根的实部为正的个数。当辗转相除过程出现缺项时，它可以通过提出 p^3 等项，让辗转相除依然可以继续，以便了解正根的分布情况。如果辗转相除中，出现残留分式中有分子全为零的情况，表明多项式方程包含了因子分式，可综合已求出的系数，接力分析根的分布状况，它比之用劳斯、古尔维茨等判据还更方便些。

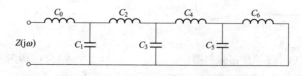

图 6-4　连分式系数构成的联系阻抗

第 7 章

Hanning 窗的本质及其应用

7.1 非同步采样时谐波分解和频谱泄漏

一般周期函数为了进行 FFT 分解的方便，要求每个周波等时间隔采样点数达到 2^m 个，如点数要求达到 64、128、256、512、1024 点等，所以在数字式谐波分析仪的电子线路中，首先构成周期方波，然后进行锁相倍频的电路的控制，以保证每个周波采样点数达到如 128 点等，这样进行谐波分析计算时，就可采用 FFT 计算，它要快捷得多。通常把这种采样称作同步采样，即每个周波的采样点数不变，它虽然有利于谐波分析，但它不适合电能积累计算，电能表要求采样间隔是定时的。

$$y(n) = 100\sin\left(\frac{2\pi n}{128}\right) + 80\cos\left(\frac{6\pi n}{128}\right) + 60\sin\left(\frac{10\pi n}{128}\right) + 40\cos\left(\frac{14\pi n}{128}\right) \tag{7-1}$$

见式（7-1），它按每周 128 点采样构成，即基波是 128 点。经 FFT 计算可得出频谱分析的棒柱图，包含 1、3、5、7 次谐波，且没有频谱泄漏。为了和后面的概念衔接，图 7-1 中，有意把基波的点数扩大到 1024 点，相应的谐波次数就变成 8、24、40、56 次谐波。

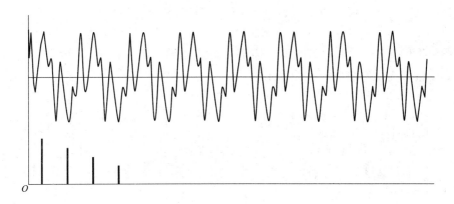

图 7-1　每周 128 点的同步采样及其谐波分析

其中，同步采样方式的频率次数扩大的倍数 ρ 计算如下：

$$\rho = \frac{\text{新基波点数}}{\text{原基波点数}} = \frac{1024}{128} = 8 \tag{7-2}$$

随着数字变电站出现，希望同一个电压（电流）互感器采样得到的数据能够多路共享，包括把它的数据远传到对方，这样每个时刻的瞬时值，除了标有电压（电流）幅值外，还要标出时间刻度的时标。为了时标字节的简短，一般还要求按定时间隔采样的时间不能是循环小数，如每秒采样 4000 点，相当于采样间隔时间为 $250\mu s$，即间隔时标只需一个字节。它相当于 50 周时，每周采样 80 点。

$$y(n) = 100\sin\left(\frac{2\pi fn}{4000}\right) + 80\cos\left(\frac{6\pi fn}{4000}\right) + 60\sin\left(\frac{10\pi fn}{4000}\right) + 40\cos\left(\frac{14\pi fn}{4000}\right) \quad (7\text{-}3)$$

见式（7-3），它按每秒 4000 点采样构成，即 50 周基波是 80 点。为了进行 FFT 计算的方便，把分析点数扩大到 1024 点，如图 7-2 所示，经 FFT 计算可得出频谱分析的棒柱图，它包含许多次谐波，其中最为突出的有 13、38、64、90 次谐波，它和式（7-3）中 1、3、5、7 次谐波近似对应，其余都是频谱泄漏。非同步采样的扩大频率次数的倍数 ρ 计算如式（7-4），其中 f 是基波频率。

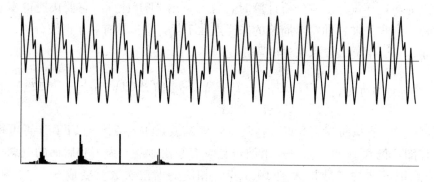

图 7-2　基频 50 周，每周 80 点的非同步采样及其谐波分析

$$\rho = \frac{\text{新基波点数}}{\text{原基波点数}} = \frac{N}{f_s/f} = \frac{1024}{4000}f \quad (7\text{-}4)$$

如图 7-3 和图 7-4 所示，非同步采样都会造成频谱泄漏，使谐波分析结果误差较大。Hanning 窗就是为了解决此问题而引出的。

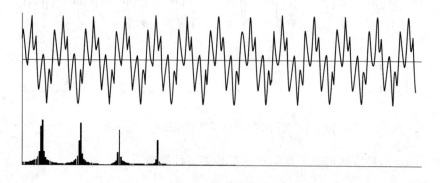

图 7-3　基频 49 周，每秒 4000 点的非同步采样及其谐波分析

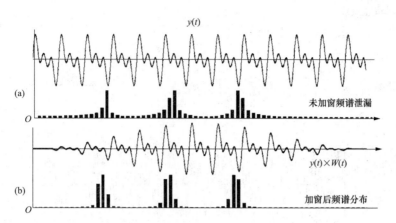

图 7-4　基频 49 周，每秒 4000 点的非同步采样及其谐波分析

（a）原始信号及未加窗频谱泄漏；（b）滤波信号及加窗后频谱分布

7.2　Hanning 窗分解

矩形窗和 Hanning 窗示意图如图 7-5 所示。

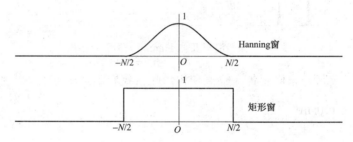

图 7-5　矩形窗和 Hanning 窗的示意图

$$\text{矩形窗 } D(t) = \left[\frac{-N}{2}, \frac{N}{2}\right] \Rightarrow D(\omega) \tag{7-5}$$

$$D(\omega) = \int_{-N/2}^{N/2} \mathrm{e}^{-\mathrm{j}\omega t}\mathrm{d}t = \frac{\mathrm{e}^{\mathrm{j}\omega \cdot N/2} - \mathrm{e}^{-\mathrm{j}\omega \cdot N/2}}{\mathrm{j}\omega} = \frac{\sin(\omega N/2)}{\omega/2} \tag{7-6}$$

$$\text{Hanning 窗 } h(t) \cdot D(t) = \left(0.5 - 0.5\cos\frac{2\pi}{N}t\right) \cdot D(t)$$

$$= \left[0.5 + 0.25(\mathrm{e}^{\mathrm{j}\frac{2\pi}{N}t} + \mathrm{e}^{-\mathrm{j}\frac{2\pi}{N}t}) \cdot D(t) \Rightarrow W(\omega)\right. \tag{7-7}$$

$$W(\omega) = 0.5D(\omega) - 0.25\left[D\left(\omega + \frac{2\pi}{N}\right) + D\left(\omega - \frac{2\pi}{N}\right)\right] \tag{7-8}$$

$$\omega \in [-\pi, \pi] \tag{7-9}$$

Hanning 窗：

$$W(\omega) = 0.5\sin(\omega N/2)\left[\frac{1}{\omega/2} - \frac{0.5}{\omega/2 + \frac{\pi}{N}} - \frac{0.5}{\omega/2 - \frac{\pi}{N}}\right]$$

(7-10)

$$= 0.5\sin(\omega N/2)\left[\frac{[-\pi^2/N^2]}{\omega/2[\omega^2/4 - \pi^2/N^2]}\right] = \left[\frac{\sin(\omega N/2)}{\omega\left[1 - \frac{\omega^2 N^2}{4\pi^2}\right]}\right]$$

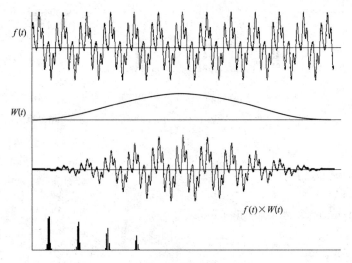

图 7-6 原始波形及加 Hanning 窗后的结果

如何利用式（7-10）来修正各次幅值和相角呢？我们还是从单频率复数波形说起。

例 1： $y(n) = 100\sin\left(\frac{2\pi fn}{4000}\right)$

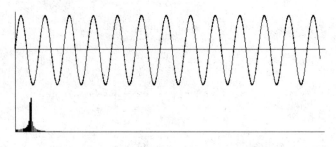

图 7-7 非同步采样 49 周正弦波及 FFT 分析

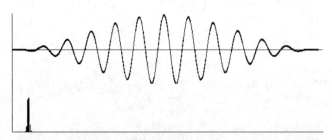

图 7-8 非同步采样 49 周正弦波及加 Hanning 窗后 FFT 分析

设正弦波信号 $y(t)$ 用式（7-11）表示。

$$y(t) = A_{\mathrm{m}} e^{j\theta_{\mathrm{m}}} e^{-j\omega_{\mathrm{m}}t} \tag{7-11}$$

$$\omega_{\mathrm{m}} = 2\pi f_{\mathrm{m}} \tag{7-12}$$

加 Hanning 窗后的波形 $x(t)$ 用（7-13）表示。

$$x(t) = y(t) \times W(t) = A_{\mathrm{m}} e^{j\theta_{\mathrm{m}}} e^{-j\omega_{\mathrm{m}}t} \times W(t) \tag{7-13}$$

依据移位定理，我们可以写出 $x(t)$ 的傅立叶积分公式为

$$X(\omega) = A_{\mathrm{m}} e^{j\theta_{\mathrm{m}}} \times W(\omega - \omega_{\mathrm{m}}) \tag{7-14}$$

Hanning 窗为

$$W(\omega - \omega_{\mathrm{m}}) = \left[\frac{\sin\left[(\omega - \omega_{\mathrm{m}}) N/2 \right]}{(\omega - \omega_{\mathrm{m}}) \left[1 - \frac{(\omega - \omega_{\mathrm{m}})^2 N^2}{4\pi^2} \right]} \right] \tag{7-15}$$

折合到汉宁角频率，即以 $N = 1024$ 点为 Hanning 的基波周期

$$\Omega_{\mathrm{m}} = \omega_{\mathrm{m}} \frac{N}{f_{\mathrm{s}}} = 2\pi f_{\mathrm{m}} \frac{N}{f_{\mathrm{s}}} \tag{7-16}$$

设数字频率偏差为

$$\delta = \frac{(\omega - \omega_{\mathrm{m}}) N}{2\pi} = \frac{1024 \cdot (f - f_{\mathrm{m}})}{4000} \tag{7-17}$$

可得：

$$W(\delta) = \frac{\sin(\delta\pi)}{2\delta\pi} \frac{N}{(1 - \delta^2)} \tag{7-18}$$

得出幅值修正系数 $W(\delta)$ 的曲线图如图 7-9 所示。

$$X(\delta) = A_{\mathrm{m}} e^{j\theta_{\mathrm{m}}} \times \frac{\sin(\delta\pi)}{2\delta\pi} \frac{N}{(1 - \delta^2)} \tag{7-19}$$

令 $x(t)$ 扩展成周期函数 $y(t) = \sum\limits_{k=-\infty}^{+\infty} x(t + k\mathrm{T})$，并进行离散化，其中 $\mathrm{T} = 1024 t_{\mathrm{s}}$。

得到 $y(n) = \sum\limits_{k=-\infty}^{+\infty} x(n + 1024k)$，再进行 FFT 分解得到系数 $Y(k)$，依据傅立叶积分和离散傅立叶级数之间的关系，其示意图如图 7-9 所示，可得出

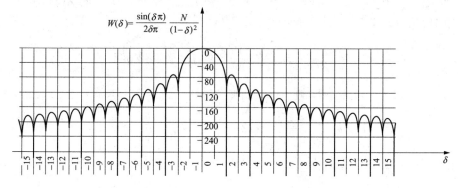

图 7-9　幅值修正系数 $W(\delta)$ 的曲线图

$$Y(k+\delta) = \frac{1}{N}X(\delta) = A_{\mathrm{m}}e^{j\theta_{\mathrm{m}}} \times \frac{\sin(\delta\pi)}{2\delta\pi}\frac{1}{(1-\delta^2)} \tag{7-20}$$

其中，δ 要满足如下关系：

$$\left.\begin{aligned} 0 &\leqslant \delta \leqslant 1 \\ k+\delta &= f \cdot \frac{N}{f_{\mathrm{s}}} \end{aligned}\right\} \tag{7-21}$$

$k+\delta$ 的物理意义是在 Hanning 基波周期 $N=1024$ 的坐标上的数字频率，即 Hanning 基波对应 1024 点，而原来 50 周模拟频率（80 点）新对应是 12.8 周数字频率点的位置，即

$$k+\delta_1 = f_1 \cdot \frac{N}{f_{\mathrm{s}}} = 50 \times \frac{1024}{4000} = 12.8 \tag{7-22}$$

应取 $k=12$ 而 $\delta=0.8$。

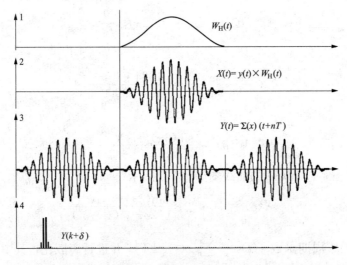

图 7-10　正弦波加窗后构成周期函数，和傅立叶积分之间的关系示意图

由于只知道原始波形数据，所以首先要求出信号的频率，以例 1 正弦波为例，先从频谱图上找出第一大值 $k=13$；$Z(k_1)=43.6457$ 和第二大值 $k=12$；而 $Z(k_2)=41.1562$，求出它们的比值 β。

$$\beta = \frac{Z(k_1)}{Z(k_2)} = \frac{43.6457}{41.1562} = 1.060\,489\,064 \tag{7-23}$$

再求出数字频次，若 $k_1 > k_2$ 则 $k=k_2$ 否则 $k=k_1$，因为 $k_1=13 > k_2=12$。

$$k+\delta = k_2 + \frac{2\beta-1}{1+\beta} = 12 + \frac{1.120\,978\,127}{2.060\,489\,064} = 12.544 \tag{7-24}$$

模拟频率计算如下：

$$f_{\mathrm{m}} = (k+\delta)\frac{f_{\mathrm{s}}}{N} = 12.544 \times \frac{4000}{1024} = 49(\mathrm{Hz}) \tag{7-25}$$

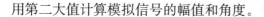

用第二大值计算模拟信号的幅值和角度。

$$A_{\mathrm{m}} = Z(12) \times \frac{2\pi\delta(1-\delta^2)}{\sin(\pi\delta)} = 41.156\ 2 \times \frac{2\pi\delta(1-\delta^2)}{\sin(\pi\delta)} = 99.997\ 377\ 27$$

$$\theta_{\mathrm{m}} = \phi(12) - \delta\pi = 97.920\ 5 - 0.544 \times 180 = 97.920\ 5 + 97.92 = 0.000\ 5$$

用 Hanning 窗分析非同步采样例 1 正弦波的归纳结果见表 7-1。

表 7-1　　　　　　　用 **Hanning 窗分析非同步采样例 1 正弦波的归纳结果**

数字频次 k	说　　明	峰值 $Z(K)$	角度 ϕ_{W}
11		7.378 4	−82.062 4
12	第二大值 $Z(k)$	41.156 2	97.920 5
13	第一大值 $Z(k_1)$	43.645 7	−82.080 2
14		9.666 4	97.921 5
数字频次 $k+\delta$	模拟频率 f_{m}	峰值 A_{m}	角度 θ_{m}
12.544	49Hz	99.997 377 27	0.000 5

7.3　非同步采样数据的谐波分解

例 1：信号如下：

$$y(n) = 100\sin\left(\frac{2\pi fn}{4000}\right) + 80\cos\left(\frac{6\pi fn}{4000}\right) + 60\sin\left(\frac{10\pi fn}{4000}\right) + 40\cos\left(\frac{14\pi fn}{4000}\right) \Bigg\} \tag{7-26}$$

$$f = 49\mathrm{Hz}$$

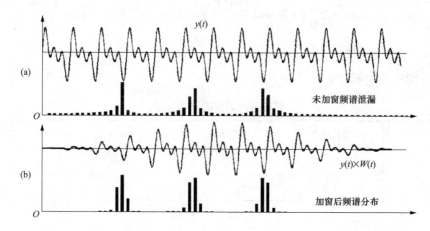

图 7-11　含有谐波非同步采样的波形图 $N = 1024$，$f_{\mathrm{s}} = 4000$ 点/s

（a）未加窗频谱泄漏；（b）加窗后频谱分布图

用 Hanning 窗程序分析的结果见表 7-2。

表 7-2 用 Hanning 窗程序分析的结果

项目	符号	数字频次 k	符号	峰值 Y_W	角度 ϕ_W
1	k	12	第二大值 $Z(k)$	41.156 2	97.920 5
	k_1	13	第一大值 $Z(k_1)$	43.645 7	−82.080 2
2	k	37	第二大值 $Z(k)$	30.701 2	−156.240 8
	k_1	38	第一大值 $Z(k_1)$	36.626 8	23.760 9
3	k	62	第二大值 $Z(k)$	21.219 7	129.601 8
	k_1	63	第一大值 $Z(k_1)$	28.513 2	−50.400 4
4	k	87	第二大值 $Z(k)$	12.875 3	−124.562 1
	k_1	88	第一大值 $Z(k_1)$	19.529 1	55.441 8

项目	符号	数字频次 $k+\delta$	模拟频率 f_m	峰值 A_m	角度 θ_m
1	k_m	12.544	49Hz	100.001 603 21	0.000 732 76
2		37.632	147Hz	80.000 716 07	90.000 853 51
3		62.72	245Hz	59.999 259 92	−0.000 438 16
4		87.808	343Hz	40.000 116 37	90.001 789 81

 7.4 **含分次谐波非同步采样的谐波分解** ━━━━━━━

含分次谐波的原始波形参数见表 7-3，波形如图 7-12 所示，用加 Hanning 窗进行谐波分解，依然可以得出准确的结果。

例 1：信号如下：

$$y(n) = 100\sin\left(\frac{2\pi fn}{4000}\right) + 80\cos\left(\frac{6.8\pi fn}{4000}\right) + 60\sin\left(\frac{10\pi fn}{4000}\right) + 40\cos\left(\frac{14\pi fn}{4000}\right) \Big\} \tag{7-27}$$

$$f = 49\text{Hz}$$

包含分次谐波的原始数据见表 7-3。

表 7-3 包含分次谐波的原始数据

频率（Hz）	模拟频次	数字频次	峰值 A_m	角度 θ_m
49	1	12.544	100	0
166.6	3.4	42.649 6	80	90
245	5	62.72	60	0
343	7	87.808	40	90

含有分次谐波非同步采样的波形图如图 7-12 所示。用 Hanning 窗程序分析的结果见表 7-4。

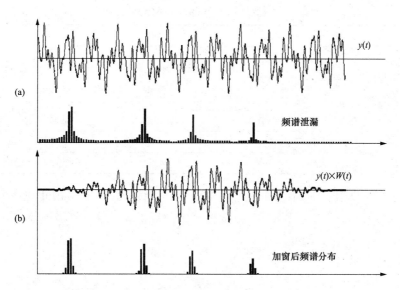

图 7-12　含有分次谐波非同步采样的波形图 $N=1024$，$f_s=4000$ 点/s

（a）频谱泄漏；（b）加窗后频谱分布

表 7-4　　　　　　包含分次谐波用 Hanning 窗程序分析的结果

项目	符号	数字频次 k	符号	峰值 Y_W	角度 ϕ_W
1	k	12	第二大值 $Z(k)$	41.156 4	97.92
	k_1	13	第一大值 $Z(k_1)$	43.645 6	−82.079 7
2	k	37	第二大值 $Z(k)$	30.232 6	−153.071 2
	k_1	38	第一大值 $Z(k_1)$	36.931 8	26.927 6
3	k	62	第二大值 $Z(k)$	21.219 9	129.603 8
	k_1	63	第一大值 $Z(k_1)$	28.513 1	−50.401 7
4	k	87	第二大值 $Z(k)$	12.875 3	−124.562 2
	k_1	88	第一大值 $Z(k_1)$	19.529	55.441 8
项目	符号	数字频次 $k+\delta$	模拟频率 f_m（Hz）	峰值 A_m	角度 θ_m
1	k_m	12.544	49	100.001 788 2	0.000 328 11
2		42.649 6	166.6	80.000 780 67	89.999 631 54
3		62.72	245	59.999 047 87	−0.001 715 66
4		87.808	343	40.000 056 21	90.001 815 06

7.5　谐波幅值变化的非同步采样的分析

例 1： 这是一个幅值按每点衰减 0.999 倍的余弦函数，采样频率为每秒 6400 点。

$$y(n) = 100 \times (0.999)^n \times \cos\left(2\pi \frac{50 \cdot n}{6400}\right)$$

用 Hanning 窗分析的结果见表 7-5。

表 7-5 幅值衰减变化时用 Hanning 窗分析的结果

	n 时刻点	瞬时值 $y(n)$	角度 θ_m
各个时刻的峰值	0	100	90
	512 中间点	59.914 228 5	90
	1024	35.897 147 8	90
计算结果	频率（Hz）	幅值 A_m	角度 θ_m
FFT	50	62.516 3	89.416 1
Hanning	50	60.948 571 62	90.002 351 79

可见对于幅值变化的原始波形而言，用 Hanning 窗也不能得出正确的结果，但用 Hanning 求出结果 $A_m = 60.948\ 776\ 3$ 更接近于中间点的幅值 $A_m = 59.914\ 228\ 5$。其波形图如图 7-13 所示。

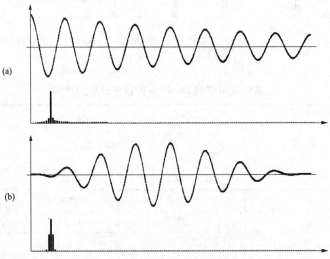

图 7-13 幅值衰减的波形图 $N = 1024$，$f_s = 4000$ 点/s

例 2： 这是一个幅值按每点衰减 1.001 倍的余弦函数，采样频率为 6400 点/s。

$$y(n) = 100 \times (1.001)^n \times \sin\left(2\pi \frac{50 \cdot n}{6400}\right)$$

用 Hanning 窗分析的结果见表 7-6。其波形图如图 7-14 所示。

表 7-6 幅值渐增变化时用 Hanning 窗分析的结果

	n 时刻点	瞬时值 $y(n)$	角度 θ_m
各个时刻的峰值	0	100	0
	512 中间点	166.819 8	0
	1024	278.288 6	0
计算结果	频率（Hz）	幅值 A_m	角度 θ_m
FFT	50	174.188	$-0.582\ 8$
Hanning	50	169.694 535 88	0.002 422 97

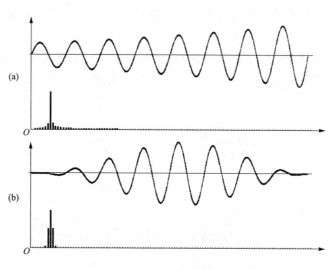

图 7-14　幅值渐增的波形图 $N=1024$，$f_s=4000$ 点/s

7.6　非正弦波形下各种无功功率定义的本质

尽管非正弦波形下有功功率已有合理的定义，但对无功功率的定义依然存有争议。本节描述了在非正弦波形下有关无功功率的两种定义，其一是时域分析法，另一是频域分析法。本文说明采用哪种公式更好。

从本质上说，有功功率反映电厂能源的消耗，而无功功率的增加意味着输电线路线损的增大，因而减少无功功率传送会提高输电的效率。在非正弦波情况下有关无功功率的定义有两种学派，一种是依 Budeanu 定义采用频域分析法，无功功率表示为 Q_B；另一种是依 Fryze 定义采用时域分析法，无功功率表示为 Q_F，这两种定义在本质上有什么差别呢？一般用任意给定的谐波电流、电压来讨论非正弦波形下的无功功率问题，往往不能揭示问题的本质，而从用电负载性质来看，这两种定义的差别就昭然若揭。下面先给出 Q_B 和 Q_F 的一般定义，再以线性和非线性阻抗的实例加以分析。

1. Budeanu 定义 Q_B 表示法

设电压 $u(t)$ 是包含各次谐波的非正弦波形，负荷是由非线性阻抗 R、L、C 并联，因而其总电流 $i(t)=i_R(t)+i_X(t)$，其中，有功电流 $i_R(t)$ 产生有功功率 P，无功电流 $i_X(t)$ 产生无功功率 Q_B，它们分别相当于在各种单一谐波下的有功功率（或无功功率）的总和。有功功率的积分表达式是 $u(t),i(t)$ 乘积在一个周期内的平均值，如式（7-30）。而无功功率的积分表达式如公式（7-31），它是 $v(t),i(t)$ 乘积在一个周期内的平均值。其中 $v(t)$ 是 $u(t)$ 的 Hilbert 变换，其定义如式（7-32）。将式（7-28）代入式（7-32）可得式（7-33），可见应用 Hilbert 变换，无需进行傅氏级数分解就能巧妙地将电压所有谐波成分都移相 90 度，并保持各次谐波的幅值不变，可以说这是由软件算法构成的广义 90 度移相器。

Q_B 公式的本意是想使无功功率公式和有功功率公式相对应，这和用 90 度接线构成无功电能表做法相似。但有功功率反映是电厂的能源消耗，当基波功率外送，谐波功率倒流时，理论上有功功率消耗是可以相互抵消的。但无功功率主要目的是反映输电线路的额外损耗（超出输送纯有功功率时的最低线损），不同频次之间的谐波电流合成是各次谐波电流的方均根值，所以不同频率的无功功率是不应正负抵消的，这是 Q_B 在物理概念上的主要缺陷。

$$u(t) = \sum_{k=1}^{n} \sqrt{2} U_k \sin(k\omega t + \phi_k) \qquad (7\text{-}28)$$

$$i(t) = \sum_{k=1}^{n} \sqrt{2} I_k \sin(k\omega t) \qquad (7\text{-}29)$$

$$P = \frac{1}{T}\int_0^T u(t) \cdot i(t)\mathrm{d}t = \sum_{k=1}^{n} U_k I_k \cos\phi_k \qquad (7\text{-}30)$$

$$Q_B = \frac{1}{T}\int_0^T v(t) \cdot i(t)\mathrm{d}t = \sum_{k=1}^{n} U_k I_k \sin\phi_k = \sum_{k=1}^{n} q_k \qquad (7\text{-}31)$$

$$v(t) = \int_{-\infty}^{+\infty} \frac{u(x)}{t-x}\mathrm{d}x \qquad (7\text{-}32)$$

$$v(t) = \frac{1}{\pi}\int_{-\infty}^{+\infty} \{\frac{\sum\limits_{k=1}^{n}[\sqrt{2}U_k\sin(k\omega x + \phi_k)]}{t-x}\}\mathrm{d}x \qquad (7\text{-}33)$$

$$= \sum_{k=1}^{n} \sqrt{2} U_k \cos(k\omega t + \phi_k)$$

2. Fryze 定义 Q_F 表示法

用时域定义无功功率 Q_F 是由 S. Fryze 在 1932 年提出的，它是一个很出色的思路，它的物理概念是先用一个线性电阻来等值有功电流，而把余下的电流定义为无功电流。在 $i(t)$、$u(t)$ 含有谐波状况下，线性电阻的有功电流分量 $i_R(t)$ 的形状和 $u(t)$ 的形状完全相似，其比例系数为 k，且在一个周期内的 $u(t) \times i_R(t)$ 的平均功率和 $u(t) \times i(t)$ 的平均功率相等，从而可以唯一的确定有功电流分量 $i_R(t)$ 的时间函数。而无功电流分量 $i_X(t)$ 是总电流 $i(t)$ 和有功电流 $i_R(t)$ 之差，可以证明 $u(t)$ 和无功电流分量 $i_X(t)$ 正交，见式（7-38）。又因有功电流 i_R 和电压 u 同形，而电压 u 和无功电流 i_X 正交，所以有功电流分量 i_R 和无功电流分量 i_X 也是正交的，从而可推出电流有效值之间的关系见式（7-39）。

依定义设有功电流和电压同形状，故它应为

$$i_R(t) = k \times u(t) \qquad (7\text{-}34)$$

而有功功率应为

$$P = \frac{1}{T}\int_0^T u(t) \times i_R(t) \times \mathrm{d}t = \frac{k}{T}\int_0^T [u(t)]^2 \times \mathrm{d}t = kU^2 \qquad (7\text{-}35)$$

从而求出比例系数

$$k = \frac{P}{U^2} \tag{7-36}$$

依定义无功电流为

$$i_X(t) = i(t) - i_R(t) \tag{7-37}$$

可以证明无功电流和电压乘积的平均功率为零，推导如下：

$$\frac{1}{T}\int_0^T u(t) \times i_X(t) \times \mathrm{d}t = \frac{1}{T}\int_0^T u(t) \times i(t) \times \mathrm{d}t - \frac{1}{T}\int_0^T u(t) \times i_R(t) \times \mathrm{d}t = 0 \tag{7-38}$$

$$I^2 = \frac{1}{T}\int_0^T [i]^2 \times \mathrm{d}t = \frac{1}{T}\int_0^T [i_R + i_X]^2 \times \mathrm{d}t = = I_R^2 + I_X^2 \tag{7-39}$$

在有谐波的状况下，有功功率 P、无功功率 Q_F 和视在功率 S 之间存在的关系见式 (7-40)。由式 (7-41) 可以得到 Q_F 无功功率的计算公式，它和单频基波下 Q 的计算公式完全相同。可见由时域表示的无功功率 Q_F，并未产生新的计算公式，它只是完善地解释了在含谐波状况下，原来单频基波的全部公式依然有效，但赋予了崭新的概念。

$$P = U \times I_R = \sum_{k=1}^n U_k I_k \cos\phi_k \tag{7-40}$$

$$S^2 = U^2 I^2 = U^2[I_R^2 + I_X^2] = P^2 + Q_F^2 \tag{7-41}$$

$$Q_F = U \times I_X \tag{7-42}$$

式 (7-42) 的问题在于容易使人误解，以为它追求的只是电压和电流同形，而忽略了谐波的危害。其实谐波的产生源于非线性阻抗等，谐波电流会在线路阻抗上产生谐波压降，在谐波电压的作用下，即使是线性阻抗负载，依然会产生谐波电流，但只要谐波源得到治理，谐波压降就能消除，流过线性阻抗的电流就会是正弦波，所以并非具有谐波电流的负载都需要治理，而是看它是否是谐波源。式 (7-42) 的另一个问题是它对无功功率的表达，没有正负号，似乎它没有区分感性和容性无功功率的差别，其实这是一种误解，在下面实例中会给以说明。

式 (7-41) 的优点在于它完全符合不同频次有功功率可用代数法合成，而 $Q_F = 0$ 是功率因素等于 1 的标志，因为此时有 $S = P$。同时它把单频和多频下的 P、Q_F、S 三者的关系一致起来，谐波治理和无功补偿的目的是统一的。

3. 线性负载下的 Q_F 和 Q_B 定义

设负载阻抗为 R、L、C 的线性阻抗，并联连接。

总电流：

$$i = i_R + i_L + i_C \tag{7-43}$$

有功电流：

$$i_R = \sqrt{2}\{\sum_{k=1}^n \frac{U_k}{R}\sin(k\omega t + \phi_k) \tag{7-44}$$

无功电流：

$$i_{\mathrm{x}} = i_{\mathrm{L}} + i_{\mathrm{C}} = \sqrt{2} \sum_{k=1}^{n} U_k \left[k\omega C - \frac{1}{k\omega L} \right] \cos(k\omega t + \phi_k) \tag{7-45}$$

其中 $\int_0^T i_{\mathrm{R}} \times (i_{\mathrm{L}} + i_{\mathrm{C}}) \mathrm{d}t = 0$ 符合正交关系。

$$I^2 = I_{\mathrm{R}}^2 + I_{\mathrm{X}}^2 = \sum_{k=1}^{n} \left\{ \frac{U_k}{R} \right\}^2 + \sum_{k=1}^{n} \left\{ U_k \left[k\omega C - \frac{1}{k\omega L} \right] \right\}^2 \tag{7-46}$$

$$S^2 = U^2 I^2 = (UI_{\mathrm{R}})^2 + (UI_{\mathrm{X}})^2 = P^2 + Q_{\mathrm{F}}^2 \tag{7-47}$$

$$Q_{\mathrm{F}}^2 = \left\{ \sum_{k=1}^{n} U_k^2 \right\} \cdot \sum_{k=1}^{n} \left\{ U_k \left[k\omega C - \frac{1}{k\omega L} \right] \right\}^2 = \left\{ \sum_{k=1}^{n} U_k^2 \right\} \cdot \sum_{k=1}^{n} \{ q_k / U_k \}^2 \tag{7-48}$$

而

$$Q_{\mathrm{B}}^2 = \left\{ \sum_{k=1}^{n} U_k^2 \left[k\omega C - \frac{1}{k\omega L} \right] \right\}^2 = \left\{ \sum_{k=1}^{n} q_k \right\}^2 \tag{7-49}$$

$$q_k = U_k^2 \left[k\omega C - \frac{1}{k\omega L} \right] \tag{7-50}$$

由式（7-48）可知，不同频次之间的无功功率 q_k 是平方和，在 Q_{F} 中 q_k 是不会相互抵消的，只有同频次的感性电流和容性电流才会相互抵消，所以在 Q_{F} 中也是考虑了同频次的感性和容性无功之间的正负号差别。从整体看 Q_{F} 愈小，线路额外损失也愈小，$Q_{\mathrm{F}} = 0$ 是功率因数等于 1 的标志，因为只有所有 $q_k = 0$ 才能使 $Q_{\mathrm{F}} = 0$，这完全符合无功补偿的概念。由式（7-49）可知，对 Q_{B} 而言，不同频次之间的无功功率 q_k 是代数和，它们能相互抵消，这和不同频次的谐波电流瞬时值不能抵消合成的结果不符，因而是错误的。特别是当 $Q_{\mathrm{B}} = 0$ 时，线路损耗未必达到最小，因为它不能保证所有 $q_k = 0$，所以这样指标对降低线损而言就没有指导意义了。

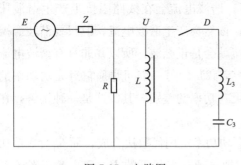

图 7-15　电路图

4. 非线性负载下的 Q_{F} 和 Q_{B}

如图 7-15 所示，负载阻抗为线性电阻 R 和非线性电感 L 并联组成，其中非线性电感的磁化曲线见式（7-51），为了简化，暂设磁通 ϕ 是时变的正弦函数，故电压 u 为余弦函数，电阻电流 i_{R}、非线性电感电流 i_{L}，见式（7-54）和式（7-55）。

$$i_{\mathrm{L}} = a\phi + b\phi^3 \tag{7-51}$$

$$\phi = -\sqrt{2} M \sin\omega t \tag{7-52}$$

$$u = \frac{\mathrm{d}\phi}{\mathrm{d}t} = \sqrt{2} M\omega \cos\omega t \tag{7-53}$$

$$i_{\mathrm{R}} = \frac{u}{R} = \frac{\sqrt{2} M\omega}{R} \cos\omega t \tag{7-54}$$

$$i_L = a\sqrt{2}M\sin\omega t + b[\sqrt{2}M\sin\omega t]^3$$

$$= a\sqrt{2}M\sin\omega t + b[\sqrt{2}M]^3\left[-\frac{1}{4}\sin3\omega t + \frac{3}{4}\sin\omega t\right]$$

$$= \sqrt{2}\sin\omega t\left(aM + \frac{3b}{2}M^3\right) - \frac{\sqrt{2}b}{2}M^3\sin3\omega t \tag{7-55}$$

$$\int_0^T i_R i_L \mathrm{d}t = 0 \tag{7-56}$$

其中，i_R 和 i_L 符合正交关系，从而可求出无功电流 I_X 为

$$I_X^2 = \left\{aM + \frac{3b}{2}M^3\right\}^2 + \left\{\frac{b}{2}M^3\right\}^2 = I_1^2 + I_3^2 \tag{7-57}$$

$$U^2 = [M\omega]^2 \tag{7-58}$$

$$Q_F^2 = U^2 I_X^2 = U^2(I_1^2 + I_3^2) \tag{7-59}$$

$$Q_B^2 = (U \cdot I_1)^2 \tag{7-60}$$

$$D_B^2 = U^2 I_3^2 \tag{7-61}$$

在这里可以看到频域无功功率 Q_B、畸变功率 D_B、时变无功功率 Q_F、有功功率 P 和视在功率 S 之间的关系，见式（7-62）。

$$S^2 = P^2 + Q_F^2 = P^2 + Q_B^2 + D_B^2 \tag{7-62}$$

这个例子可反映 Budeanu 当时提出畸变无功功率的思路，由于此时电压没有包含谐波，所以不同频次谐波无功功率 q_k 合成的矛盾没有暴露。

如图 7-15 所示，由于从电源正弦波 E 需经过阻抗 Z 才送电到节点 U，故当非线性电感的 3 次谐波电流流过线路阻抗时，节点 U 的电压肯定也会出现 3 次谐波，使问题会变得复杂起来。为了简化，当将开关 D 合上，投入 L_3、C_3 的串联谐振回路，它对 3 次谐波的阻抗为零，这时 3 次谐波电流完全被串联谐振回路所短接，因而节点 U 的电压依然能保持是正弦波，前述的分析依然有效。但 L_3、C_3 串联谐振回路对基波而言呈现电容特性，如果 L_3、C_3 满足如下关系，则谐波和基波无功功率均能得到完全补偿。

对 3 次谐波谐振为

$$3\omega L_3 = \frac{1}{3\omega C_3} \tag{7-63}$$

补偿基波的感抗为

$$\frac{1}{\omega C_3} = \omega L_3 = \omega L_1 \tag{7-64}$$

其中，非线性电感的等值基波感抗为

$$\omega L_1 = \frac{U}{I_1} = \frac{\omega}{a + \frac{3bM^2}{2}} \tag{7-65}$$

在未投入开关 D 时，节点 U 的谐波组成会十分复杂，因为 3 次谐波电压又会在非线

性电感中产生更高次谐波电流，而更高次谐波电流又会在线路压降中产生新的高次谐波电压，结果电流、电压都出现一片谐波频谱。尽管谐波成分复杂，但只需投入一组 3 次谐波串联滤波器，就能使谐波和基波无功功率都得到完全补偿，此时 $I_{\Sigma}=0$，且 $Q_F=0$，线路损失达到最小。在分析无功功率指标时，用 Q_F 无功功率的定义能够正确反映线路额外损失的大小，它真正抓住了问题的本质，只有谐波和无功功率得到完全补偿后，才会有 $Q_F=0$。

(7.7) 三相功率因素多种定义的剖析

尽管三相不对称下功率因数定义已有多种公式，但在非正弦波形又不对称下的功率因数定义依然存有争议。本文从单相非正弦波形下无功功率的时域分析定义出发，导出三相不对称时视在功率的公式，从而获得非正弦波形又不对称下三相功率因数的计算公式。

$$\cos\phi_{\Sigma} = (\cos\phi_A + \cos\phi_B + \cos\phi_C)/3 \tag{7-66}$$

$$\cos\phi_{\Sigma} = \frac{P_{\Sigma}}{S_{\Sigma}} = \frac{P_A + P_B + P_C}{S_A + S_B + S_C} \tag{7-67}$$

$$\cos\phi_{\Sigma} = \frac{(P_A + P_B + P_C)/3}{\sqrt{(S_A^2 + S_B^2 + S_C^2)/3}} \tag{7-68}$$

$$\cos\phi_{\Sigma} = \frac{P_A + P_B + P_C}{|\dot{S}_A + \dot{S}_B + \dot{S}_C|} \tag{7-69}$$

$$\cos\phi_{\Sigma} = \frac{正序有功功率}{正序视在功率} = \frac{U_1 I_1 \cos\phi_1}{U_1 I_1} = \cos\phi_1 \tag{7-70}$$

$$\cos\phi_{\Sigma} = \frac{P_{\Sigma}}{\sqrt{P_{\Sigma}^2 + Q_{B\Sigma}^2 + 3U^2 I_2^2 + 3U^2 I_0^2 + D^2}} \tag{7-71}$$

$$P_{\Sigma} = P_A + P_B + P_C \tag{7-72}$$

$$Q_{B\Sigma} = Q_{BA} + Q_{BB} + Q_{BC} \tag{7-73}$$

$$\sqrt{3}U\sqrt{\sum_{n=2}^{\infty}\{I_{an}^2 + I_{bn}^2 + I_{cn}^2 + I_{Nn}^2\}} \tag{7-74}$$

不对称下三相功率因数定义有很多版本，它们多是从数学平均值的概念导出的，见式 (7-66) 是三相功率因数的平均值；式 (7-67) 有功功率 P_{Σ}，视在功率 S_{Σ} 都是算术和；式 (7-68) 有功功率用算术平均值，视在功率用方均根值；式 (7-69) 视在功率 S_{Σ} 是 $S_{\Sigma} = |\dot{S}_A + \dot{S}_B + \dot{S}_C|$ 的功率向量和，功率向量的幅角用各自的分相功率角；式 (7-70) 分子是正序有功功率，分母是正序视在功率式；式 (7-71) 考虑谐波下的三相功率因数，并假定三相电压 U 为对称的正弦波，只考虑三相电流为非正弦波形又不对称，其中包含三相有功功率 P_{Σ}，频域的无功功率 $Q_{B\Sigma}$，零序视在功率 S_0，负序视在功率 S_2，畸变功率 D。这些公式的缺点，是没有紧扣物理概念的本质，有些也的确让人费解，本文只对这些公式的

优劣作一简单评述。

式（7-67）比式（7-66）的优点在于考虑了分相视在功率的加权效应，比较合理，但三相无功功率不能由 $Q_\Sigma = S_\Sigma \sin\phi_\Sigma$ 导出，这是它的不足，公式（7-68）也有如此的问题。公式（7-69）是美国电机工程学会提出的一个方案，它的目的是考虑当分相的功角差别较大时，通过功率向量合成以减少分母的模值，可避免造成三相功率因数下降太多，但当分相有功功率有输出和输入时，分母有可能为零，这是不能允许的。式（7-70）是基波正序分量的功率因素，它不能反映不对称时三相的功率因数。式（7-71）是把非正弦波形下三相不对称都综合在一起考虑，它是争议最多概念又模糊，计算十分麻烦的公式，所以不可取。

7.7.1　非正弦波形又不对称下三相功率因数的定义

非正弦波形下，单相无功功率的定义，建议采用 Fryge 时域表达的无功功率 Q_F，它能正确反映非正弦波形下，线路为输送有功功率 P 而引起的额外功率损失，对单相功率因数而言，$\cos\phi_\Sigma = P/S$，而 P、Q_F、S 即使在含有谐波情况下依然满足 $P^2 + Q_F^2 = S^2$，所以 $Q_F = S\sin\phi$。

$$P_\Sigma = P_A + P_B + P_C \tag{7-75}$$

$$S_Z = 3 \cdot \sqrt{\frac{[U_A^2 + U_B^2 + U_C^2]}{3}} \cdot \sqrt{\frac{[I_A^2 + I_B^2 + I_C^2]}{3}} = 3U_Z I_Z \tag{7-76}$$

式中，U_Z、I_Z 是三相电压（电流）的方均根值。

$$S_Z = \sqrt{[U_A^2 + U_B^2 + U_C^2]} \cdot \sqrt{\frac{S_A^2}{U_A^2} + \frac{S_B^2}{U_B^2} + \frac{S_C^2}{U_C^2}} \tag{7-77}$$

$$\cos\phi_\Sigma = \frac{P_\Sigma}{S_Z} \tag{7-78}$$

考虑三相不对称下的功率因数定义中，三相有功功率的定义在物理概念上是很清晰的，如式（7-75），关键是视在功率 S_Z 的定义。其实视在功率、无功功率都是引出量，下面先直接写出建议的三相视在功率，再从物理概念本身来说明它的合理性。三相变压器的铁损正比于三相电压有效值的平方和，铜损正比于三相电流有效值的平方和，变压器内在发热是铁损和铜损的总和，变压器运行时发热和散热达到平衡，以保证变压器上层油的温升不超标。由公式（7-76）所表达的视在功率 S_Z 的平方正比于铁损和铜损的乘积。一般三相电压接近额定值，即铁损接近额定值，由此可见用式（7-76）表达视在功率具有优势：当由式（7-76）计算的三相视在功率 S_Z 不超过三相对称时所标定的额定视在功率，变压器就不会过热（假定油路是理想的散热循环），这完全符合视在功率的定义。当已知分相的视在功率时，S_Z 可用式（7-77）计算。为考虑三相变压器负荷是否超标，用视在功率 S_Z 的另一优点是：它可以用高压侧参数计算，也可以用低压侧参数计算。三相功率因数 $\cos\phi_\Sigma$ 可用式（7-78）计算，它是三相有功功率 P_Z 和视在功率 S_Z 的比，特称为三相有功功率的功率因数 $\cos\phi_\Sigma$。

举例：设三相 $S_A = P_A = 3$；$S_B = P_B = 4$；$S_C = P_C = 5$，即分相功率因数都为 1，并设三相电压值均为 1，按式（7-78）计算结果得 $\cos\phi_Z = P_Z/S_Z = 12/12.5 = 0.98$，结果看似奇怪，其实它表明尽管分相功率因数均为 1，但由于三相功率不对称，从三相整体线损看，并未达到最佳状态。如果三相功率平衡，$S = P = 4$（三相 P_Σ 总和保持一定），三相整体线损会达到最小，$\cos\phi_Z = P_Z/S_Z = 12/12 = 1$。但这个概念未必能使读者接受，因为分相功率因数均为 1，读者可能更喜欢按式（7-67）计算，它在上述两种情况下都得到 $\cos\phi_Z = P_Z/S_Z = 1$ 的结果。但从视在功率正比于铜损的概念出发，显然不对称下的 S_Z 应当大于 $S_Z > S_A + S_B + S_C$，所以式（7-67）也是有缺陷的。下面我们将进一步推理新公式。

7.7.2　非正弦波形又不对称下三相广义无功功率的定义

如果三个分相的无功功率得到完全补偿，即各相的 $Q_F = 0$，因而各相就有 $S = P$，这时按式（7-77）得到的是：最小必需的视在功率 S_{min}，因为分相功率因数都为 1，特将它称之为三相广义的有功功率 $P_Z(= S_{min})$，如式（7-79）。三相广义无功功率的定义如式（7-80），它表征在非正弦波形又不对称情况下，为输送三相不对称有功功率所引起的额外损失，式（7-80）右方根号内相当于三个分相无功电流的平方和。如已知分相无功功率，则三相广义无功功率计算式为（7-81）。如此广义的三相 P_Z、Q_Z、S_Z 幅值依然符合直角三角形关系，如式（7-82）。以 P_Z 比 S_Z 可得到三相广义的功率因数 $\cos\phi_Z$，如式（7-83），而三相广义无功功率 $Q_Z = S_Z\sin\phi_Z$ 如式（7-84）。

$$P_Z = \sqrt{[U_A^2 + U_B^2 + U_C^2]} \cdot \sqrt{\frac{P_A^2}{U_A^2} + \frac{P_B^2}{U_B^2} + \frac{P_C^2}{U_C^2}} \tag{7-79}$$

$$Q_Z = \sqrt{[U_A^2 + U_B^2 + U_C^2]} \cdot \sqrt{\frac{S_A^2 - P_A^2}{U_A^2} + \frac{S_B^2 - P_B^2}{U_B^2} + \frac{S_C^2 - P_C^2}{U_C^2}} \tag{7-80}$$

$$Q_Z = \sqrt{[U_A^2 + U_B^2 + U_C^2]} \cdot \sqrt{\frac{Q_{F.A}^2}{U_A^2} + \frac{Q_{F.B}^2}{U_B^2} + \frac{Q_{F.C}^2}{U_C^2}} \tag{7-81}$$

$$S_Z^2 = P_Z^2 + Q_Z^2 \tag{7-82}$$

$$\cos\phi_Z = \frac{P_Z}{S_Z} \tag{7-83}$$

$$Q_Z = S_Z \cdot \sin\phi_Z \tag{7-84}$$

同前例，设分相功率因数等于 1，但三相功率不平衡，但按广义功率因素式（7-82）、（7-83）计算可得 $\cos\phi_Z = P_Z/S_Z = 12.5/12.5 = 1$，而 $Q_Z = 0$，可见它在非正弦波形又不对称下的 P_Z、Q_Z、S_Z 之间的公式和单相正弦波下的公式又趋于一致，它又和视在功率正比于铜损（线损），无功功率表征线路额外增加的线损概念相符，式（7-79）～式（7-83），是同时考虑三相电压和电流都是非正弦波形又不对称条件下的公式，具有普遍性。

在三相电压和电流都是非正弦波形又不对称下，导出的三相有功功率的功率因数有两个：$\cos\phi_\Sigma$｛式（7-78）｝和 $\cos\phi_Z$｛式（7-83）｝。三相广义功率因数的定义 $\cos\phi_Z$ 只要分相谐波得到完全治理和基波功率因数得到完全补偿，它就能达到 $\cos\phi_Z=1$，但它没有正负号，即它只计算线路输送最小视在功率（等于三相广义有功功率 P_Z）的效率系数，而不管功率输送方向。而三相有功功率因数的定义 $\cos\phi_\Sigma$，除上述条件外还要做到三相负荷完全对称，才能达到 $\cos\phi_\Sigma=1$，它虽更能体现因谐波和不对称所造成的额外线路损失的总影响，但一般无功功率补偿，只求分相功率因素能够完全补偿，所以采用三相广义功率因数 $\cos\phi_Z$ 作指标，更能被大家所接受。

7.8　对三相瞬时无功功率理论本质及其缺陷的分析

三相电路瞬时无功功率理论是 1983 年首先由日本的赤木泰文（Akagi）提出，即所谓的"p、q 分解法"，在综合治理三相含有谐波、负序、无功功率的负荷中应用较多，在实践中人们已经感到了一些问题，但由于对其物理本质缺少深入分析，没有全面地对此进行评价。本节从三相电路瞬时功率及电能质量治理要求的角度，用电工数学分析，揭示三相电路瞬时无功功率理论的根本缺陷。

1. Budeanu 单相无功功率的定义

对线性负载而言，当电压含有谐波时，其电流也含有谐波。它们的有功功率 P 和无功功率 Q 计算如式（7-85）～式（7-86），其中 $v(t)$ 是 $u(t)$ 的 Hilbert 正交变换，即将 $u(t)$ 中所有各次谐波都相移了 90°，且各次幅值不变。

$$P = \sum_{k=1}^{N} U_k I_k \cos\phi_k = \frac{1}{T}\int_0^T u(t) \cdot i(t)\mathrm{d}t \tag{7-85}$$

$$Q = \sum_{k=1}^{N} U_k I_k \sin\phi_k = \frac{1}{T}\int_0^T v(t) \cdot i(t)\mathrm{d}t \tag{7-86}$$

$$v(t) = \int_{-\infty}^{+\infty} \frac{u(x)}{t-x}\mathrm{d}x \tag{7-87}$$

2. 赤木三相电路瞬时无功功率的引出

为了书写简洁，如 $u_a(t)$、$i_a(t)$ 写为 u_a、i_a 等。将三相系统电流、电压瞬时量，向定子两相 α、β 坐标系统转换，得到电流列向量、电压行向量如下：

$$\begin{bmatrix} i_\alpha \\ i_\beta \end{bmatrix} = \sqrt{\frac{2}{3}} \cdot \begin{bmatrix} 1 & -0.5 & -0.5 \\ 0 & \dfrac{\sqrt{3}}{2} & \dfrac{-\sqrt{3}}{2} \end{bmatrix} \cdot \begin{bmatrix} i_a \\ i_b \\ i_c \end{bmatrix} \tag{7-88}$$

$$\begin{bmatrix} u_\alpha & u_\beta \end{bmatrix} = \begin{bmatrix} u_a & u_b & u_c \end{bmatrix} \cdot \sqrt{\frac{2}{3}} \cdot \begin{bmatrix} 1 & 0 \\ -0.5 & \dfrac{\sqrt{3}}{2} \\ -0.5 & \dfrac{-\sqrt{3}}{2} \end{bmatrix} \tag{7-89}$$

赤木引出 α、β 系统的瞬时有功功率为：$p(t)=u_\alpha i_\alpha+u_\beta i_\beta$，下面将它反转换到三相系统坐标，如式（7-90），可见它不能反映三相电路中的零序功率，但它完全符合三相三线系统三相瞬时有功功率的概念。

$$p(t)=\begin{bmatrix} u_\alpha & u_\beta \end{bmatrix}\cdot\begin{bmatrix} i_\alpha \\ i_\beta \end{bmatrix}$$

$$=\frac{2}{3}\cdot\begin{bmatrix} u_a & u_b & u_c \end{bmatrix}\cdot\begin{bmatrix} 1 & 0 \\ -0.5 & \frac{\sqrt{3}}{2} \\ -0.5 & -\frac{\sqrt{3}}{2} \end{bmatrix}\cdot\begin{bmatrix} 1 & -0.5 & -0.5 \\ 0 & \frac{\sqrt{3}}{2} & \frac{-\sqrt{3}}{2} \end{bmatrix}\cdot\begin{bmatrix} i_a \\ i_b \\ i_c \end{bmatrix}$$

$$=\frac{2}{3}\cdot\begin{bmatrix} u_a & u_b & u_c \end{bmatrix}\cdot\begin{bmatrix} 1 & -0.5 & -0.5 \\ -0.5 & 1 & -0.5 \\ -0.5 & -0.5 & 1 \end{bmatrix}\cdot\begin{bmatrix} i_a \\ i_b \\ i_c \end{bmatrix}$$

$$=\begin{bmatrix} u_a & u_b & u_c \end{bmatrix}\cdot\begin{bmatrix} i_a-i_0 \\ i_b-i_0 \\ i_c-i_0 \end{bmatrix}$$

$$=\begin{bmatrix} u_a\cdot(i_a-i_0)+u_b\cdot(i_b-i_0)+u_c\cdot(i_c-i_0) \end{bmatrix} \tag{7-90}$$

赤木引出 α、β 系统的瞬时无功功率为：$q(t)=u_\alpha i_\beta-u_\beta i_\alpha$，先写出 $(i_\beta,-i_\alpha)^{\mathrm{T}}$ 列向量式

$$\begin{bmatrix} i_\beta \\ -i_\alpha \end{bmatrix}=\sqrt{\frac{2}{3}}\cdot\begin{bmatrix} 0 & \frac{\sqrt{3}}{2} & \frac{-\sqrt{3}}{2} \\ -1 & 0.5 & 0.5 \end{bmatrix}\cdot\begin{bmatrix} i_a \\ i_b \\ i_c \end{bmatrix} \tag{7-91}$$

下面将 α、β 系统的瞬时无功功率 $q(t)=u_\alpha i_\beta-u_\beta i_\alpha$ 反转换到三相系统坐标，如式（7-92），可见它和目前三相电路关于无功功率表的 $90°$ 接线方式一致。

$$q(t)=\begin{bmatrix} u_\alpha & u_\beta \end{bmatrix}\cdot\begin{bmatrix} i_\beta \\ -i_\alpha \end{bmatrix}$$

$$=\frac{2}{3}\cdot\begin{bmatrix} u_a & u_b & u_c \end{bmatrix}\cdot\begin{bmatrix} 1 & 0 \\ -0.5 & \frac{\sqrt{3}}{2} \\ -0.5 & -\frac{\sqrt{3}}{2} \end{bmatrix}\cdot\begin{bmatrix} 0 & \frac{\sqrt{3}}{2} & \frac{-\sqrt{3}}{2} \\ -1 & 0.5 & 0.5 \end{bmatrix}\cdot\begin{bmatrix} i_a \\ i_b \\ i_c \end{bmatrix}$$

$$= \frac{2}{3} \cdot \begin{bmatrix} u_a & u_b & u_c \end{bmatrix} \cdot \begin{bmatrix} 0 & \frac{\sqrt{3}}{2} & \frac{-\sqrt{3}}{2} \\ \frac{-\sqrt{3}}{2} & 0 & \frac{\sqrt{3}}{2} \\ \frac{\sqrt{3}}{2} & \frac{-\sqrt{3}}{2} & 0 \end{bmatrix} \cdot \begin{bmatrix} i_a \\ i_b \\ i_c \end{bmatrix}$$

$$= \frac{-1}{\sqrt{3}} \begin{bmatrix} (u_b - u_c) & (u_c - u_a) & (u_a - u_b) \end{bmatrix} \cdot \begin{bmatrix} i_a \\ i_b \\ i_c \end{bmatrix}$$

$$= \frac{-1}{\sqrt{3}} \cdot [u_{bc} \cdot i_a + u_{ca} \cdot i_b + u_{ab} \cdot i_c] \tag{7-92}$$

可见，三相无功功率的平均值可计算如下：

$$Q_\Sigma = \frac{1}{T} \int_0^T \frac{-1}{\sqrt{3}} \cdot [u_{bc} \cdot i_a + u_{ca} \cdot i_b + u_{ab} \cdot i_c] dt \tag{7-93}$$

问题到此可以说，赤木关于瞬时无功功率的缺陷是和三相无功功率电表的 90°接线的缺点相联系的。

电工原理中的三相电路瞬时功率公式 $p(t) = u_a i_a + u_b i_b + u_c i_c$ 在任何情况下：包括三相 u、i 中包含谐波、不对称、甚至非周期分量都是正确的。而式（7-92）、式（7-93）关于三相无功功率计算式是引出量，当三相 U、I 属于基波正序时，若负荷是纯电感性电流，则 I_a 落后于 U_a 为 90°时，且 I_a 和 U_{bc} 同相，从式（7-93）计算出 $Q < 0$，若三相 U、I 属于基波负序时，而负荷依然是电感性电流，则此时 I_a 和 U_{bc} 反向，从式（7-93）计算出 $Q > 0$，这就是矛盾的。由此可见当三相基波电压、电流不对称时，即同时含有正序和负序电压分量，从式（7-93）计算出的三相无功功率总和，与按式（7-86）分相计算，再三相总和的结果不同，这也是 90°接线三相无功功率表存在的缺陷。所以一般要求只当三相基波电压对称时，按式（7-93）计算才能得到正确的结果。一般说，当三相 U、I 中既包含谐波、不对称时，我们可以用各次谐波的对称分量来表达，如 U_{k+}、U_{k-} 分别表示第 k 次谐波的正序或负序的电压分量，对三相三线制系统的 P_Σ、Q_Σ 计算：如式（7-94），它和分相按式（7-85）计算 P_A、P_B、P_C，再总和的结果相同；而式（7-95）和分相按式（7-86）计算 Q_A、Q_B、Q_C，再总和的结果不相等，因为各次谐波的正序、负序无功功率异号，只当三相各次谐波电压都只有正序分量时，它和式（7-86）计算结果才相等，这是必需引起注意的。

这里仅仅是就三相无功功率计算的缺陷来批评赤木的结果，下面还要就三相瞬时无功功率的缺陷来加以剖析。

$$P_\Sigma = 3 \cdot \sum_{k=1}^N [U_{k+} I_{k+} \cos\phi_{k+} + U_{k-} I_{k-} \cos\phi_{k-}] = P_A + P_B + P_C \tag{7-94}$$

$$Q_\Sigma = 3 \cdot \sum_{k=1}^{N} \left[-U_{k+} I_{k+} \sin\phi_{k+} + U_{k-} I_{k-} \sin\phi_{k-} \right] \neq Q_A + Q_B + Q_C \qquad (7\text{-}95)$$

3. 赤木提出的 p、q 分解法

由 α/β 坐标中得出的瞬时有功功率 $p(t)$、瞬时无功功率 $q(t)$，如式（7-90）和式（7-92），由此可以反求出 i_α、i_β，再反变换到三相坐标，就可以还原得到 i_a、i_b、i_c，当然这样做等于循环反复，没有意义。为了治理谐波、负序及无功功率，又想使补偿装置不提供有功功率的输出，赤木采用将瞬时有功功率 $p(t)$ 减去平均有功功率 P_Σ 功率后，再求解需要进行补偿的电流 $i_{C\alpha}$、$i_{C\beta}$，解出如式（7-96），再将它转换成三相系统，如式（7-97），这就是分相补偿的电流 i_{Ca}、i_{Cb}、i_{Cc}。

$$\begin{bmatrix} i_{C\alpha} \\ i_{C\beta} \end{bmatrix} = \frac{1}{u_\alpha^2 + u_\beta^2} \begin{bmatrix} u_\alpha & -u_\beta \\ u_\beta & u_\alpha \end{bmatrix} \cdot \begin{bmatrix} p(t) - P_\Sigma \\ q(t) \end{bmatrix} \qquad (7\text{-}96)$$

$$\begin{bmatrix} i_{Ca} \\ i_{Cb} \\ i_{Cc} \end{bmatrix} = \sqrt{\frac{2}{3}} \begin{bmatrix} 1 & 0 \\ -0.5 & \frac{\sqrt{3}}{2} \\ -0.5 & \frac{-\sqrt{3}}{2} \end{bmatrix} \cdot \begin{bmatrix} i_{C\alpha} \\ i_{C\beta} \end{bmatrix} \qquad (7\text{-}97)$$

赤木提出的 p、q 分解法的治理效果如何呢？最简单的办法就是观察它没有治理的那一部分，相当于治理后系统中的三相电流，即

$$\begin{bmatrix} i_{M\alpha} \\ i_{M\beta} \end{bmatrix} = \frac{1}{u_\alpha^2 + u_\beta^2} \begin{bmatrix} u_\alpha & -u_\beta \\ u_\beta & u_\alpha \end{bmatrix} \cdot \begin{bmatrix} P_\Sigma \\ 0 \end{bmatrix} \qquad (7\text{-}98)$$

$$\begin{bmatrix} i_{Ma} \\ i_{Mb} \\ i_{Mc} \end{bmatrix} = \sqrt{\frac{2}{3}} \begin{bmatrix} 1 & 0 \\ -0.5 & \frac{\sqrt{3}}{2} \\ -0.5 & \frac{-\sqrt{3}}{2} \end{bmatrix} \cdot \begin{bmatrix} i_{M\alpha} \\ i_{M\beta} \end{bmatrix} \qquad (7\text{-}99)$$

参见式（7-90）可有：

$$uu(t) = u_\alpha^2 + u_\beta^2 = \left[u_a \cdot (u_a - u_0) + u_b \cdot (u_b - u_0) + u_c \cdot (u_c - u_0) \right] \qquad (7\text{-}100)$$

如式（7-100），只当三相电压是基波且对称系统时，才有 $uu(t) =$ 常数。当三相电压是基波，但三相电压不对称时，尽管 u_α、u_β 此时是基波，但因 $uu(t) = u_\alpha^2 + u_\beta^2$ 不是常数，由式（7-98）依然会使 $i_{M\alpha}$、$i_{M\beta}$ 出现谐波，从而使治理后的三相电流 i_{Ma}、i_{Mb}、i_{Mc} 依然包含谐波，这是赤木 p、q 分解法的一个重要缺陷。一般含谐波和不对称的情况下 $uu(t)$ 都不会是常数，所以 p、q 分解法治理都不可能滤净谐波的，除非三相电压是纯基波且没有负序分量。

4. 转子坐标 d、q 矢量变换

将三相电压、电流瞬时值转换到转子坐标 d、q 系统，其变换矩阵 H 如式（7-101），而 H 的转置矩阵 H^T 如式（7-102）。电压、电流的列向量由式（7-103）和式（7-105）计算，电压的行向量由式（7-104）计算。其中三相基波正序的电压、电流分量，投影到转子上是直流，如 U_d、U_q、I_d、I_q，而谐波、负序分量投影到转子是交流变量，如 $\tilde{u}_d$、$\tilde{u}_q$、$\tilde{i}_d$、$\tilde{i}_q$。它们分别是式（7-103）～式（7-105）。

$$H = \sqrt{\frac{2}{3}} \cdot \begin{bmatrix} \cos\omega t & \cos\left(\omega t - \frac{2\pi}{3}\right) & \cos\left(\omega t + \frac{2\pi}{3}\right) \\ \sin\omega & \sin\left(\omega t - \frac{2\pi}{3}\right) & \sin\left(\omega t + \frac{2\pi}{3}\right) \end{bmatrix} \tag{7-101}$$

$$H^T = \sqrt{\frac{2}{3}} \cdot \begin{bmatrix} \cos\omega t & \sin\omega t \\ \cos\left(\omega t - \frac{2\pi}{3}\right) & \sin\left(\omega t - \frac{2\pi}{3}\right) \\ \cos\left(\omega t + \frac{2\pi}{3}\right) & \sin\left(\omega t + \frac{2\pi}{3}\right) \end{bmatrix} \tag{7-102}$$

$$\begin{bmatrix} u_d(t) \\ u_q(t) \end{bmatrix} = \begin{bmatrix} U_d + \tilde{u}_d \\ U_q + \tilde{u}_q \end{bmatrix} = H \cdot \begin{bmatrix} u_a \\ u_b \\ u_c \end{bmatrix} \tag{7-103}$$

$$\begin{bmatrix} u_d(t) & u_q(t) \end{bmatrix} = \begin{bmatrix} u_a & u_b & u_c \end{bmatrix} \cdot H^T \tag{7-104}$$

$$\begin{bmatrix} i_d(t) \\ i_q(t) \end{bmatrix} = \begin{bmatrix} I_d + \tilde{i}_d \\ I_q + \tilde{i}_q \end{bmatrix} = H \cdot \begin{bmatrix} i_a \\ i_b \\ i_c \end{bmatrix} \tag{7-105}$$

转子坐标中瞬时有功功率计算见式（7-106），它相当于三相三线制中的三相瞬时功率，但不反映瞬时零序功率分量。

$$\begin{aligned} p(t) &= \begin{bmatrix} u_d(t) & u_q(t) \end{bmatrix} \cdot \begin{bmatrix} i_d(t) & i_q(t) \end{bmatrix}^T = \begin{bmatrix} U_d + \tilde{u}_d & U_q + \tilde{u}_q \end{bmatrix} \cdot \begin{bmatrix} I_d + \tilde{i}_d & I_q + \tilde{i}_q \end{bmatrix}^T \\ &= (U_d + \tilde{u}_d)(I_d + \tilde{i}_d) + (U_q + \tilde{u}_q)(I_q + \tilde{i}_q) = P_{1+} + P_{1-} + P_h \\ &= \begin{bmatrix} u_a & u_b & u_c \end{bmatrix} \cdot H^T \cdot H \cdot \begin{bmatrix} i_a & i_b & i_c \end{bmatrix}^T \\ &= u_a(i_a - i_o) + u_b(i_b - i_o) + u_c(i_c - i_o) \end{aligned} \tag{7-106}$$

转子坐标 d、q 分解法的优点是，它把优良的电能：三相 u、i 的基波正序分量变成直流分量，而其余有害的成分全部是交变分量。由于向转子投影的变换矩阵 H，其数学坐标的 d/q 轴线和转子凸极轴线不一定相符。为了确定有功电流的方向，需要借助于电压、电流的直流分量 U_d、U_q、I_d、I_q，以求出基波正序的有功功率 P_{1+} 和无功功率 Q_{1+}，见式

(7-107)。为了使补偿器不提供正序有功功率，令 $P_{1+}=0$，可通过式（7-108）计算出补偿器需要输出的直流分量部分 I_{Hd}、I_{Hq}，再把它和交变分量 $\tilde{i}_d$、$\tilde{i}_q$ 组合在一起，再通过 d/q 两相变三相的转换，得出三相需要补偿的电流信号 $i_{Ha}(t)$、$i_{Ha}(t)$、$i_{Ha}(t)$，见式(7-109)。

$$\begin{bmatrix} P_{1+} \\ Q_{1+} \end{bmatrix} = \begin{bmatrix} U_d & U_q \\ -U_q & U_d \end{bmatrix} \begin{bmatrix} I_d \\ I_q \end{bmatrix} \tag{7-107}$$

$$\begin{bmatrix} I_{Hd} \\ I_{Hq} \end{bmatrix} = \frac{1}{U_d^2 + U_q^2} \begin{bmatrix} U_d & -U_q \\ U_q & U_d \end{bmatrix} \begin{bmatrix} 0 \\ Q_{1+} \end{bmatrix} \tag{7-108}$$

$$\begin{bmatrix} i_{Ha}(t) \\ i_{Hb}(t) \\ i_{Hc}(t) \end{bmatrix} = \sqrt{\frac{2}{3}} \cdot \begin{bmatrix} \cos\omega t & \sin\omega t \\ \cos\left(\omega t - \frac{2\pi}{3}\right) & \sin\left(\omega t - \frac{2\pi}{3}\right) \\ \cos\left(\omega t + \frac{2\pi}{3}\right) & \sin\left(\omega t + \frac{2\pi}{3}\right) \end{bmatrix} \cdot \begin{bmatrix} I_{Hd} + \tilde{i}_d \\ I_{Hq} + \tilde{i}_q \end{bmatrix} \tag{7-109}$$

这样用转子坐标 d、q 分解法，我们可以把全部的谐波、负序、无功功率都加以补偿，留下来的系统电流是正序的基波电流。当电流得到治理以后，原来在线路阻抗上的谐波、负序等压降也会得到改善。

第 8 章

小波矩阵分析在电力系统中的应用

　　小波分析是 20 世纪末数学研究成果中最杰出的代表之一，也是国际科技界和工程领域中高度关注的前沿学科。目前，作为一种新的强有力的数学工具和分析方法，人们对它在各领域中的研究和应用形成了一股热潮，并取得了重大进展。小波分析是一种时域-频域分析，它在时域和频域同时具有良好的局部化性质。应用小波的多分辨率分析、小波包分解与重构等特性，可以聚焦到信号的任意细节进行分析。小波分析在信号检测、分解重构、特征提取、故障诊断与定位、信噪分离等应用中，表现出了巨大的优越性。这些工程应用领域中的研究成果，大大丰富了小波分析的实用意义，反过来也促进了小波分析理论的进一步发展。小波分析作为数学学科的一个分支，吸取了现代分析学中诸如泛函分析、数值分析、傅里叶分析、样条分析、调和分析等众多分支的精华，并包罗了它们的特色。由于小波分析在理论上的完美性以及在应用上广泛性，受到了科学界、工程界的高度重视。1988 年，Daubechies 构造出了具有有限支撑的正交小波基。它在数学家的小波分解过中提供有限的从而更实际、更具体的数字滤波器。这样，小波分析的理论大厦就基本奠定。1990 年，Daubechies 在美国作了 10 次小波讲座，把小波分析介绍到工程界中，"小波热"在工程界中就开始出现了，并且在图像处理、模型识别、地震预报、故障分析诊断、状态监视、CT 成像、语言识别、雷达等十几个学科领域中不断得到应用。

　　电力系统中，除了工频的稳态信号外，还存在着大量的暂态或非稳态信号。为了能有效地提取出这些信号中所包含的丰富的特征信息，就要求有一个灵活可变的"柔性"时频窗，小波就是为了能满足工程领域中的这种要求而出现的。小波变换作为一种新兴的时频分析工具，通过对小波基函数的伸缩和平移，在时—频相平面上产生窗口尺寸可变的"柔性"时频。分析低频信号时，时窗变宽，频窗变窄；分析高频信号，时窗变窄，频窗变宽，从而可以将暂态或非稳态信号在某一时间段内的相应频率成分提取出来。小波包变换则将小波变换中提取出来的细节部分进一步细分，从而可以实现任意分辨率的频带划分。暂态或非稳态信号的小波变换或小波包变换，为确定电力系统故障信号的突变时刻和频谱特性提供了有的时频局部化分析方法。

　　本书前面章节主要介绍了小波分析的基本概念、小波时域特性以及小波矩阵分析理论等几个主要部分。重点介绍了时频窗口，从连续小波变换到离散小波变换等常用的小波变换形式以及多分辨率分析等小波分析理论中的基本概念，通过小波矩阵分析，揭示了小波变换的实质。小波变换是把时域中的信号变换到时频域中去进行分析，但与傅里叶变换不同的是，小波变换分析的效果与选用的小波基函数有着直接的关系。因此，了解其小波变换或小波函数的时域特性，尤其是目前最常用的一些小波函数的时域特性，就显得十分重要。目前最常用的实值小波函数主要有 Daubechies（db2N）小波、Haar 小波、B 样条小波、双正交小波等；而为复值函数的 Morlet 小波，因其具有对称性及无限次光滑性，且时域支撑区短，不仅具有明确的解析表达形式，便于对信号进行小波变换的计算，而且还能同时给出信号小波变换的幅值和线性的相位信息，这一点在很多工程应用中是非常有用的，因此 Morlet 复值小波也得到了非常广泛的应用。

小波变换是在傅立叶变换的基础上发展起来的时频分析方法，在时域和频域都具有局部化能力，是同时具有时窗和频窗的双窗函数。它最大的特点是窗口尺寸可以根据信号的频率而自动调节，并且是一种基于"频带"的时频分析方法，因而非常适合于暂态信号或非稳态信号的分析。小波分析应用经过二十多年的探索研究，重要的数学形化体系已经建立，理论基础更加坚实。与傅立叶变换相比，小波变换是空间（时间）和频率的局域变换，因而能有效地从信号中提取信息，通过伸缩平移等运算功能，对函数或信号进行多尺度细化分析，而且在时域和频域两域中都具有表征信号局部特征的能力，解决傅立叶变换不能解决的许多困难问题。原则上能用傅立叶分析的，均可用小波分析，甚至能获得更好的结果。本书前 7 章已对小波基本理论和相关技术作了铺陈，特别是有关各种小波在时频分析、滤波、突变时刻、数据压缩远传等作了十分详细的实例分析，因而以下应用的分析介绍有些只需点到为止，当有新的概念时也将展开详细讨论。

8.1 故障分析

设备的可靠性（即可靠度）与设备的故障率是相对的概念，即故障率越高可靠性就越差。由此可知，减少故障率（或提高可靠性）的途径一方面是提高产品的质量，另一方面是不断地监测产品的运行状态，预测其发展趋势，可能把故障消灭在萌芽状态。工程实践使人们认识到，要使设备可靠有效的运行，充分发挥其效益，必须发展设备监测和故障诊断技术。时至今日，随着科学技术的发展，各种工业设备日趋复杂与精密，故障的危害性及故障诊断的难度也愈来愈大了。设备结构日趋复杂，系统的非线性更强，系统故障导致的外部特征也就更为复杂，这就使得基于线性分析的诊断技术一般难于解决大型、复杂设备的诊断问题。于是，在强干扰、多特征、多故障的条件下，诊断中的许多不确定问题已成为诊断难点。因此，对故障诊断技术进行研究具有非常重要的意义。从对故障进行处理的角度来看，数字信号处理技术始终是进行故障诊断的核心，特别是小波分析理论和现代数字信号处理技术的出现和发展，使故障分析如虎添翼。

小波变换作为信号处理的一种手段，逐渐被越来越多领域的理论工作者和工程技术人员所重视和应用，并在许多应用中得了显著的效果，同传统方法相比，产生了质的飞跃，证明了小波技术作为一种调和分析方法，具有十分巨大的生命力和广阔的应用前景。由于小波分析在低频部分具有较高的频率分辨率和较低的时间分辨率，在高频部分具有较高的时间分辨率和较低的频率分辨率，很适合于探测正常信号中夹带的瞬态反常现象并展现其成分，从而小波变换也被誉为"数学显微镜"。它在信号的分解与重构、信号和噪声的分离、特征提取、数据压缩等工程应用中，显示出巨大的优越性，利用连续小波变换进行动态系统故障检测与诊断具有良好的效果。

故障分析技术是正在迅速发展的研究领域，是随着实际应用需求与多学科理论两方面交替发展而出现的。从实际应用方面看，随着现代化技术水平的不断提高，各类工程系统的复杂性大大增加，系统的可靠性和安全性已成为保障经济效益和社会效益的一个关键因素，得到了广泛的重视；从学科理论发展方面而言，故障诊断具有很强的学科交叉性，现代控制理论、信号处理、模式识别、人工智能等学科领域近 20 年来的迅速发展，为解决复杂系统的故障诊断问题提供了有力的理论基础。电力系统是关系国计民生的重要行业，它的正常运行是保证工业生产和居民生活的基本保证，因此为保证安全生产、人民生活的顺利进行，必须能够及时发现并切除电力系统中的故障。

传统的傅立叶分析主要适用于平稳信号，将其用于分析瞬态故障信号，则会丢失瞬态信号的局部信息，产生较大的分析误差。加窗傅立叶变换运用固定的"刚性"时窗在分析突变的频率信号时仍有局限性。小波分析克服了这种不足，其可调的"柔性"窗对信号细节有"聚焦"功能，特别适合分析和检测出信号的突变成分。

小波变换是近年来发展起来的一种用于处理非平稳信号的分析方法。小波变换不仅具有良好的时频局部性，而且还具有变焦距的特点，能够准确地识别出故障信号中奇异点，正是基于小波变换的这一良好特点，电力工程技术人员选择将其作为电力系统故障分析的方法。理论和实践都证明了小波变换在电力系统故障诊断中的实用性及其优越性。

目前利用小波变换进行故障诊断的方法有三种。①利用观测信号的奇异性进行故障诊断：动态系统的故障通常会导致系统的观测信号发生变化，若采取一定的措施消除系统状态变化以外的因素的影响，直接利用连续小波变换检测信号的奇异点就可以检测出系统故障；②利用信号频率进行故障诊断：系统的故障通常会导致系统检测信号的频率发生变化，若能采用一定的措施消除系统状态变化以外的因素对检测信号的影响，则利用离散正交小波变换分析检测信号的频率结构对事件的变化情况，就可以检测出系统的故障；③利用脉冲响应函数的小波变换进行故障诊断。连续系统脉冲响应辨识方法的基本思想是将系统的脉冲响应函数转化为在一组正交函数基上的投影系数的辨识，辨识结果具有明确的频域物理意义。

故障可以理解为系统至少有一个重要变量或特性偏离了正常范围。广义的讲，故障可以理解为系统的任何异常现象，使系统表现出所不期望的特性。根据故障发生的部位可以把生产过程系统的故障分为元部件故障、传感器故障、执行器故障；根据故障的时间特性，可把故障分为突变故障和缓变故障；根据故障发生的形式，还可以把故障分为加性故障和乘性故障。

故障诊断技术是一门综合性技术，它涉及现代控制理论、可靠性理论、数理统计、模糊集理论、信号处理、模式识别、人工智能等学科理论，因此它是一门多学科交叉的实用性技术。一般来讲，系统故障分析诊断主要包括四个步骤。

（1）故障检测：检测系统状态的特征信号，以便及时发现控制系统发生的故障报警。这主要与检测技术、传感器技术及电子技术有关。提高故障的正确检测率、降低故障的漏报率和误报率，一直是故障检测与诊断领域的前沿课题。

（2）故障分离：从所检测到的特征信号中提取征兆，即信号处理与特征变换，根据检测到的信号寻找故障源，确定故障类型及大小。这主要依靠数学工具，目前的技术已经扩展到小波变换、自适应共振理论、神经网络等。

（3）故障评价：将故障对系统性能指标、功能的影响等作出判断和评估，评价故障等级，其中故障评估是在弄清故障性质的同时，计算故障的程度、大小及故障发生的时间等参数。

（4）故障决策：根据故障检测的信息及故障评价的等级来进行故障定位，并且足够准确，它主要包括 3 种方法，即状态估计方法、等价空间方法和参数估计方法。

1. 电力系统常见故障分析

在实际应用中，由于自然条件（如污秽、雷击、大风、雨雪和冰冻等）、制造质量、运行维护诸方面的因素，电力系统中各组成部分（如发电机、变压器、母线、输电线、电抗器、电容器、电动机等）发生短路故障或异常运行工况是不可能完全避免的，因而如何采取有效措施，合理分析电力系统故障并进行及时的保护是保证电力系统运行安全可靠的重要保障。

电力系统中多数故障的原因是相与相之间的短路，在中性点直接接地的系统中，还有相与地之间的短路。发生短路时，短路电流可能达到很大的值（上万安甚至十几万安）。这样大的电流所产生的热和力的作用会使电气设备受到巨大的破坏。为了预防这种情况，电气设备必须有足够的机械强度和热稳定度，也就是说必须经得起最大可能短路电流的作用，而不致损坏。

发生短路的主要原因是电气设备载流部分的绝缘损坏，如果预防性的绝缘试验没有进行，或者进行的不够仔细，则由于绝缘的自然老化就可能发生这种情况；绝缘损坏还可能由于过电压（雷击等）和任何机械损伤（如外力破坏损伤电缆等）所引起；运行人员的误操作（如未拆地线就合闸，或者大负荷拉隔离刀闸等）也要引起故障；鸟兽动物跨越裸露的带电载流部分时，也会造成短路。

当由很多发电厂组成的电力系统发生短路时，其后果更为严重，由于短路造成电网电压大幅度下降，可能导致并列运行的发电机失去同步，或者致电网枢纽点电压崩溃，所有这些都有可能引起电力系统瓦解而造成大面停电事故。

实践经验指出，电力系统在运行过程中，有可能发生各种故障和不正常运行的情况。最常见的故障是各种类型的短路，其中包括三相短路、两相短路、两相接地短路、不同地点的两相接地短路、单相接地短路（还有电动机和变压器绕组的匝间短路）等。电力系统发生故障后，系统各部分的参数（电压、电流以及它们之间的相位等）都将发生变化。因此，在选择保护方式、研究保护装置的原理、分析保护的动作性能以及整定计算时，都需要对故障和不正常运行情况进行具体分析和计算。

　　当电力系统发生故障时，如果没有及时发现这些故障，并采取相应的措施来防止其发生，那么将会带来不可设想的后果。由于电力系统在工农业生产和人民生活中起着举足轻重的作用，是保证工农业生产和居民生活的一个重要的保障，因此，对电力系统进行故障分析是必须的，也是非常有价值的。实际应用中，我们通常是在对电力系统进行故障分析总结后，然后根据已有的理论知识及经验选取合适的方法对故障进行判断，确定其位置大小等，进而采取措施来减小或者去处置故障，以尽量减小系统发生故障带来的损失。

　　为保证电力系统的安全、可靠运行，需要对电力设备进行状态监测和故障判断。根据电力设备运行中测得的各种信号，通过信号分析来判别其运行状态，若能在采集到设备故障信息突变瞬间即捕获此突变时刻以及突变量的大小，利于在故障初期及早采取措施使系统恢复正常。对于故障的识别，常通过故障信号幅值和频率成分等信息的分析，并结合电力设备已有的故障征兆进行判断，便于故障的定位和快速检修。小波变换的相位信息往往对奇异性更为敏感，易于捕获奇异点，准确地检测出信号突变。因此可选用复值小波计算小波系数，但每次计算均需完成一次完整的积分，其计算量随数量迅速增加。因此寻求一种满足实时要求的快速算法，并保留原有的计算精度，对于迅速捕获设备非正常信息，在设备故障早期阶段就能发出预报，提高设备运行可靠性有着极其重要的意义。

　　暂态信号分析是电力系统故障分析和暂态保护的基础和依据，小波变换为暂态信号分析提供了强有力的数学工具。暂态信号的识别、处理和利用是电力系统状态监视、故障诊断、电能质量分析的依据，也是新一代继电保护——暂态保护技术发展的基础。高压输电线路和电力设备故障发生后，其电压和电流中含有大量的非工频暂态分量，而且故障分量随着时刻、故障点位置、故障点过渡电阻以及系统工况的不同而不同，故障引起的暂态信号是一非平稳随机过程。电压下降和闪变、瞬时中断、谐波等信号也是非平稳信号。传统的方法大多是基于傅立叶变换的数字滤波实现，由于傅立叶变换不具有频率局部化特性，因而该方法在处理非平稳故障信号时有着局限性。

　　电力系统暂态信号分析包括滤波与去噪、信号检测与分类识别、数据压缩等内容，并应用于故障诊断、谐波分析、继电保护、故障定位及故障录波等领域。电力系统暂态信号是较复杂的，如系统发生故障后，实测故障电流一般是包含工频基波分量、各次谐波分量、故障暂态分量和一些噪声的混合信号。滤波与去噪计算的目的在于，在噪声背景下求工频基波及各次谐波的辐值和相位，定位高频暂态分量。基于小波变换滤波和去噪的特性，利用二次小波变换法、小波反变换法、小波包变换等，能够从缓变和窄带干扰中有效提取高压变局部放电脉冲，具有实时性、非破坏性等特点，适合于在线监测。基于小波变换的微机保护数字滤波利用信号在小波基上的分解和重构，能够滤除衰减直流和高频分量，不需要对时间常数作近似处理。

　　20 世纪 90 年代以来，小波理论及其工程应用逐渐得各国数学家和工程技术人员的高度重视。小波分析被认为是对傅立叶分析的重大突破，与短时傅立变换相比，小波变换提供了一个可调的时间—频率窗，当观察高频信号时它的时窗自动变窄，当研究低频信号时时窗自动变宽，即具有"变焦距"的特点。小波变换的另一特征就是它能表征信号的奇异性，用信号在不同尺度上小波变换的模极大值表示信号的突变特征，是小波变换分析的另一个实用领域。

小波变换应用于电力系统的研究最近十几年才得以展开，分析和处理暂态信号更是一个新的课题，但它已在暂态信号分析领域显示了其优越性和广阔的应用前景。近几年国内外小波理论及其在电力系统暂态信号分析领域的研究成果表明，小波在滤波与去噪、暂态信号检测与分类、谐波分析、继电保护、故障测距、数据压缩及故障录波、设备故障诊断等方面的有十分重要的应用前景。

2. 故障分析任务

分析电力系统及其相关的监视、控制和保护设备都有着复杂的动作特性。系统发生故障时，故障分析方法也将变得非常的复杂。按照复杂性程度，可以把故障分析分为四个层次：①独立事件分析；②独立装置分析；③保护网络分析；④全系统复杂多重故障分析。

（1）独立事件分析。

对单个故障事件进行分析是故障信息系统最基本的任务。例如，在系统发生故障后后，利用故障录波数据进行各种故障分析，如确定故障前后的相量、判断故障类型、区分故障与振荡、判别故障发生时间和持续时间、故障测距及谐波分析等。独立事件分析可能需要来自多种装置的故障信息，如故障录波数据和保护动作事件。独立事件的分析方法主要是数字信号处理技术及电力系统基本故障分析技术。当系统中发生简单故障，且保护、断路器均正确动作时，独立事件分析技术即可满足电网故障分析的需要。

（2）独立装置分析。

对独立装置进行分析主要是对保护、断路器等装置的动作行为进行分析。例如继电器特性分析。进行独立装置分析时，往往需要综合利用多个故障信息源。以继电器特性分析为例，首先需要故障录波数据，以绘制阻抗轨迹、进行故障回放；其次需要保护当前定值以及保护特性值；最后还需要保护事件报告，以获知保护实际动作情况。独立装置的分析方法主要是电力系统基本故障分析技术，独立装置分析技术只能分析特定装置自身动作行为是否正确。当系统中有多个装置连续动作时，利用该方法并不能分析出故障的真实原因和发展过程。

（3）保护网络分析。

所谓"保护网络"，是指由电力系统主设备（线路、变压器、母线等）及其相关的保护、断路器、录波装置等构成的网络。对于线路纵联保护还包括通信通道。依据保护原理，上述一次设备、二次设备以及通信设备构成了一个因果关系网络。当主设备发生故障时，正确的动作顺序包括保护启动、断路器动作、故障被切除及重合闸启动等。而当保护、断路器及通道等发生异常时，该保护网络内部将出现各种不同的动作行为。保护网络的分析技术主要包括基于模型推理、基于逻辑推理及基于规则推理等各种人工智能技术。保护网络分析技术只能围绕一个主设备，分析在一次电网事故中其保护网络内设备的故障性质、装置动作顺序并给出动作评价。

（4）全系统复杂多重故障分析。

电网故障不再局限于单个设备时，就需要进行全系统复杂多重故障分析。进行全系统复杂多重故障分析时，将综合利用上述独立事件分析、独立装置分析及保护网络分析等三个层次的分析技术。例如，可以将故障分析过程划分为以下四个步骤：

1）识别故障范围。电力系统发生故障时，断路器用于隔离故障设备。因此，利用断路器状态是识别故障区域的方便方法。若不能得到断路器状态，还可以利用故障录波数据中包含的模拟量、开关量判别故障范围。在故障范围内的所有主设备都被视为候选故障设备。

2）确定保护网络。对于每个候选故障设备，确定所涉及的保护网络范畴。

3）做出故障假设。根据上述保护网络，作出所有可能的故障假设。每种故障假设都可以解释已监测到的故障现象。这一步是故障分析中最为复杂的阶段，需要综合利用网络拓扑、电力系统分析及保护动作逻辑等多种知识。当系统中发生复杂多重故障时，还需利用多事件的动作时序。

4）可信度计算。对于每种故障假设需综合利用事件发生概率、故障信息的可信度及规则强度等计算其综合可信度。利用综合可信度分析各故障假设，具有最高可信度的故障假设将作为故障分析结果。

因此，就分析技术而言，全系统复杂多重故障分析将综合使用时序逻辑推理、规则推理及模型推理等人工智能技术。由于故障信息具有不完整、不一致等特征，还将利用模糊处理技术以及信息融合技术等。

3. 故障分析技术

电气设备故障分析主要是对各级各类保护装置产生的动作告警信息、断路器的状态变化信息及电压、电流等电气量测值的特征进行分析，根据保护动作的逻辑和运行人员的经验来推断可能故障位置和故障类型。这个分析过程既包括定量分析，也包括定性分析。传统的故障分析法主要是对电压、电流进行定量分析，用到的技术包括电力系统分析技术及数字信号处理技术。但是，电网故障分析和事故处理中包含了大量难以用传统的数学方法描述的内容，而人工智能技术则由于其善于模拟人类处理问题的过程，具有一定的学习能力等特点，在这一领域得到了广泛的应用。目前如专家系统、人工神经网络、模糊理论、遗传算法等人工智能技术在此领域得到了应用。

常用的故障分析技术除了基础的数字信号处理技术之外，定量的电网故障分析技术可大致分为两类：基于相量的分析技术和基于暂态信息的分析技术。前者认为电网的故障特征主要由故障电压、电流的工频分量表达，通过对工频分量变化特征（包括幅值和相角）的分析即可完成故障分析，非工频分量都应该从信号中滤除掉。为了取得工频分量，傅立叶变换得到了广泛的应用，并获得了巨大的成功。实际上，输变电设备发生故障后，其电压和电流中含有大量的暂态分量，这些暂态分量中隐藏了更为丰富的故障特征。随着电网向着智能化、复杂化的方向发展，电网中非线性元件越来越多，对故障诊断的准确性和快速性的要求越来越高，这使得基于暂态信号的故障检测与分析技术越来越得到重视。其中，小波分析是近年来广为流行的数字信号处理技术。

小波分析被看作是综合了泛函分析、傅立叶分析、样条分析、调和分析、数值分析等数学领域半个世纪以来研究成果的结晶。在应用领域，它已经和将要广泛应用于信号处理、图像处理、量子场论、地震勘探、话音识别与合成、雷达、流体湍流、天体识别、机器视觉、电器故障诊断与监控、CT 成像、彩色复印及数字电视等领域。一般而言，凡是采用傅立叶分析的地方都可以用小波分析取代。小波分析优于傅立叶变换的特点是：它在时域和频域同时具有良好的局部化性质，由于对高频成分在时域（或空域）中采用逐渐精细的取样步长，可以聚焦到对象的任意细节。从这个意义上说，它被人们誉为"数学显微镜"。

4. 小波分析在故障分析方面的基本原理及应用

电力系统发生故障后的电流电压信号是突变的、具有奇异性的信号，对于这种种信号的奇异性分析，傅立叶变换是无能为力的。这是因为傅立叶变换是纯频域分析方法，它在时域上没有任何分辨能力。而小波变换最突出的优点是：它在时域和频域同时具有良好的局部化特性，因此，它能成为分析像故障电流电压这样非平稳变化或具有奇异性的其他信号，如分析区别变压器励磁涌流和故障电流。在电网故障分析领域方面，小波分析技术的主要应用及其基本原理如下。

（1）故障数据压缩

电力系统中对于一个平稳变化的工频正弦信号，傅立叶变换是一个有效的数据压缩工具。但当电力系统发生故障后，用傅立叶变换压缩数据将造成数据丢失。故障录波器数据量很大，庞大的数据量无论对于数据存储还是数据传输都是一个挑战。利用小波变换分解和重构特性可以对故障数据进行压缩。该方法首先确定一个阈值，然后将绝对值小于阈值的信号的小波变换系数置为零，仅仅记录非零系数的位置及其数值。这种方法的压缩比主要决定非零系数所占的比例，一般压缩后的数据长度只有原信号的 $1/6 \sim 1/3$，相应的压缩缩率可达到 $3 \sim 6$ 倍。在故障录波中，传统的数据压缩难以准确反映故障发生、切除时刻及设备投切先后。且随着录波精度和采样频率的提高，海量的采样数据要记录下来，传递给调度中心将变得相当困难。基于 Mallat 算法的数据压缩具有较高的压缩比，最高可达 480：1。一类数据压缩方法是对离散小波变换的离散细节设立门槛值，去除冗余信息后对信号重构。另一类是直接由各尺度下模极大值重构信号。这种重构是对信号的近似恢复，但工程应用中，这种重构误差是能够满足要求的，在电力故障录波和数据传输方面有较好的应用前景。

（2）故障时刻检测

电力系统发生故障后，电流、电压、阻抗等电气量都将发生比较剧烈的变化，其奇异性是很明显的。根据其奇异性及奇异点的指数，可以判定故障是否发生。对于故障后暂态行波奇异性更为显著。因此，使用小波变换的奇异性检测理论可以检出奇异点位置，而准确判定故障发生的位置和时刻。

（3）电网故障和振荡的识别

虽然振荡与故障的电流波形都具有很大的峰值，但振荡和故障有其自身的特点决定了它们在各个频带中的表现会有区别。如果能选择适当的小波函数，对它们进行频带划分分析其在各频带上的表现细节，将可获得有效的判据。例如，当选取 Daubechies 5 阶

（Db10）正交小波基为母小波时，对电流波形进行带通滤波，在尺度 1 上得到了小波变换的细节版本。以采样率为 1200Hz 为例，其细节版本为 300～600Hz 的高频分量，该分量在振荡时相对较小，即使振荡生功角突变、切机、甩负荷等异常情况或操作，该分量仍然较小。而在系统正常运行时发生故障，将引发一个强烈的暂态过程，故障电流中的高频分量比起振荡电流要大得多。即在振荡中发生故障，该高频分量也足以与纯振荡和振荡中出现各种异常情况时振荡电流中的高频分量相区别。

（4）变压器故障和励磁涌流的识别

利用小波对奇异信号检测的优点是能够有效区分变压器内部故障和励磁涌流，由于变压器空载合闸差动电流具有间断特性，内部故障时电流波形是连续变化的。因而，励磁涌流和内部故障时差动电流的小波系数表现出不同特征。利用二次中心 B 样条小波对差动电流信号进行小波分解，由前后半波小波系数在数值和方向的对称度，可以建立变压器故障和励磁涌流的小波识别判据。

（5）高压线路故障类型和故障性质的判别

高压输电线路发生故障后，线路上将出现运动的电压和电流行波，这种电压和电流行波的主要特征是：随着各种电流行波分别陆续到达检测点，行波信号将出现“突变”。使用三次中心 B 样条小波对电流行波实施二进小波变换，行波信号将出现模极大值。这些模极大值标志着电流行波中的最主要的故障特征，利用这些模极大值可以构造出基于电流行波故障的各种判据。

（6）行波故障测距

依据小波奇异性检测性质，小波变换模极大值及其极性可以很好地表示输电线路故障行波信号的主要特征。因此可以利用小波变换来进行行波故障测距，主要思路是运用小波变换此类具有奇异性、瞬时性的故障信号加以分解，得到在不同尺度上的用小波变换模极大值表示的故障信息，利用小波奇异点检测确定线路故障发生的时刻及其两次行波波头到达检测点的时间间隔，从而推算出故障位置，达到故障定位的目的。

8.2　接地选线

我国配电网广泛采用中性点不直接接地方式，其单相接地故障率最高。当发生单相接地后，非故障相电压升高为原来的 1.73 倍，个别情况下，接地电容电流可能引起故障点电弧飞越，瞬时出现比相电压大 4～5 倍的过电压，导致绝缘击穿，进一步扩大成两点或多点接地短路；故障点的电弧还会引起全系统过电压，常常烧毁电缆、配电开关柜，甚至引起火灾，火烧连营。因此，配电网的单相接地故障严重威胁着配电网的安全可靠性，为防止事故扩大，运行中希望尽快选择出故障线路并进行处理。但是由于单相接地是通过电源和输电线路而对地分布电容形成的短路回路，故障点的接地电流较小，因此其故障选线问题一直未能得到很好解决。

近年来，随着小波技术的发展，人们将小波的这种时频局部化、多分辨率分析的特点应用到了配电网的单相接地故障选线中。小波分析是近 20 年来发展起来的一门新兴数学分支，它是傅立叶分析划时代发展的结果，是 20 世纪数学研究成果中最杰出的代表之一。如何做到小波的理论与工程实际应用的有机结合，是一个富有挑战性的难题，这不仅需要对小波理论有较深的理解，同时还必须具有从事工程应用性课题的研究实践。

中心点不接地系统，发生单相接地时，接地线路零序电流和非接地线路零序电流方向是相反的，如图 8-1 所示。也可用零序电压做参考，判别零序无功功率方向，接地选线本来并不困难。如果接地初始含有高次谐波电流成分，可用小波滤波的办法取出其低频主波即可。图 8-2 中只画出尺度 3 下的双尺度小波分解结果。

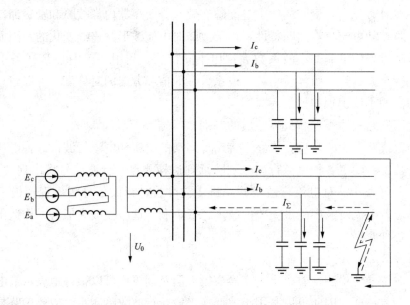

图 8-1　中心点不接地系统发生单相接地时，零序无功功率流向的对比

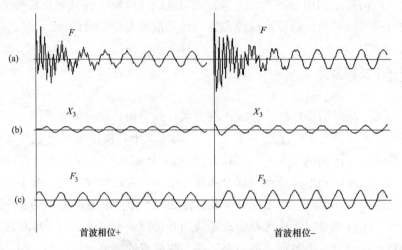

图 8-2　用小波分解提取低频主波的办法来滤波

(a) 原始波形；(b) 高频细波；(c) 低频主波

但当系统含有消弧线圈时，而且消弧线圈已经全补偿系统接地电容电流，由于这时消

弧线圈的电流是通过接地故障点，沿着接地故障线路流回的，它和接地电容电流相位相反，相互抵消，造成所有线路的零序电流流向相同，造成接地选线判别的困难。但目前消弧线圈也有采用可控硅控制电感量的，这时消弧线圈的电流会包含有谐波成分，而这个谐波成分只通过接地线路回流，因而我们可以通过小波分析来判别接地线路。如图 8-3 和图 8-4 所示。

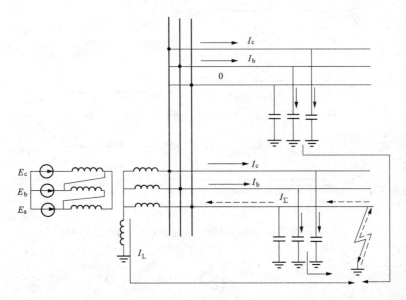

图 8-3　中心点经消弧线圈接地系统发生单相接地时，零序无功功率流向的对比

当消弧线圈没有消除瞬间接地而转入永久单相接地故障时，也可以通过改变补偿电流的大小来帮助判别，因为只有接地故障线路的零序无功功率的大小方向才会变化，而正常线路的零序无功功率的大小是不会改变的。

有的学者提出用行波的办法来解决接地选线问题[39]，接地线路行波变化的方向和正常线路的行波变化方向不同，它的优点在于和中心点有无消弧线圈都无关，但要求高速密集抽样才行，如图 8-5 所示。

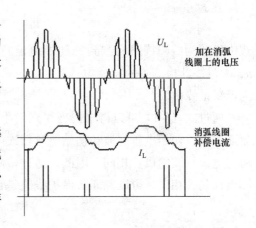

图 8-4　可控硅控制调节

文献中为了验证电流行波接地选线装置选线原理和各个功能的正确性，利用暂态行波保护测试仪模拟了各种现场接地，对选线装置进行了实验室验证。验证内容包括：装置是否实现了可靠的高速通信和数据采集，电流互感器安装方式、中性点接地方式和过渡电阻选线结果是否准确，接地发生后是否报警。结果证明，装置原理正确，各项功能达到研制目标，可实际应用于电力系统。

为了简化计算，假设所有母线出线的波阻抗一致，不难证明对于任何一条馈线发生单相接地故障，可以得到：

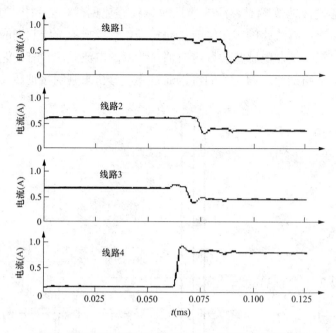

图 8-5　用接地行波方向判别来确定单相接地故障线路

$$
\left.\begin{aligned}
i_F &= \frac{2(n-1)}{n}\frac{u_r}{z}\\
i_N &= \frac{2}{n}\frac{u_r}{z}\\
u_M &= \frac{2}{n}u_r
\end{aligned}\right\} \tag{8-1}
$$

式中：i_F 为故障线路检测到的初始电流行波；i_N 为非故障线路检测到的初始电流行波；u_M 为母线处检测到的初始电压行波；u_r 为故障产生的电压入射波；z 为线路波阻抗；n 为母线馈线数。

通过式（8-1）可以得出：当线路发生单相接地故障后，可以检测到故障行波。对于故障线路，初始电压行波和初始电流行波的极性相反；对于非故障线路，初始电压行波和初始电流行波的极性相同。因此，通过检测线路是否出现故障行波，且电压行波和电流行波极性是否相反，可以判断所保护线路是否发生了故障。上述分析主要针对单相系统。

8.3　故障测距

如果单相接地故障的电流行波在零序电压感生震荡衰减的脉冲，如图 8-6 所示，则可通过小波分解放大突出等时间隔的脉冲，据此可用于故障测距用。

随着电力系统规模的日益扩大，高压远距离输电线路日益增多，输电线故障对电力系统运行、工农业生产和人们日常生活的危害也愈加严重。高压架空线路的准确故障测距是从技术上保证电网安全、稳定和经济运行的重要措施之一，具有巨大的社会和经济效益。长期以来，高压输电线路的准确故障测距受到电网运行和管理部门以及专家学者的广泛重视。

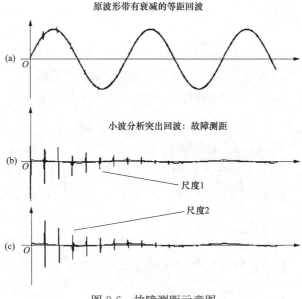

图 8-6　故障测距示意图

8.4 波形识别

8.4.1　滤出主模态

对于多频复合的震荡衰减信号，利用小波分解可滤出低频主模态信号和高频信号，如图 8-7 所示。

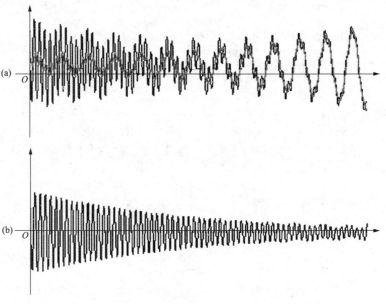

图 8-7　从复合信号中滤出主模态低频信号及高频信号

（a）低频主模态信号；（b）高频信号

8.4.2 压降相位突变区

如图 8-8 所示，电力系统中有时支线负荷的投切，对电压幅值影响不大，但电压相位会有些变动，利用小波分解可以分析出相位突变的时刻，当然需要两种尺度下确认，才能更可靠的认定。尺度 1 和尺度 2 下的波形比例都有所放大，才更易看清。

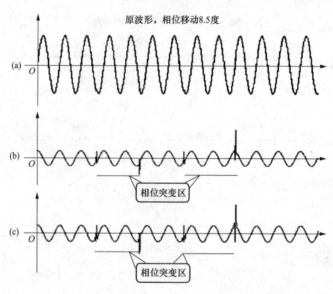

图 8-8　用两种尺度的小波分析确定电压相位突变的时刻

（a）原波形；（b）尺度 1 分解结果；（c）尺度 2 分解结果

而图 8-9 是用两种尺度的小波分析确定电压下降到 90％的时刻。

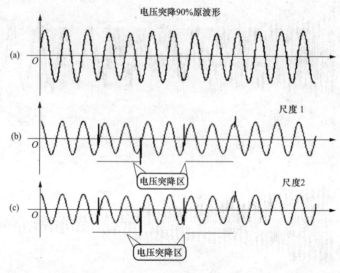

图 8-9　用两种尺度的小波分析确定电压下降到 90％的时刻

（a）原波形；（b）尺度 1 分解结果；（c）尺度 2 分解结果

8.4.3　局部频率

高频、低频完全分开的波形图如图 8-10 所示。

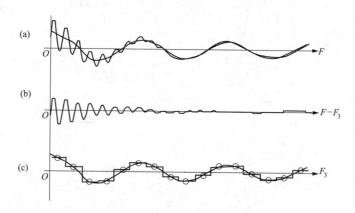

图 8-10　高频、低频完全分开

（a）原始波形；（b）高频细波；（c）低频主波

8.4.4　斩波识别

对于以 PWM 方式表达的间断波信号，其主模态的内容可通过小波分解给出。用 Haar 小波作斩波识别，原始波形为锯齿波，如图 8-11 所示。

用 Db10 作斩波识别，原始波形为锯齿波，如图 8-12 所示。

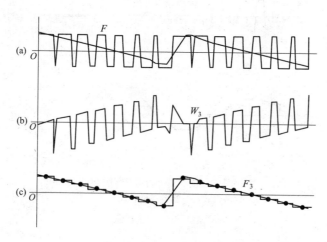

图 8-11　用 Haar 小波作斩波识别

（a）原始波形；（b）高频细波；（c）低频主波

8.4.5　调幅斩波

用 Haar 小波作调幅斩波，如图 8-13 所示。

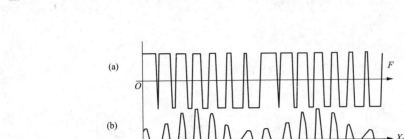

图 8-12 用 Db10 作斩波识别

（a）原始波形；（b）高频细波；（c）低频主波

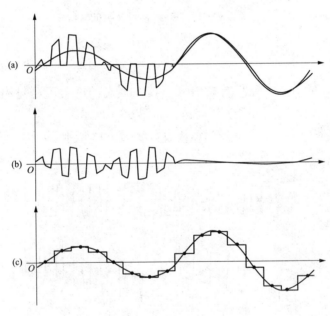

图 8-13 用 Haar 小波作调幅斩波

（a）原波形；（b）高频谐波；（c）低频主波

8.4.6 协助 Prony 分解

Prony 分解是专门为振荡衰减的函数分解而用，它对噪声十分敏感，用小波分解剔除噪声，滤出主模态，有利于 Prony 分解的解算。分析结果如图 8-14 所示。

8.4.7 主模态数据远传

数据 C_3（16 点）远传，在对侧可复原 128 点的低频主波图形 $F3$，如图 8-15 所示。

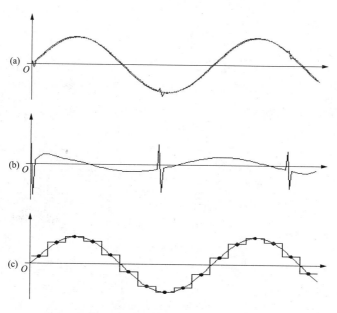

图 8-14　剔除噪声信号，有利 Prony 分解的分析

（a）原波形；（b）噪声放大；（c）去噪声

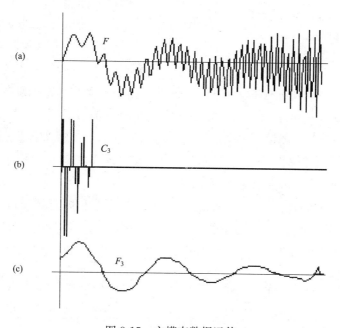

图 8-15　主模态数据远传

（a）尺度 1 原始波形；（b）尺度 3 低频时谱；（c）尺度 3 低频主波

8.5　电能质量分析的新判据

　　故障分析一般着重正常信号为零，而故障时就有显示的参数，如零序电压、电流，负序电压、电流，除此之外，综合分析其他导出量也很关键，现分述如下。

1. 异步电流和动态异步电流能量[28][13]

异步电流能量是从交变的电枢反映磁场会导致发电机转子涡流发热的观点[13]，来推算有害能量的指标。它假想站在发电机的转子上看三相负荷电流的电枢反映磁场，当三相电流对称无谐波时，它相对转子是一恒定磁场，故它不会在转子中感生涡流；若三相电流不对称或包含谐波，则它相对转子是一个不断变化的异步磁场，故它在转子中必然会感应出涡流热量，称作异步电流能量，并以它作电能质量指标。

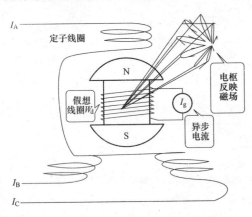

图 8-16　三相电机电枢反映磁场和
异步电流的示意图

如图 8-16 所示，假想在发电机的凸极转子上加绕一个线圈 W_d，并接有灯泡，当三相电流对称时，其负荷电流的电枢反映磁场，相对转子而言是一恒定磁场，故它不会在 W_d 线圈中感应电动势，因而灯泡也不会发热；若三相电流不对称或包含谐波，则三相电流的电枢反映磁场相对转子而言是一个不断变化的磁场，故它在线圈 W_d 中必然会感应出电动势，灯泡中会流过电流并发热。这灯泡中发的热量，称作异步电流能量，简称异步能量，而灯泡中流过的电流称作异步电流，它是因三相电流的电枢反映磁场和转子不同步而引起的。由此可见，用异步能量的观点，可以允许三相电流是任意的时间函数，甚至是非周期的函数，从而使常规的谐波和负序概念得以扩充为异步电流和异步能量。

随着电网中谐波和负序电流明显增加，不论是对发电机，还是对用户负荷性质的考核，都应将负序电流和三相谐波电流的综合影响归纳成一个指标来衡量。但目前对发电机转子发热的影响，只考虑负序电流 I_2 或负序电流能量 $I_2^2 T$ 的影响，而未计及谐波电流的影响；对用户负荷只孤立地看各相电流、电压的各次谐波分量，而未计及三相不对称电流的影响。本节引出异步电流能量，我们用数字采样构成的异步电流能量仪的课题。

异步电流 I_g 的数字化公式：为了能和谐波分析同用一组数据进行异步能量的计算，需要提出异步能量的数值计算公式，可以将问题退回到周期函数的概念。

$$\begin{bmatrix} i_d(t) \\ i_q(t) \end{bmatrix} = \begin{bmatrix} I_d + \tilde{i}_d(t) \\ I_q + \tilde{i}_q(t) \end{bmatrix} = \sqrt{\frac{2}{3}} \begin{bmatrix} \cos\omega t, \cos\left(\omega t - \frac{2\pi}{3}\right), \cos\left(\omega t + \frac{2\pi}{3}\right) \\ \sin\omega t, \sin\left(\omega t - \frac{2\pi}{3}\right), \sin\left(\omega t + \frac{2\pi}{3}\right) \end{bmatrix} \begin{bmatrix} i_a(t) \\ i_b(t) \\ i_c(t) \end{bmatrix} \quad (8\text{-}2)$$

$$i_a(t) = \sum_{h=1}^{N} I_{ah}\sin(h\omega t + \theta_{ah})$$

当正常三相电流对称又没有谐波时，异步电流的 d, q 分量都是直流，没有交流成分，即

$$\left.\begin{array}{c} i_d(t) = I_d \\ i_q(t) = I_q \end{array}\right\} \quad (8\text{-}3)$$

由 $i_d(t), i_q(t)$ 在极坐标上构成李沙育图，理想电能质量时 $i_d(t), i_q(t)$ 构成的李沙育

图只是一个点，在直角坐标中，理想电能质量时 $i_d(t)$，$i_q(t)$ 只是两条水平线。

2. 广义电能质量分析仪

广义电能质量分析仪对三相电压、电流的采集数据进行 U、I、P、Q、$\cos\phi$、f 参数测量，谐波分析、三相序分量测量、异步电流能量、异步电流李沙育图、三相瞬时功率曲线等，图 8-17 是广义电能质量仪的测量界面。理想电能质量三相瞬时功率是一条水平线。

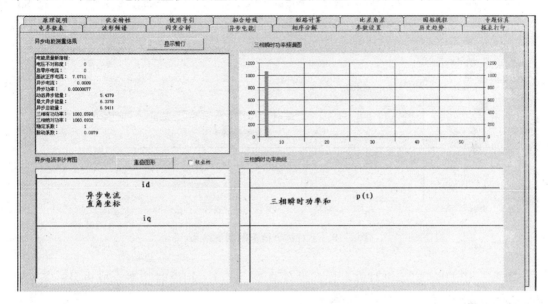

图 8-17　广义电能质量仪的测量界面

当 U，I 含 7% 不对称时异步电流 i_d，i_q 在极坐标中图像，三相瞬时功率合成是一条波浪线，如图 8-18 所示。

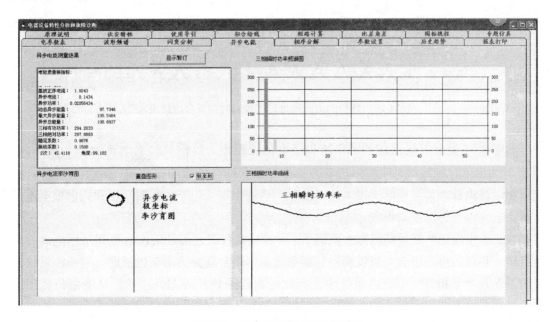

图 8-18　7% 不对称时的测量结果

炼钢厂不对称负荷时多次重叠异步电流与三相瞬时功率和复合图像，如图 8-19 所示。

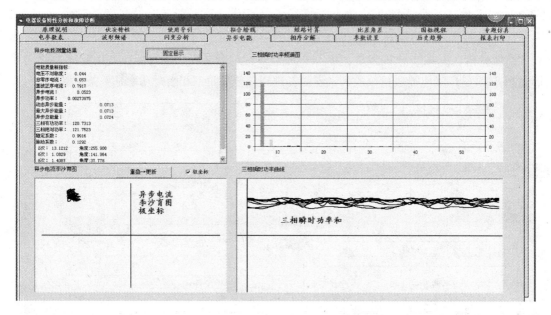

图 8-19　不对称负荷下的测量结果

如果三相电压、电流也对称，且都没有谐波，此时三相瞬时功率合成也是一条水平线，如图 8-20 所示。

$$P_{\Sigma}(t) = u_\mathrm{a}(t)i_\mathrm{a}(t) + u_\mathrm{b}(t)i_\mathrm{b}(t) + u_\mathrm{c}(t)i_\mathrm{c}(t) \tag{8-4}$$

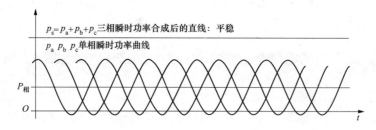

图 8-20　理想的电能质量，三相瞬时功率合成结果

如图 8-21 是电气化铁路的 AC 两相送电的波形图，B 相看起来电流波形是很小的。图 8-22 为电气化铁路的 AC 两相送电的异步电流李沙育图像和三相瞬时功率和图像，由于单相谐波负载，其异步电流很大，李沙育图轨迹也很大，三相瞬时功率和图像根本不是直线。它和理想标准差别很大。

在三相电流仍然是周期函数的前提下，异步能量仪表述的是谐波电流和负序电流对发电机转子热耗的综合影响。当被测的三相电流是某用户线路的谐波电流时，异步能量仪表述的是谐波电流和负序电流对系统中全部发电机转子热耗的综合影响。从发电机转子上看，三相电流基波正序分量的电枢反映磁场，是和转子同步旋转，即从转子上看，它是恒定磁场，因而是无害的。基波负序电流磁场以 2 倍同步速相对转子反转，所以是有害的，

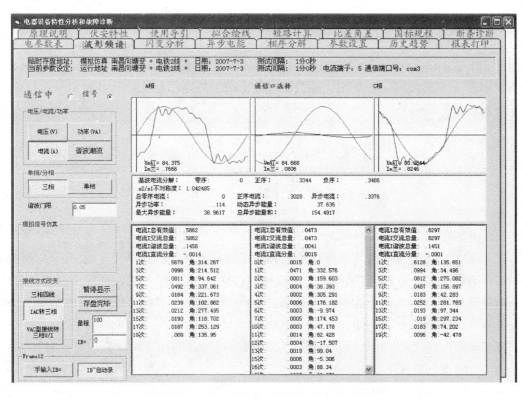

图 8-21　电气化铁路的 AC 两相送电的波形图

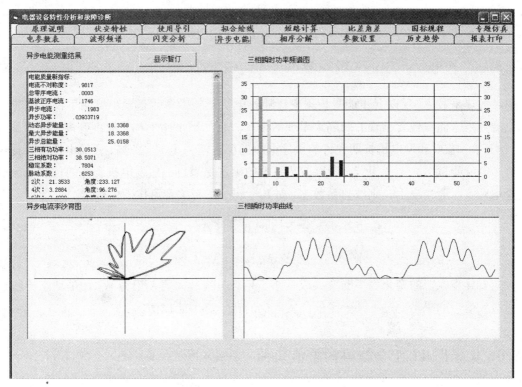

图 8-22　电气化铁路的 AC 两相送电的异步电流李沙育图像和三相瞬时功率和图像

其他各次谐波的正序或负序分量的电枢反映磁场，相对转子而言，或者向前或者向后旋转的，因而都会切割转子感应涡流，也是有害的，而零序性质的谐波很容易治理，只要用星-三角接线的变压器就可滤去，而且也不会流入三线制的电机中，故不予考虑，应当减去。事实上用式（8-2）计算 I_d、I_q 时，就会滤去各次谐波的零序电流，所以异步电流的数值公式可表达如下：

$$3I_g^2 = 3I_{1.负序}^2 + \sum_{h=2}^{N} \left[3I_{h.正序}^2 + 3I_{h.负序}^2 \right] \tag{8-5}$$

$$3I_g^2 = 3I_{1.负序}^2 + \sum_{h=2}^{N} \left[I_{Ah}^2 + I_{Bh}^2 + I_{Ch}^2 \right] - 3I_{0\Sigma}^2 \tag{8-6}$$

$$3I_g^2 = I_A^2 + I_B^2 + I_C^2 - 3I_{1.正序}^2 - 3I_{0\Sigma}^2 \tag{8-7}$$

式（8-5）表示，除了基波正序电流是和转子同步旋转，因而是无害的。而零序性质的谐波很容易治理，而且也不会流入三线制的电机中，故不予考虑，其他成分都是有害的。此外异步电流的数值公式也可表达如式（8-6）或式（8-7），但结合电参数的计算，还是以式（8-7）计算更为简便。

这感生的电流"I_g"叫做异步电流，"I_g"平方对时间的积分叫做异步能量 W_1，异步能量愈大，对发电机转子的伤害也愈大。

$$W_1(t) = \int_0^t I_g^2(s) ds \tag{8-8}$$

该仪器也给出了动态异步能量的结果，它由式（8-9）采用差分方程表达。

$$W_2[n] = I_g^2[n] + K_s \times W_2[n-1] = I_g^2[n] + \frac{1599}{1600} \times W_2[n-1] \tag{8-9}$$

式中，散热系数 K_s 反映异步能量积累中伴随着电机热耗散，动态异步电能不仅反映异步电流的大小，而且包含出现的间隔，出现的频次。它几乎正比于转子温度升高。散热系数 $K_s = 1599/1600$ 和发电机长期允许的负序电流的标幺值为 $I_{\infty*} \leqslant 7\%$，及发电机厂家提供的负序电流能量 $A_* = 8$ 相当，所以散热系数的确定是来自一般发电机允许的负序电流的经验指标。一般情况下，则散热系数 K_s 和 $I_{\infty*}$, A_* 三者关系可按下式确定：

$$I_{\infty*} = \sqrt{[1 - K_s] \times A_*} \tag{8-10}$$

$$W_m = \max[W_2(n)] < A_* \cdot I_{额定}^2 \tag{8-11}$$

随着异步电流的变化而不断变大或变小。$W_2(n)$ 的最大值，记为 W_m，是动态异步能量的最大值，如果 W_m 过了某个定值，发电机的转子有可能损伤。

8.6 化工厂 12 相全波可控整流负荷

江西某变电站兰恒达化工电解负荷是 12 相全波可控整流负荷，谐波次数为 11、13、

23、25 次为主，三相对称条件较好，经过谐波适当治理，测量结果见表 8-1。

电流	I_A（A）	I_B（A）	I_C（A）
基波	0.709 3	0.709 3	0.712 3
2 次	0.005 8	0	0.004 3
11 次	0.006 2	0.005 6	0.005 7
13 次	0	0.003 7	0.004 6
23 次	0.009	0.014 1	0.011 1
25 次	0.004 6	0.006 6	0

表 8-1　　　　　　　　　化工厂 12 相全波可控整流负荷的谐波测量

化工电解负荷的电流电压波形频谱图如图 8-23 所示。

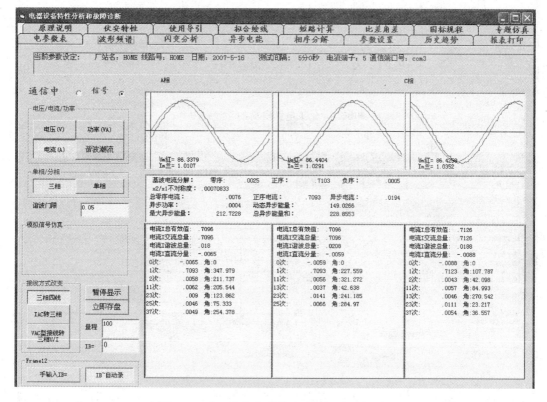

图 8-23　化工电解负荷的电流电压波形频谱图

从三相异步电流李沙育图看，三相负荷比较对称，三相瞬时功率曲线也较平稳，如图 8-24 所示。

理想的负荷在缺一相交流电流后，异步电流应是一个圆，图 8-25 中异步电流李沙育图接近一个圆，说明 12 相全波可控整流负荷接近理想电能质量，不需治理。

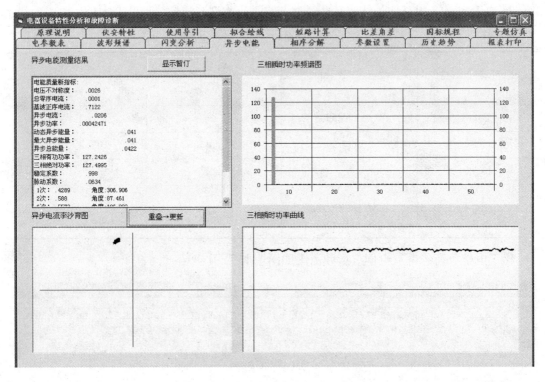

图 8-24　化工电解负荷的李沙育图

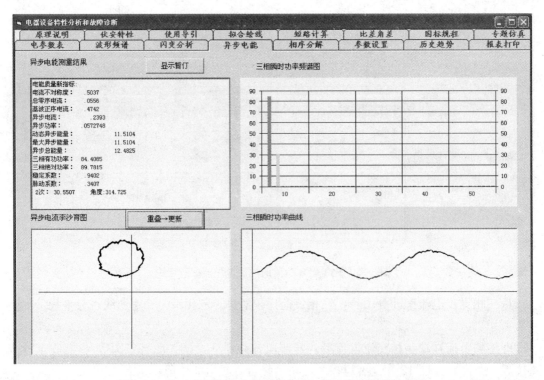

图 8-25　化工电解负荷有意断开交流一相电流后的李沙育图

8.7　电动机转子断条的特征

小波分析是一种基于"频带"的时域分析方法，在时域和频域都具有局部化能力。应用小波对信号进行多分辨率分析时，可将信号中的高频分量逐段地剥离出来，从而可以实现对信号任意精度的近似，因此非常适合于像高压电动机的起动阶段运行时的暂态信号或非稳态信号的分析。而传统的傅立叶交换则是基于"频点"的分析方法，虽然它在频域内具有最精细的局部化能力，但是它没有时域局部化能力，其分析结果是对整个时域进行积分的结果，不适合高压电气设备非稳态过程信号的分析。

高压电动机虽然只由转子、定子以及气隙等几个部分组成，其总体结构似乎相对比较简单。但实际上，运行中的高压电动机是一个很复杂的机电设备，具有极为复杂的机、电、磁等物理的甚至化学的演变过程。长期运行的高压电机，某些结构、部件的性能会逐渐劣化，电动机内部开始出现一些早期故障隐患。其中，最常见的早期故障主要有转子断裂、定子绕组的匝间短路等故障。

高压三相电动机转子断条检测：电动机转子断条后，出现转子阻抗不对称，起动力矩下降，起动时间拖长，异步电流又增大，所以在一定时间内异步总能量的积累就更大，将它和同类电机或和自身的历史数据比较，可检测出有否存在转子断条隐患。

高压电动机在长期运行中，由于周期性间歇运行或频繁起动，造成转子上电磁应力急剧变化。加之电机自身某些位的设计不合理，生产制造时存在一些缺陷，容易引起电机转子导条过热，振动加剧，从而导致转子鼠笼断条故障。转子发生轻微断条故障后，一般并不会立即对电动机的运行产生很大影响。但随着电机运行时间的延长，已断裂的导条容易诱发周围其他导条的断裂，而且断条也有可能逐渐移出槽轨，继而发生扫膛故障，毁坏整个定子绕组，使得整台电机严重损坏，造成很大的经济损失。因此，及时地将断条故障检测出来，对于保障电力生产的安全及高压电动机的正常运行，具有很重要的意义。

高压电机作为一种机电产品，运行时其内部存在着十分复杂的电磁关系，电机种类也比较多，在结构、容量、接线方式、工作条件等方面都可能各不相同，即使是同一类高压电机之间，也可能由于运行容量的不同而使故障特征有所差异。关于高压电机的各种模型都是对实际运行中的高压电机的一种近似，这种近似的结果有可能会产生较高的故障误判率。基于传感器或探测线圈的检测方法，一方面会受传感器的性能及其安装位置的影响，另一方面也会受到现场的电磁干扰及操作人员使用方法正确与否的影响。另外，高压电动机的定子电流信号由于频率和幅度经常处于一种波动之中，因此，即使"看似基本稳定"运行的高压电动机，其定子电流信号严格来说也是一种非平稳的信号。在使用传统的傅立叶分析方法来检测故障时，容易导致较高的故障误判率。

高压电动机长期处于高速运转或高电压工作状态之下，运行环境恶劣，加之电机的规格型号繁多，内部电磁关系非常复杂，且各种故障征兆分散、模糊、交叉或重叠，给故障检测带来了很大的困难。国内外许多学者和专家多年来一直都在探索方便、快捷、准确的高压电动机早期故障的检测分析方法。

一种利用测量电动机的电磁扭矩来检测鼠笼转子故障的方法，它首先建立了一个将所有转子笼条和端环都包含在内的高压电机模型，并通过对转矩信号的频谱分析，可以识别出笼条断裂故障，并将它与其他故障，尤其是机械故障区分开来。可以看到，笼条断裂故障会极大地影响到高压电动机电磁转矩。只要通过检测重要谱线峰值的变化，就可以在断条一开始出现时就被检测到，但高压电动机扭矩的在线测量一般要采用特殊的力矩传感器而不便进行。

还有一种可以不用力矩传感器，而只利用定子电压及线电流来测量转矩的方法，但要用到定子绕组的规一化电阻以及其他一些高压电机内部参数，并且对被测高压电机的转矩和转速均有一定的要求。相比较而言，高压电机定子电流中频率分量 $f_r = (1-2s)f_1$ 的提取是简捷、实用的，因而应用是最为广泛的。但由于 $(1-2s)f_1$ 分量的绝对幅值很小，用傅立叶变换作频谱分析时，f_1 分量的泄漏会淹没 $(1-2s)f_1$ 分量，从而使检测 $(1-2s)f_1$ 分量是否存在变得十分困难。为了避开工频分量频谱泄漏的影响，有一种新的方法，它通过对高压电机定子电流信号作 Hilbert 变换解调处理，然后以调制信号的频谱中是否存在 $2sf_1$ 频率的转子断条故障特征量，来诊断转子有无断条故障。不过，由于高压电机的转差率 s 经常处于变动之中，突现出来的分量是否就是与转子断条相对应的特征分量，在确定后才能对高压电动机转子是否存在断条故障作出正确的判断。

在获取高压电动机的故障信号时，由于电动机本身结构的整体性和封闭性，而且工作在高电压状态下，一般不便于采用侵入式的检测方法，通常都是在机端采样电机的电流或电压信号进行分析，而最常用的是采用傅立叶变换的分析方法。我们知道，傅立叶变换适合于对稳态信号的分析，对暂态或非稳态信号却无能为力。电机的起动过程是一个典型的暂态过程，即使在电机的相对稳态运行中，由于受各种复杂因素的影响，对于已发生转子断条故障的电机来说，其定子电流中的 $f_r = (1-2s)f_1$ 故障特征频率分量一直在 f_1 附近波动，因此，$(1-2s)f_1$ 是一个非稳态频率分量。如果利用傅立叶变换来对这些暂态或非稳态信号进行分析，势必造成很大的分析误差，这也是目前对于转子断条故障的检测准确率不高的根本原因。

小波变换在时域和频域同时具有局部化分析能力，柔性可调的时频窗口使其很适合进行暂态或非稳态信号的分析，对突变信号有很好的敏感性，并且由于它是一种频域分析方法，因此，对频率小扰动具有很强的鲁棒性。

高压电动机的起动过程是一个暂态过程，定子电流的瞬时最大值可达到稳态额定电流值的 4～7 倍。电动机起动过程是一个典型的非稳态的暂态过渡过程，不适合应用傅立叶变换原理来提取转子故障特征频率分量。电动机起动过程中的转子故障检测的时变谱分析方法，存在应用范围较小、实际应用中可操作性差、易与其他故障混淆等局限性。因此，时变谱分析方法并没有从根本上解决起动过程中的高压电机转子故障检测问题。例如，转子断条故障特征频率分量在起动过程中有逐渐逼近基频的非稳态过程，如果能将这一变化过程测出来，就可以准确地检测出电动机断条故障。起动过程中转子断条故障检测的小波脊线新方法，就是利用定子起动电流中 $(1-2s)f_1$ 分量（其中 s 为转差率；f_1 为电网频率）逐渐增大的特点，利用小波分析去捕捉 $(1-2s)f_1$ 分量，从而大大提高了转子断条检测的准确性。对即使是在空载运行状态下，只有一根断条的高压电机，也可以准确地将其转子断条故障检测出来。

起动过程中检测转子断条故障的小波脊线分析新方法，就是利用定子起动电流中 f_r 随时间逐渐增大的特点，可以很准确地检测出高压电动机即使是在空载运行情形下，只有一根断条的故障。另外，利用小波脊线也可以将起动过程中 $(1-2s)f_1$ 分量的幅值变化规律提取出来，将此规律与发生断条时的特征相比较，可以准确地检测出电机转子断条故障。采用基于小波脊线的检测方案，具有很强的抗噪声干扰能力，即使在有较强的白噪声环境中，也可以将电机转子故障特征频率分量有效地提取出来，因而可以大大降低系统硬件设计中对信号调理电路的设计要求，并且检测效果也不会受到影响。利用小波脊线可以将信号的瞬时频率准确地计算出来，因此，小波脊线分析方法也不失为一种检测信号瞬时频率的新方法。

利用小波脊线方法可以将起动状态下的高压电机转子断条故障准确地检测出来。但是，这一方法也有它的不足之处，即在进行断条故障检测时，要求电机处于起动状态下。如果电机正在运行中，那么为了检测转子断条故障，则要电动机停下来，然后重新起动以供转子故障检测之用。另外，高压电机除了起动过程的几秒或几十秒钟的时间，其他绝大部分时间内都是工作在相对较为稳定的运行状态。如果一种方法只能对起动状态下的转子断条故障进行检测，那么利用它来进行故障检测的机会将是非常有限的。因此，研究稳态运行下高压电机转子断条故障的检测方法，相比而言，就具有更加实用的价值，也具有更加重要的意义。

高压电机起动状态下转子故障检测的方法目前还远不如稳态下的检测方法那么多，其原因主要是因为起动状态下的定子电流是幅值急剧变化的非平稳信号。由于电机的转速由零转速急剧上升，很快上升到额定转速，转子转差率 s 在不停地变化，转子故障特征频率分量 $(1-2s)f_1$ 分量的频率值也就跟着不断变化，用傅立叶频谱分析方法来分析时就存在很大的局限性。

高压电动机转子发生断条故障以后，定子电流中会出现转子故障特征频率分量 $f_r = (1-2s)f_1$。通过检测这一特征频率分量，可以检测出转子断条故障。但与起动状态下相比较，要实现稳态运行下转子断条故障的准确检测，其难度要大得多。在起动状态下，断条故障特征分量 $f_r = (1-2s)f_1$ 是随着时间的推移从无到有，从小到大逐渐靠近工频分量的。在这一过程中 f_r 与 f_1 相差甚远，对 f_r 的检测工作受 f_1 的泄漏分量的影响较小。而在起动过程完成之后的稳定运行状态下，f_r 与 f_1 相差很小，f_r 与 f_1 同处于一个非常窄小的频带中。f_1 的能量很大，而 f_r 的能量很小，它的幅值与 f_1 的幅值之比一般在 $1\% \sim 3\%$，因此，f_1 分量的泄漏会对断条故障特征分量 f_r 的准确检测带来很大的影响。

国内外对稳态运行下高压电机转子断条故障的检测已进行了较长时间的研究，目前主要有定子电流中 $(1-2s)f_1$ 频率分量的提取、电机转矩及转速信号的频谱分析以及轴漏磁通频谱分析等。其中，应用最为广泛的仍然是通过定子相电流中的转子故障特征频率分量的检测来诊断转子故障。但是，对于电机在短暂的起动过程之后的长期稳定运行状态下的转子断条故障检测的误判率仍然比较高。

长期以来，对稳态运行下高压电机转子断条故障的准确诊断一直是高压电机早期故障检测领域中的难题。通过对引起转子断条故障诊断误判率高的诸多原因，进行了深入的分析以及大量的实例分析表明，造成稳态运行下转子故障在线检测判率高的原因主要有以下几个方面：

（1）通常 f_r 与 f_1 在频域中靠得很近，而且 f_r 的绝对幅值很小，一般仅为与 f_1 的幅度的 $1\% \sim 3\%$，这客观上对 f_r 分量准确检测造成了较大的困难。

（2）定子电流频率波动引起频谱泄漏。

（3）负荷波动造成众多杂散边带，从而容易造成转子故障的误判。

（4）对定子电流信号采样的数据长度不够，使得所进行的频谱分析达不到理想的分辨率。

（5）在一些转子故障检测装置中，电动机的转差率 s 检测不准确。

以上原因就是造成稳定运行状态下高压电动机转子断条故障诊断误判率高的原因。在检测过程中只有将这些因素的影响有效地予以消除，才能大大提高稳态运行下高压电机转子断条故障检测的准确性。

8.8 变压器励磁涌流和内部故障电流的分辨

小波分析作为一个优秀且实用的信号处理工具，在电力系统中有着广阔的应用前景，其中一个突出领域是在微机保护中的应用，小波分析有对故障信号奇异性进行检测的能力，这对提高轻微故障时的保护能力和灵敏度是极为有利的。小波分析的多分辨率分析特性能将信号分解到各子频带，可用于数字滤波、电能质量检测等许多方面，另外小波分析能够充分利用信号的暂态信息，可以在继电保护领域得到较好的应用。

在继电保护方面，差动保护一直被认为是电力变压器最完善的主保护，在电力系统中应用广泛，变压器差动保护所面临的关键问题是励磁涌流下防止误动和内部短路下防止拒动。目前解决这一问题方法主要有二次谐波制动原理和间断角原理，因此在工程上普遍得到采用。但这两种方法的原理也存在着一定的局限性：首先，对于二次谐波电流法，由于现代变压器饱和倍数趋低，涌流二次谐波分量可低于 10% 以下，从而造成差动保护误动作；而内部故障时，由于静补电容或长线路分布电容引起自然振动等因素，使短路电流谐波分量显著增大，引起保护延时动作。其次，基于间断角来识别励磁涌流，其局限性在于：电流互感器饱和对间断角是有影响；大的采样率才能准确测量间断角大小；间断角处电流绝对值非常小，接近于零，而 A/D 转换芯片刚好在零点附近转换误差最大，这些因素都影响对励磁涌流和内部短路的区分。鉴于上述原因，进一步探索更快速、准确地区分变压器的励磁涌流和短路电流的新原理是十分必要的。

小波分析属于时频分析的一种，它是泛函分析、傅立叶分析、样条分析、调和分析和数值分析的综合，小波分析最突出的特点是：它在时域和频域同时具有良好的局部化性质以及多分辨率分析的特点。多分辨率分析能够以不同的层次显示信号的特征，能将各种交织在一起的，不同频率组成的混合信号分解成不同频带的子信号，比传统的傅立叶变换更适合处理具有瞬态突变特点的信号，在信号分析处理、滤波以及边缘检测等领域都得到了成功的应用。

变压器励磁涌流产生的根本原因是变压器铁心饱和，从变压器一次侧看进去，变压器相当于一个非线性电感，变压器在正常运行情况下，铁心未饱和，相对导磁率很大，变压器绕组电感也很大，因此励磁电流很小，一般不超过额定电流的 $2\%\sim10\%$，在外部故障时，由于电压降低，励磁电流减小，其影响更小。当变压器空载投入或外部故障切除后电恢复时，一旦铁心饱和，相对导磁率接近于 1，变压器电感降低，则将出现数值很大的励磁电流。

间断角是励磁涌流波形具有的特性之一，在间断角的起止时刻，都可近似看作边缘跳跃，若采用合适的小波对信号作小波变换，信号的边缘跳跃点在对应同一位置的所有尺度上，都产生相应的模极大值，而且这些模极大值在相邻的尺度保持相同的符号，由小尺度到大尺度递增，也即信号的奇异性较大。而内部故障流电信号的波形连续，畸变较小，因而小波变换的也较平滑，表现为奇异性较小。根据信号在小波变换后表现出的奇异性差异，可以用来区别故障电流和励磁涌流。

小波变换分析突出地反映了励磁涌流的畸变特征，内部故障电流的小波变换结果较光滑，畸变小，由此可以鉴别励磁涌流和内部故障电流。经小波变换后，各尺度下励磁涌流波形的变换结果均呈现明显的奇异性，而各类故障电流波形的畸变结果都相当平缓，且滤除噪声干扰的效果很好。另外，因为随着时间的推移，励磁涌流的畸变特征仍十分明显，其幅值是衰减的；而内部故障电流在暂态向稳态变化过程中，畸变特征逐渐衰弱，幅值趋于稳定。这种变化对于鉴别变压器励磁涌流是十分有利的。

差动保护一直作为电力变压器的主保护，但由于励磁涌流仍然是导致变压器差动保护误动作的主要原因，因此正确鉴别励磁涌流和内部故障电流是保证变压器差动保护可靠运行的关键之所在。变压器励磁涌流具有明显的奇异性，小波变换具有多尺度分析和良好时频域局部化特性，适合提取信号边缘和峰值突变的特征，能够很好的检测信号奇异性。对励磁涌流和内部故障电流进行小波分析，并设计微机型变压器保护基本配置，在以往间断角原理鉴别励磁涌流的基础上，突破传统精确测量励磁涌流间断角的方法，直接对信号小波变换后的波形进行分析，建立一个新的鉴别励磁涌流判据。变压器励磁涌流下的间断角测量如图 8-26 所示。

近年来迅速发展起来的小波变换分析方法，具多尺度（分辨）分析和时频局部化特性，特别适合边缘和峰值突变信号的处理和特征抽取。为了满足变压器微机保护可靠性、快速性的要求，使信号在励磁涌流期间可靠闭锁，运用小波变换奇异性分析法来区分励磁涌流与故障电流，这是检测间断角的新方法。计算机仿真表明，该方法可靠性高，抗干扰能力强、测量精度高，有助于加速变压器差动保护微机化新方法的进程。

小波变换应用于变压器励磁涌流的判别中，能够充分利用小波对奇异信号检测的优点，使保护在励磁涌流期间可靠闭锁。由于变压器空载合闸差动电流具有间断特征，内部故障时电流波形是连续变化的。因而励磁涌流和内部故障时差动电流的小波系数表现出不同特征。运用样条小波，借助 EMTP 仿真得到的变压器空载合闸和合闸于内部故障的差

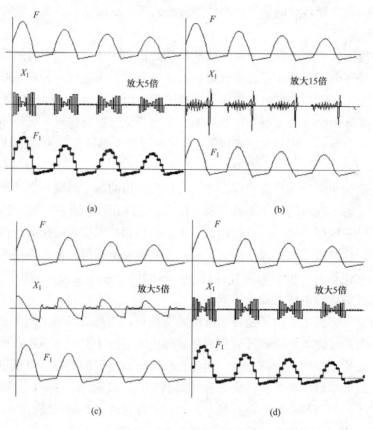

图 8-26　变压器励磁涌流下的间断角测量

（a）、（d）Haar 小波分解；（b）Db4 小波分解；（c）CHaar 小波分解

动电流信号，对其进行小波分解，由前后半波小波系数在数值和方向上的对称，确立了变压器差动保护的小波判据，并从理论证明了该判据的可行性和优越性。有研究探索了用小波变换局部极大值测量间断角的新方法，在每周期采样 48 点的条件下，仿真相对误差仅为 0.5%。该方法具有简单、抗干扰能力强、测量精度高的特点，有助于提高差动保护性能和加速差动保护微机化的过程。

 8.9 **半波整流负荷对电能计量的影响**

目前出现半波整流大电流负荷，其直流分量造成电流互感器饱和，二次电流严重失真，如图 8-27 所示，造成电能计量误差高达 50%～90%，由于是电能表后接电，它属于技术窃电。但二次电流明显有饱和截断特征，且两个截断点之间的时间相当于一个周期 20ms，用小波分析其特征十分明显。

采用降低电流互感器的磁通密度设计，同时电子式电能表二次负载阻抗较小，目前已能做到电流误差在 3% 以内。

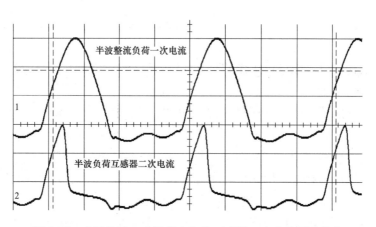

图 8-27　半波整流一次负荷在电流互感器二次电流严重畸变

8.10　抗铁磁谐振三相电压互感器的暂态响应

　　抗谐电压互感器的结构设计创新主要有两部分[20][21]，把磁路部分分成三柱磁路和单口磁路，三柱磁路每相线圈只承受相电压就够了，因为正常正序电压始终是不变的。而中性点串联单相电压互感器却扩大为按线电压来设计，由于单相接地时中性点串联单相电压互感器只耐受相电压，可见本设计已大大地提高整个电压互感器的零序特性。抗谐电压互感器的原理接线如图 8-28 所示。其中，零序电压 $3U_0$ 由单相电压互感器的第 3 组线圈 a_d、x_d 输出，供给接地告警的电压继电器。当单相接地时，其 $3U_0$ 输出电压为 100V，电压二次回路必须有一点且只允许一点接地，而且绝不能造成单相电压互感器二次及 $3U_0$ 回路的短路或接有较大的负荷。

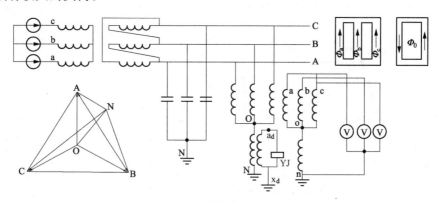

图 8-28　抗谐电压互感器的接线方案

　　铁磁谐振现象的激发和稳定条件。

　　图 8-29 所示为三相五柱电压互感器的铁磁谐振激发和维持的过程，铁磁谐振的激发往往是系统单相接地及其消除过程所产生的。对于 R、C、L 非线性串联等值电路而言，其总伏安特性可根据下式作出：

$$u = \sqrt{(u_L - u_C)^2 + u_R^2} \tag{8-12}$$

在总伏安特性中，P点称驼峰，Q点称低谷。在P、Q之间，由于伏安特性下倾，它属于不稳定的运行区段，能稳定工作的是 OP 段的称第一稳定点，位在 Q_∞ 段的称第二稳定点。

当三相电压互感器的零序电压 U_0 的有效值的变化如图 8-29 （a）所示，从最初的不平衡电压从 U_n 升到最大值 U_m 过程中，对应"1"点的励磁电流是很小的，这可从图 8-29 （b）的总伏安特性曲线"1"点对应的电流看出。当零序电压达到"2"点时，相当于图 8-29 （b）的"P"点，它是总伏安特性曲线的峰点 E_P，由于"P-Q"段总伏安特性是不稳定的区域，它很快地跳到图 8-29 （b）总伏安特性曲线上的"2"点，对应的励磁电流 I_2 就有了激增。此后零序电压再升高到"3"点，其励磁电流对应图 8-29 （b）总伏安特性曲线上的"3"点。电压互感器的励磁电流 I_3 处于铁磁谐振的最大值状态。其后零序电压开始下降，励磁电流变化是沿着图右总伏安特性曲线"3"—"2"—"4"点下降，如果残留的不平衡零序电压 $U_n = U_4 > E_Q$ 时，则电压互感器的励磁电流就维持在 I_4 的水平，长此以往电压互感器就会烧毁。如果残留的不平衡零序电压 $U_n = U_5 < E_Q$ 时，其后零序电压继续下降，励磁电流变化沿着图 8-29 （b）伏安特性曲线"3"—"2"—"4"—"Q"—"5"点下降，从"Q"—"5"点的过程也是一个突变的过程，因为"P-Q"段总伏安特性是不稳定的区域，最终励磁电流回到"5"点，它的数值 I_5 是很小的，长期运行就不会发生烧毁事故。

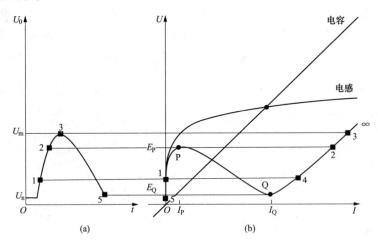

图 8-29 铁磁谐振激发和维持条件的示意图

（a）暂态零序电压；（b）零序伏安特性曲线合成

因此可见驼峰愈高，铁磁谐振愈难被激发；低谷愈高，铁磁谐振愈难长期长期维持。因而消除铁磁谐振的关键在于提高驼峰和低谷。同时还要降低正常时的零序不平衡电压。

图 8-30 （a）是普通三相电压互感器，单相接地消除后激发 25 周分频铁磁谐振，零序电压 25 周幅值较大持续存在，因而有较大的零序电流，流过每相电压互感器线圈，造成高压熔断器熔断，或烧毁线圈。右图是抗谐三相电压互感器，单相接地消除后尽管系统激发 25 周分频铁磁谐振，但抗谐互感器的中心点 PT 的电压衰减到零，随着中点 PT 谐振的

频率变低，但电压幅值也随着降低，持续时间很短，所以不会使线圈过热，也不会使高压熔断器熔断[35]。

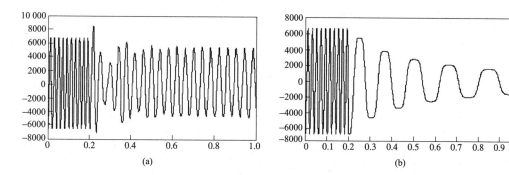

图 8-30　单相接地消除后激发分频铁磁谐振零序电压暂态响应过程仿真比较

(a) 激发分频谐振零序电压 25 周持续；(b) 抗谐电压互感器零序电压暂态过程

图 8-31 所示为抗谐电压互感器在单相接地消除后激发分频铁磁谐振时，中点电压互感器的零序电压暂态响应过程，由于衰减很快，所以不会发生高压熔断器熔断或电压互感器烧毁事故。

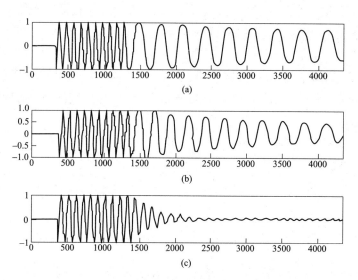

图 8-31　单相接地消除后激发分频铁磁谐振，中点电压互感器的零序电压暂态响应过程

(a) 1/3 分频谐振；(b) 1/2 分频谐振；(c) 基波谐振

图 8-32 所示为电压互感器的正常接线，在二次回路端子排上，电压回路的编号从电压互感器出来分别是 A601、B601、C601，经过熔断器 RD，经过电压互感器刀闸的连锁节点 K，输出到电压小母线，编号为 A630、B630、C630，继电保护和测量仪表均从小母线上取用电压。电压互感器中心点 N600，直接引到端子排编号为 N600。要特别注意电压互感器每一个独立的二次回路只允许一点接地，一般这个接地点选择在"n"和"dn"两点上。

零序电压输出在端子排上的编号为 L630 和 X630，供给电压继电器 YJ 以作接地告警发信号用。

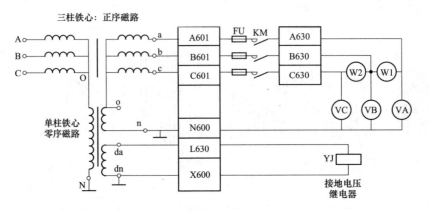

图 8-32　抗谐三相电压互感器的正确接线图

例 1：为了避免错误，要求二次回路"o"点不引出到端子排，下面是一个错误接线的实例。从表面看，这个错误接线只是将"o"点引到三相电压表的中性点上，因为没有引入零序电压，所以三相电压表始终只反映三柱磁路的正序电压，它不能正确反映系统单相接地时的三相对地的电压。但它另一个更严重的错误是，它把二次线圈 o-n 短接起来，这一点光看左边一台互感器是不容易发现的，因为三相电压表的中性点也接到对侧互感器的中性点 N600 上，而对侧的 N600 是接地的，结果左边单相互感器的二次线圈 o-n 被迂回回路短接起来，如图 8-33 所示。这种错误接线的后果是，当系统发生单相接地时，会造成单相电压互感器高压线圈 O-N、二次线圈 o-n 全部均匀烧毁，而辅助线圈只是因相邻传热而过热[22]。

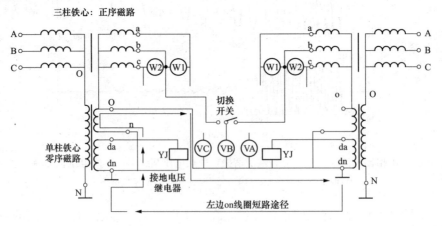

图 8-33　电压互感器错误接线之一

例 2：还要特别提醒的是，二次回路的"o"点绝不允许接地，表面上看二次回路只允许一点接地，但接地点是可以任选的，但由于 10kV 母线一般都有两段母线电压互感器，如图 8-34 所示，如果左边电压互感器是"o"点接地，而右边电压互感器是"n"点接地，结果就造成左边的二次线圈"o-n"迂回短路。同样也不允许在"o"点装接"击穿保险器"，因为一旦"击穿保险器"击穿，其后果就是"o"点接地。

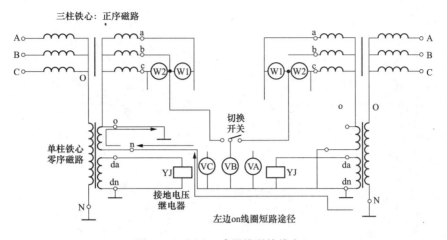

图 8-34　电压互感器错误接线之二

8.11　绝缘子放电

　　如图 8-35 所示，是典型的单片绝缘子放电时单片绝缘子电压 $u(t)$ 的图像，而绝缘子串中正常绝缘子电压的图像如图 8-36 所示。

　　绝缘子串中有放电绝缘子片，图 8-36 示出正常绝缘子串部分的电压波形图及其 CHaar 小波分解。

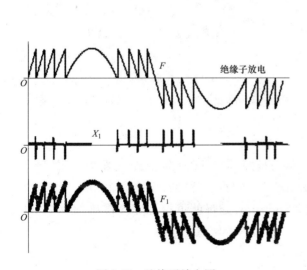

图 8-35　绝缘子放电图

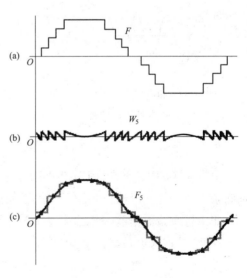

图 8-36　正常绝缘子电压及 CHaar 小波分解波形

（a）正常绝缘子电压；（b）总谐波电压；

（c）尺度 5 低频主波

8.12 故障时刻判断

如图 8-37 所示，这是一个正弦波的信号，在 $n/4$ 时刻叠加发生一个衰减振荡的故障，见式（8-13）、式（8-14）。如果直接用 Prony 方法解算，解算过程会数据发散，这是由于暂态过程在中途发生的缘故。如用 Db10 小波可分解出如图 8-38 所示。

$$u(i) = 20\sin\left(12\pi\frac{i}{n}\right) \qquad\qquad 当 i \geqslant 0 时$$

$$u_1(i) = 0 \qquad\qquad\qquad\qquad\qquad 当 i < n/4 时$$

$$u_1(i) = 30\mathrm{e}^{-(i-n/4)/20}\sin\{84\pi[(i-n/4)+8/n]\} \quad 当 i \geqslant n/4 时$$

$$\tag{8-13}$$

$$f(i) = u(i) + u_1(i) \tag{8-14}$$

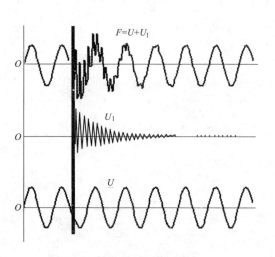

图 8-37　原始波形函数分解图形及
其 Prony 分解

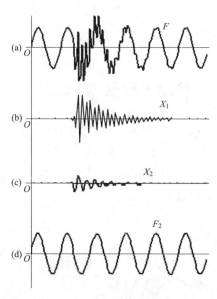

图 8-38　用 Db10 小波分解确定故障起始点
(a) 原始波形；(b) 尺度 1 高频细波；(c) 尺度 2 高
频细波；(d) 尺度 2 低频主波

用支撑区为 10 个点的 Db10 小波分解可确定故障起始点在 $n/4$ 点处。当分解到尺度 2 时低频主波已是光滑的正弦波了。由于采用循环矩阵，没有感到有相位偏移影响。

如果将原始数据前 $n/4$ 点截去后，再进行 Prony 分解就可得到完全准确的 $u(i)$ 和 $u_1(i)$ 的结果，这也是配合小波分析可改进 Prony 分解的解算。

8.13 电力负荷预测

小波分析是一种时域—频域分析方法，它在时域和频域上同时具有良好的局部化性质，且能根据信号频率高低自动调节采样的疏密，它容易捕捉和分析微弱信号以及信号、图像任意细小部分。其优于传统的傅立叶分析的主要之处在于：能对不同的频率成分采用逐渐细的采样步长，从而可以聚焦到信号的任意细节，尤其是对奇异信号很敏感，能很好的处理微弱或突变的信号，其目标是将一个信号的信息转化成小波系数，从而能够方便地加以处理、存储、传递、分析或被用于重建原始信号。这些优点决定了小波分析可以有效地应用于负荷预测问题的研究。

电力系统中负荷曲线具有特殊的周期性，负荷以日、周、月、季、年为周期发生波动，大周期嵌套小周期，小周期嵌套更小的周期，小波变换能将各种交织在一起的不同频率组成的混合信号分解成不同频带上的块信号。负荷序列进行小波变换可以将负荷序列分别投影到不同的尺度上，在此使用正交二进小波变换，而各个尺度可近似地看作各个不同的"频带"，这样各个尺度上的子序列分别代表了序列中不同"频域"的分量，它们更加清楚地表现了负荷序列的周期性。在此基础上，对不同的子负荷序列分别进行预测。由于各个子序列的周期性更为明显，显然采用周期自回归模型（PAR）的预测结果也就更为精确。最后通过序列重组，得到完整的小时负荷预测结果，精确性比直接用原负荷序列进行预测有一定改进提高。

8.14　小波分析在智能变电站的应用

智能变电站是建设坚强智能电网的重要组成部分，基于 IEC 61850 标准的智能变电站将变革传统的变电站运行、检修模式，同时电子式互感器、智能化保护、监控系统、智能状态监测系统等新设备、新技术的应用为电网带来了新的机遇和挑战。智能变电站是以数字化变电站为依托，通过采用先进的传感、信息、通信、控制、人工智能等技术，建立全站所有信息采集、传输、分析、处理的数字化统一应用平台，实现变电的信息化、自动化、互动化。它以全站信息数字化、通信平台网络化、信息共享标准化为基本要求，自动完成信息采集、测量、控制、保护、计量和监测等基本功能，并可根据需要支持电网实时自动控制、智能调节、在线分析决策、协同互动等高级功能，实现与相邻变电站、电网调度的互动。

智能变电站在全数字化变电站的基础上，通过信息一体化平台采集全 SCADA 数据、保护信息数据、录波数据、计量数据、在线监测数据，利用变电站自动化高级应用模块，对数据进行深度挖掘、分析，实现智能告警、顺序控制、设备状态可视、故障信息综合分析决策等。引入智能专家决策系统和控制系统，针对分布式电源并网可产生的稳定与电能质量问题，与配电自动化系统有机结合，建立涵盖各种电压等级的智能控制系统。

1. 变电设备状态监测

变电站设备的劣化、缺陷的发展具有统计性和前期征兆，表现为电气、物理、化学等特性量的渐进变化，通过传感器、计算机、通信网络等技术，及时获取设备的各种特征参量并采用一定算法的专家系统软件进行分析处理，可对设备的可靠性作出判断，对设备的剩余寿命作出预测，从而及早发现潜在的故障，提高供电可靠性。

（1）电力设备状态监测的发展概况。

目前，我国设备监测主要有三种方式：停电预防性试验、带电监测、状态监测，后两种监测方式不需要停电。近几十年来，国内外对输变电设备绝缘状况的带电监测和状态监测技术进行了大量研究并取得了多项成果，其发展大体经历了三个阶段。

1）带电测试阶段，这一阶段起始于20世纪70年代左右。当时人们仅仅是为了不停电对电气设备的某些绝缘参数（主要是泄漏电流）进行直接测量。其结构简单，测试项目极少，而且要求被测试设备对地绝缘，测试的灵敏度较差，所以应用范围较小，未能得到普遍应用。

2）从20世纪80年代开始，出现各种专用的带电测试仪器，使状态监测技术开始从传统的模拟量测量走向了数字化测量，摆脱了将测试仪器直接接入测试回路中的传统测量模式，代之以利用传感器转换成数字仪器可直接测量的电气信号。同时还出现了一些其他通过非电量测量来反映绝缘状况的测试仪器，如红外装置、超声装置等。

3）从20世纪90年代开始，出现以数字波形采集和处理技术为核心的微机多功能绝缘状态监测系统。利用先进的传感器技术、计算机技术和数字波形采集与处理等技术，实现更多的绝缘状态参数状态监测（如介质损失角正切值 tanδ、电容量、泄漏电流、局部放电、色谱等）。这种监测系统可以实时连续地巡回监测各被测量，监测内容丰富，信息量大，处理速度快，实现了绝缘监测的自动化。

总而言之，对智能电网的建设而言，状态监测显然更有吸引力，在长期发展中更有优势。随着传感器技术、信号采集技术、数字分析技术与计算机技术的发展和应用，今后，以状态监测技术为基础的监测系统将成为智能变电站不可或缺的重要组成部分。

（2）存在的问题和不足。

随着电子技术的进步和传感器技术、光纤技术、计算机技术、信息处理技术等的发展和向各领域的渗透，状态监测技术正逐步走向实用化阶段。状态监测、故障诊断技术虽然有其不可替代的优势，但在目前情况下，也存在很多不足和问题。目前，状态监测和故障诊断技术尚存在以下问题和不足。

1）受技术条件限制，目前发展较成熟的仅有局部放电定位仪和部分组分含量的在线色谱仪，而其他反映设备状态的项目尚无成熟监测。因此，在故障诊断中，很多需采集的信息还必须依赖于离线检测。

2）早期故障的监测信号极弱，设备运行现场均有较强的磁场和电场干扰，信噪比很小，给状态监测带来困难。

2. 变电站设备状态监测系统

变电站设备状态监测系统是指利用现代传感技术、信息技术、计算机技术以及各相关领域的成果，综合构成的辅助运行系统。变电站设备状态监测系统利用系统分析方法，结合系统运行的历史和现状，对设备的运行状态进行评估，以便了解和掌握设备的运行状况，并且对设备状态进行显示和记录，对异常情况进行处理，并为设备的故障分析、性能评估提供基础数据。

尽管变电设备种类繁多、结构各异，对设备进行状态监测的类型也千差万别，但是，不论什么类型的监测系统，都需要经过三个步骤：①采集设备数据信号；②对数据进行传

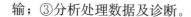

输；③分析处理数据及诊断。

如果进行划分，设备状态监测系统均应包括以下基本功能单元。

（1）信号变送：表示设备状态的特征信号多种多样，除了电信号以外，还有温度、压力、振动、介质成分等非电量信号。目前融合了计算机技术的监测及诊断系统，其最终处理是电信号。所以必须对非电量信号或者不适合处理的电信号进行变换。信号的转换由相应传感器来完成，传感器从电气设备上监测出反映电气设备状态的物理量，并将其转换为合成的电信号，传送到后续单元。它对监测信号起着观测和读数的作用。

（2）数据采集：数字化的测量或者微机处理系统，处理的是数字信号，一般通过数据采集系统来完成 A/D 转换。

（3）信号传输：对于集成式的状态监测系统，数据处理单元通常远离现场，故需配置专门的信号传输单元。而对于便携型的监测系统则相对简单，只需对信号进行适当的变换和隔离。

（4）数据处理：在数据处理单元受到传输单元传来的表征状态量的数据后，根据不同的设备，选择不同的方式进行处理。例如，进行平均处理、数字滤波、做时域—频域的分析读取特征值。

（5）状态诊断：对处理后的实时数据和历史数据、判据及其他信息进行比较分析后，对设备的状态或故障部位做出诊断。必要时要采取进一步措施，如安排维修计划、是否需要退出运行等。

变电设备的状态监测和故障诊断技术，可以迅速、连续地反映设备的运行状态，预示运行设备存在的潜伏性故障，提出处理措施，延长设备的服役期，减免不必要的维修干扰，大大降低运行成本，易实行自动化和科学化设备管理，是保障电力设备安全经济运行的有力措施，应大力推广。

状态监测与故障诊断中，经常需要提取特征信息。现有的特征提取方法可以分为时域法、频域法、时频分析法和数据序列分析方法。时域法分析直观、简单，是信号分析的重要手段，主要包括短时能量法、动态时间规整法、包络谱分析法等。频域法将测量信号变换到频域进行分析，比时域法复杂，但是能得出时域法无法得出的信息如相频特性等，主要包括傅立叶变换、细化频谱分析、模态分析等。时—频分析法复杂，计算量大，但是可以得出很多重要的信息，现在这一类方法研究较多，例如短时傅立叶变换、小波分析、小波包分析、希尔伯特变换等。

设备故障诊断方法可分为基于规则、基于模型和基于案例三类故障诊断方法。在电气设备故障诊断领域内，目前采用基于案例的方法较多。基于案例的方法其本质就是进行状态评估，将待诊断的案例与已有案例进行比对分析，从而将之分类达到故障诊断的目的。随着人工智能技术的发展，传统模式识别方法逐渐被取代，又发展出了专家系统、人工神经网络、模糊逻辑、遗传算法、支持向量机、信息融合、人工免疫网络等新方法。

专家系统是一个智能计算机程序系统，其内部含有大量的某个领域专家水平的知识经验，能够利用人类专家的知识和解决问题的方法来处理该领域问题。也就是说，专家系统是一个具有大量的专门知识与经验的程序系统，它应用人工智能技术和计算机技术，根据相关领域一个或多个专家提供的知识和经验，进行推理和判断，模拟人类专家的决策过程，以解决那些需要人类专家处理的复杂问题。

模糊逻辑是模仿人脑的不确定性概念判断、推理思维方式，对于模型未知或不能确定的描述系统，应用模糊集合和模糊规则进行推理，表达过渡性界限或定性知识经验，模拟人脑方式，实行模糊综合判断，推理解决常规方法难于对付的规则型模糊信息问题。模糊逻辑善于表达界限不清晰的定性知识与经验，它借助于隶属度函数概念，区分模糊集合，处理模糊关系，模拟人脑实施规则型推理，解决逻辑破缺产生的种种不确定性问题。

考虑到预防性维修的局限性，为降低停电和维修费用，提出了预知性维修或状态维修这一新概念。其具体内容就是对运行中的电气设备的绝缘状况进行连续的实时或定时在线监测，对反映绝缘状况变化的信息进行分析处理后对设备的绝缘状况作出诊断，并结合历年离线试验的数据和运行经验作出维修方案，安排必要的维修，做到有的放矢地进行维修。状态维修包括三个步骤，即在线监测—综合分析诊断—预知性维修。

以往对于变压器、断路器等变电站设备的工作状况普遍采用定期检修预试制度，即定期停电后通过预防性试验（离线）以决定能否继续运行，存在需要停电、试验真实性和实时性差等缺点。随着技术的进步，逐渐出现了一些参数的在线监测技术。以变压器为例，如套管介损、铁心电流、油中气体、局部放电、油中微水、绕组变形等，部分解决了停电试验一些缺点，但仍存在诸如检测的参数不全、自成系统、相互兼容性差、不能统筹考虑、有需要改动设备而实施困难等缺点，不能保证全面、实时地反映设备的运行状况，缺乏相应标准，无法满足智能电网建设对变电站在线监测的要求。

3. 变压器状态监测

电力变压器是电力系统中最主要和最昂贵的设备之一，其安全运行对保证供电可靠性有重要意义。为了提高电力系统运行的可靠性，减少故障及事故引起的经济损失，要定期对变压器进行绝缘预防性试验。但是，如果变压器停电进行预防性试验，将影响正常供电。因此对变压器运行状况进行在线监测越来越受到供电部门的重视。状态监测主要依赖在线监测数据，在线监测技术的发展与广泛应用是电力系统状态检修的基础，在电力生产中起到重要作用。

（1）变压器在线监测的意义。

由于变压器长期连续在电网中运行，不可避免地可能会发生各种故障和事故。减少变压器故障，意味着提高电网的经济效益。对这些故障和事故的起因分析和监测是变压器设计、运行维护人员多年来关注的热点问题。电力变压器在运行过程中所发生的故障又可按受其发展的进程分为渐发性故障和突发性故障两大类型。渐发性故障主要表现为变压器在正常运行过程中，由于绝缘老化、受潮等，使绝缘性能逐渐下降，最终低于允许值发生的故障。这类故障占有相当大的比重，具有一定的规律性，是完全可以监测的。在线监测的特点是可以对运行状态的电力设备进行连续和随时的监测和判断，为电力设备的状态检修提供必要的判断依据。图 8-39 为变压器在线监测系统示意图。

因为变压器检修的常用方式，预防性试验和定期检修有很大的盲目性和强制性，建立种预知性的检修方式，"当修必修"，而非"到期必修"，已成为电力变压器检修方式的必

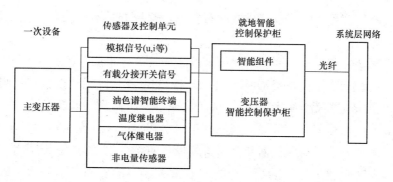

图 8-39　变压器在线监测系统示意图

然发展趋势。状态检修是以设备当前的实际状况为依据，通过高科技监测手段，对设备进行纵向（历史和现状）、横向（同类设备的运行状况）的比较分析，来判别故障的早期征兆，并对故障部位、故障严重程度及发展趋势作出判断，以确定其最佳检修时机。

变压器状态检修与定期检修和事故检修相比，具有以五点优势：①节省大量人力物力；②延长变压器的使用寿命；③增加变电设备的可靠性；④降低检修成本和检修难度；⑤减少检修风险。

状态检修主要由监测和诊断两部分构成。监测方式一般为常规监测、在线监测，还有其新型、特殊监测。状态诊断技术是把监测获得的技术数据，由计算机数据库和专家系统进分析、判断，对变压器的状态作出评估和预测，确定最佳检修时间。能否最大限度地发现故障及其来源，才是在线监测的重点。

20 世纪 80 年代以来，随着电子技术的进步和传感技术、光纤技术、计算机技术、信息处理等技术的发展，国内外在带电测量技术的基础上，发展起一门新的监测技术：电气设备绝缘在线监测技术，它能对被监测设备的绝缘参数实时或定时进行测量，大大缩短了运行设备的检测时间及检测周期，为电力系统的安全运行提供可靠的保证。由于对电力设备进行实时或定时的在线监测，及时反映绝缘的劣化程度，以便采取预防措施，避免停电事故的发生，因此其优越性已成为愈来愈多的管理和技术部门的共识。从以离线试验为基础的预防维修，逐步过渡到以在线监测为基础的状态维修体制，已成为电气设备维修体制发展的必然趋势，同时也是近代科学技术迅速发展引发的一次设备维修体制的变革。到目前为止，由于在线监测技术在传感、信号处理、模式识别、专家系统等诸多方面尚需作大量深入而系统的研究，在线监测的判据也还需要依靠长时间的运行积累才能判定。因此，在线监测还不能取代预防性试验。但两者相互补充对被测试设备的当前试验数据（包括停电及带电监测），结合过去的数据及经验，用先进的方法及时而全面地进行综合分析判断，捕捉早期缺陷、判定故障的严重度，制定状态维修策略，大大提高了电气设备运行的可靠性。

变压器在线监测技术的优越之处是以微处理技术为核心，可将传感器、数据收集硬件、信号系统和分析功能组装成一体，弥补了室内常规检测方法和装置的不足。变压器综合在线监测技术通过及时捕捉早期故障的先兆信息，不仅防止了故障向严重程度的发展，还能够将故障造成的严重后果降到最低限度。变压器在线监测的服务器与电力部门网络连接，使各连接部门都可随时获取变压器状态信息，这种方式不仅降低了变压器维护成本，还降低了意外停电率。变压器在线监测能提高变压器运行的安全性，延缓维护费用的投入，延长检修周期和变压器寿命。由此带来的经济效益是非常可观的。

我国从 20 世纪 70 年代采用带电测试。20 世纪 80 年代开始实现数字化测量。20 世纪 90 年代开始采用多功能微机在线监测，从而实现了变压器绝缘监测的全部自动化。国内多家电力研究部门和高等院校从 20 世纪 90 年代初开始将研制的各种在线监测装置陆续投入大型发电厂和变电站，对变压器及高压电气设备的在线监测起到一定作用，尽管很多在线监测装置存在这样或那样的问题，但通过在线监测，的确积累了许多实际经验和成功案例。

目前，国内外对变压器的在线监测主要有以下几方面的内容：①变压器局部放电在线监测；②变压器有载分接开关在线监测；③变压器的套管绝缘在线监测；④变压器油温、绕组温度及负荷在线监测；⑤变压器油中微水在线监测；⑥变压器油的气相色谱监测。

（2）变压器局部放电监测。

在电力系统中，电气设备的状态直接关系到电力系统的安全。电气设备的故障将会造成安全事故、生产损失以及产生过高的维修费用。电气设备主要由导体、导磁材料、绝缘材料与操动机构构成。因此电气设备故障可以分为三类：机械故障、导体故障和绝缘故障。从统计数据来看这三类故障，绝缘引起的故障所占的比重最大。对 110kV 以上变压器的事故原因分析的结果表明：80％左右的事故是由绝缘材料（绝缘纸、塑料、矿油等）长期工作在高电压、高温及自然环境之下，引起物理、化学变化，造成机电性能下降，发展到一定程度或在外部条件（雷电、短路等）激发下，绝缘损坏，造成事故。因此对电气设备绝缘进行检测可以在一定程度上保证电气设备，在整个运行期间具备必要的可靠性。

大型电力变压器主要采用油纸绝缘结构，变压器油与绝缘纸相结合具有很高的耐电强度，比两者分开单独使用任何一种材料都高得多。在电场作用下，复合绝缘中分担的场强与材料的介电系数成反比，因而油隙中的场强比纸板的场强大得多，于是油隙就成为油纸绝缘薄弱环节。特别是当油纸绝缘中含有水分、灰尘和纤维杂质时，影响更为严重。

变压器绝缘结构中存在着一些弱点，一般认为这些弱点表现为绝缘中存在空穴，其中充满气体。在电场作用下，由于气体的介电系数小于纸和纸板，因而空穴将首先产生局部电，对于油浸入带有空穴的纸和纸板，仍有发生局部放电的可能性，只不过出现局部放电场强比存在气体时高。

由于设计和制造上的原因，绝缘结构中的某些部位受到了过高的电场强度作用而首先发生放电。例如，匝绝缘的导线表面有尖角、毛刺，或者油箱及某些金属构件尖角等便属于此种情况，纸筒与垫块之间也可能是绝缘弱点，此外，线匝间、线匝与垫块接触处，均存在楔形油隙，其击穿强度较低，在工艺上对这些部位处理不当，也会产生局部放电。

局部放电对绝缘有两种破坏作用：一种是由于放电质点直接轰击绝缘，使局部绝缘受到破坏并逐步扩大，使绝缘击穿。另一种是放电产生的热、臭氧、氧化氮等活性气体的化学作用，使局部绝缘受到腐蚀，介质损耗增大，最后导致热击穿。

通常绝缘材料性能的劣化是不可逆的，各类缺陷发展到最终将会引起击穿成为事故以前，往往先经过局部放电阶段，故局部放电是导致电气设备绝缘破坏的主要原因，也是事故的重要先兆。通过对局部放电的测量及对局部放电特征分析和处理，可以实时或定时了解绝缘的现实状况，诊断引起局部放电的故障原因、跟踪故障的发展的趋势、预报是否需要停电检修或采取相应的预防故障措施，进而实现状态维修，保证电力系统安全运行。

　　然而，由于变压器局部放电信号非常微弱，其在线监测难度很大。尤其在变电站现场，存在载波通信、外部带电体的电晕放电、工作场所电焊和接地系统等强烈的干扰，使目前在线监测中常用的以脉冲电流为特征的检测局部放电的方法，还很难达到工程应用水平。局部放电在线监测技术虽然经过了十多年的研究及发展，仍然远未达到可靠识别放电类型、准确预报事故的水平。在局部放电在线监测中，电磁干扰一般通过交流电源、电磁耦合、传感器等途径进入监测系统。由于干扰的频率范围很广，往往形成强大的干扰，甚至完全湮没了局部放电信号，直接影响在线监测设备对局放信号检测的灵敏度和可靠性。由于只有通过对监测过程中局部放电特征参数的分析和异常征兆的提前发现，才能准确评定绝缘的老化而有的放矢的在变压器接近预期寿命时进行维护和更换。因此，如何运用现有的先进技术，最大限度抑制干扰，准确提取局部放电信号，更可靠、更灵敏地为后续的绝缘诊断提供信息，就成为局部放电在线监测中的重要任务。从检测方面看，局部放电信号大致可分为指数衰减脉冲、高斯脉冲和三角脉冲。频率范围为几十 kHz 到几百 MHz，包含丰富的频率信息。研究表明，局部放电信号是一个非周期波，从波动的观点看，它可展开为傅立叶级数，分解为各次谐波的叠加，进而可以研究各谐波的频率和振幅、相位的关系。

　　电气设备绝缘局部放电表现为多种放电形式，而且同时在多处发生，因此局部放电信号波形有很大差异。理论研究和实践表明，产生局部放电的物理过程时很短，局部放电脉冲宽仅为 1～5ns，其等效频宽约 200MHz，上限频率可达 1GHz。

　　在变电站或发电厂等环境中对大型电力变压器局部放电进行在线监测时，由于电磁干扰比被测局部放电信号通常强得多，因此，大型电力变压器局部放电在线监测的关键技术之一是如何在强干扰环境中有效地检测出局部放电信号。为此，国内外研究者提出了许多方法，其中小波变换作为一种新的时频分析方法得到了应用。小波变换在时域和频域同时具有良好的局部性，不仅更适合于非平稳信号的处理，而且还可以从不同尺度对信号小波变换的结果进行干扰分析和抑制、故障定位及提取故障信号特征参数。

　　由于不同小波具有不同的时频分布特性，而时频特性又体现在幅频特性及相频特性两个方面，因此，研究不同小波的这些特性对在分析特定对象时选择合适的小波具有重要的参考。局部放电信号与其周期型干扰、脉冲型干扰的相位特征往往不同，它们的相频特性也不同。局部放电信号与其周期型干扰及白噪的幅值特征又常常各异，它们的幅频特性也就不同。小波可同时提取被分析信号的幅频特性和相频特性。因此，小波变换在局部放电信号处理中显示出了卓越的表现力。

　　对局部放电在线监测系统采集信号进行消噪处理的目的，是为了能判断有无局部放电发生，如有局部放电发生则能正确识别放电的类型和严重程度。所以对采集信号不但要进行消噪，而且要从消噪后的各种信号形式中提出信号的特征，以便识别。局部放电信号出现在背景信号的某处，用小波分析技术应能从极强的背景干扰中检测出微弱的局部放电信号与提取局部放电特征，以便能对局部放电类型加以识别。小波变换的本质是测量被分析信号波形与小波波形的局部相似程度。要想使小波变换在局部放电模式识别方面的应用取得更大的进展，需根据被分析局部放电信号的特点，选择波形合适的小波。同时，对能充分利用小波变换提供的时频结构信息的特征量应重新定义，作为识别不同类型局部放电的依据。

随着变压器故障诊断技术的发展，人们越来越认识到，局部放电是变压器诸多有机绝缘材料故障和事故的根源，因而该技术得到了迅速发展，出现了多种测量方法和试验装置。变压器局部放电时，伴有电脉冲、电磁辐射、声、光、局部发热以及放电导致绝缘材料分解出气体等现象，通过这些现象可以监测局部放电。通常将监测方法分为电测法和非电测法。电信号监测技术主要包括脉冲电流法、超高频监测法等。运用变压器局部放电监测系统对局部放电过程中局部放电特征值进行采集、分析，提前发现异常征兆，能够较准确地评定绝缘的老化程度，从而有的放矢地在变压器出现故障征兆时进行维护或更换，不仅能有效地提高供电可靠性，还降低了电力系统的运行费用。

变压器局部放电监测方法主要包括脉冲电流法、超高频（UHF）监测法和超声监测法。

1) 脉冲电流法。

当变压器内部出现局部放电时，在出现脉冲电流信号的出线端、套管末屏接地线、铁心接地线等处，利用电流传感器在这些点测量局部放电脉冲电流信号并进行分析，这种方法称为脉冲电流法。脉冲电流法是目前应用最广泛的监测方法，已用于变压器型式试验、出厂试验和现场试验，国内、国际对此制定了专门的标准。脉冲电流法主要利用局部放电频谱较低频段部分，一般为数千赫兹到数百千赫兹。常规电流传感器采用电耦合的方式，包括 RC 和 RLC 两种检测阻抗。RC 型检测阻抗一般是宽带测量，多用于试验研究；RLC 型检测阻抗多串接在变压器套管末屏接地线，作为窄带测量。宽带的检测频带变化较大，一般在 400kHz 以下，脉冲分辨率高，但是信噪比低；窄带的检测频带一般为 15kHz，中心频率在 1MHz 以内，具有灵敏度高、抗干扰能力强，但输出波形畸变严重。在线监测时，由于不允许常规的电耦合检测阻抗直接串入到变压器的末屏回路中，只能采用无直接电联系的磁耦合方式。目前普遍采用的是罗氏线圈。

2) 超高频（UHF）监测法。

变压器油及油纸绝缘中发生的局部放电，其信号的频谱很宽，放电过程可激发出数百甚至数千兆赫兹的超高频电磁波信号。变电站现场的电晕干扰信号频谱范围一般在 200MHz 以下，且在传播过程中衰减很大。采集变压器局部放电过程所产生的数百兆赫兹以上的超高频电磁波信号，可有效地避开电晕等多种干扰信号，达到有效测量变压器局部放电的目的。超高频（UHF）局部放电监测是通过超高频传感器，接收电力设备内部局部放电所产生超高频电磁波，实现局部放电的监测。超高频监测法与脉冲电流监测法不同：脉冲电流法测量频率范围一般不超过 1MHz，而超高频监测法的频率范围为 300～3000MHz。脉冲电流法，将试品看作一个集中参数的对地电容，发生一次局部放电时，试品电容两端产生一个瞬时电压变化，通过耦合电容在检测阻抗中产生一个脉冲电流；超高频监测法中传感器并非起电容耦合的作用，而是感应超高频信号的天线式超高频传感器。

超高频（UHF）监测法用 UHF 天线接收局部放电产生的 UHF 电磁波进行局部放电的监测和抗干扰，传感器和被测对象之间无电气连接，局部放电信号以电磁波方式通过空间传播，理论上根据多个 UHF 探头接收信号之间的时延可进行局部放电定位。

局部放电监测通常仅关心信号的峰值及其相位。获得 UHF 局部放电的这些信息需要频率、记录长度及处理的数据传输量均很大。采用检波技术可得 UHF 局放信号，通过普通采集卡能获得其峰值和相位信息，大大降低了数据采集系统的要求和数据，如图 8-40 所示。

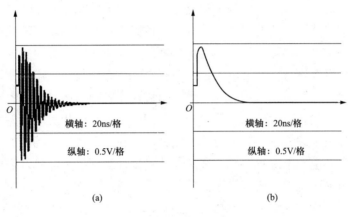

图 8-40　检波输入、输出信号
（a）信号输入；（b）检波输出

局部放电超高频监测技术近年来得到了较快的发展，在一些电力设备的监测中已经得到逐步应用，如 GIS、电机、电缆等。

对变压器而言，局部放电发生在变压器内的油—隔板绝缘中，由于绝缘结构的复杂，电磁波在其中传播时会发生多次折反射及衰减。同时，变压器箱壁也会对电磁波的传响，这就大大增加了局部放电超高频电磁波监测的难度，因此，变压器局部放电超高频监测技术的研究仍处于起步阶段。传统的局部放电监测方法，测量频率低、信息量少、易受外界干扰。超高频局部放电监测技术，通过接收变压器内部局部放电所激发的超高频电磁波，实现局部放电的监测和定位，实现抗干扰，它具有测量频率高、频带宽、信息量大、抗干扰性强等优点，可以较全面地研究变压器绝缘系统中局部放电特征，最终实现变压器局部放电的在线监测。显然，该方法未来的应用将有助于推动变压器局部放电监测理论和技术的发展，提高绝缘诊断的准确性和可靠性。

3）超声监测法。

尽管电脉冲法是局部放电研究的基础，但是电脉冲信号在现场中监测时会有很大的干扰，很难得到正确的放电信号，另外有在线标定的问题和在线结果与离线结果的等效性等问题。这些都是长期困扰电脉冲法在线监测变压器局部放电的问题。目前在现场中，工程技术人员往往更关心运行变压器的局部放电监测问题，特别是当放电量较大时，通过监测局部放电以确定变压器绝缘的损坏程度，而这种情况适合超声波法。

一般认为，局部放电产生超声波是由于局部体积变化引起的，也就是说当局部介质击穿时电流突然增大，引起局部发热，局部体积在很短时间内增大，放电结束后，局部体积冷却收缩，这种体积的变化引起了介质的疏密变化。这样就形成了超声波。目前采用的超声波法测变压器局部放电是利用超声波传感器贴在接地的变压器外壳上进行监测，对变压器的运行和操作没有任何影响，传感器与监测设备之间采用光纤来连接，光纤具有良好的绝缘性，监测设备与高电压设备之间有很好的隔离，使设备和测量人员的安全可以得到保证，存在在线结果与离线结果的等效性问题。因此利用超声波法可以较容易地实现在线监测变压器局部放电。

当电脉冲通过试品时，会产生与电荷分布相关的超声波脉冲，且与空间电荷成比例，这样测量超声波就能获得电荷的组成部分及存在位置，因此利用超声波法可以对绝缘材料中的电荷分布进行测量，这是目前利用电流脉冲法所无法测量的。

采用超声波法可以进行局部放电定位，包括电—声定位或声—声定位，其做法都是将超声波传感器放置在变压器箱壳上的几个点，组成声测阵列，测量由声源到各传感器的传播时间或传感器之间的相对时间差。然后将所得到的时间差或相对时间差，带入满足该几何关系的一组方程组求解或通过其他定位算法计算。在电力系统现场的变压器局部放电定位过程中，由于受到电磁干扰等原因，往往无法可靠地得到电气信号。因此，声—声定位法是国内外局部放电超声定位研究的重点。就目前的研究进展来看，影响局部放电声—声定位成功率和定位精度的主要原因包括三个方面的问题：传感器之间的相对时间差估计、定位算法以及超声波传播路径的影响。

通过超声测试可以监测到变压器不同部位多种放电故障。主要包括以下三类：围屏爬电、线圈绝缘压板及端部放电、各种引线放电；磁屏蔽、分接开关放电；潜油泵放电、变压器油流静电。但大量的现场试验研究表明，超声波测试比较难以发现中、低压绕组间故障以及线圈深层的故障。

通过对局部放电信号与电磁干扰信号特征的系统分析和对小波消除电磁干扰的机理研究，采用仿真的办法，来研究局放电信号的消噪和特征提取，进行放电模式的识别，从而进行故障诊断。

小波分析法能从小波分量的幅值角度提取被分析信号的特征信息，即依赖被分析信号与其干扰以小波分解的幅频特性来分离局部放电信号和干扰信号；小波变换的一个突出特点是能够抑制信号中缓慢变化部分，突出信号中突然变化部分，因此小波变换特别适合用来提取局部放电信号的特征值；利用小波变换直接提取局部放电信号的特征值，这种方法是行之有效的。对小波分析的研究已成为局部放电在线监测的数字处理技术中的研究热点之一。

（3）变压器在线监测结果判别。

一般在线监测的判定系统并非根据所测量的参数绝对值，而是根据测量参数随时的变化趋势来进行判定。它的工作程序是通过与计算机联网，在很高的智能化和自动化条件下，收集、存储现场处理所测得的数据，作出趋势预测。在线监测的基本程序是：数据收集、存储→状态分析→故障分类→根据智能专家系统的经验判定故障位置→提出检修维护方案。

数据处理和故障分类大多采用快速傅立叶变换或先进的小波变换方法。对于繁杂的多方面数据，例如铁心绕组、油温、负荷电流等复杂的数据以及故障机理不清的问题，经过人工经网络预处理单元的特征分析，可以将预分析结果变换成人工神经网络适宜处理的形式。故障分类主要是区分故障性质。例如，电气过热故障、磁路过热故障、与纤维有关的放电、与纤维无关的放电、机械故障和其他故障。

智能专家系统的判定以数据库存储的知识、经验为依据，最后决策系统提出维护检修方案。变压器在线监测数据库可以存储电气设备的全面信息。主要包括被监测的各种参数、运行状况和历史数据等，还可以存储诊断判定结果。所有信息和资料均可通过联网进行查询。因此给变电站智能化和电网维护工作带来极大方便。图 8-41 为变压器诊断专家系统示意图。

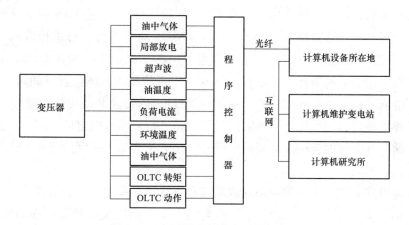

图 8-41　变压器诊断专家系统示意图

4．断路器及 GIS 状态监测

对开关设备工况的监控、维护和检修，是确保电力设备及电力系统安全运行的重要手段。状态监测是利用各种传感器和测量手段对反映设备运行状态的物理、化学量进行检测，包括有关设备运行参数及相关零部件性能工况的在线或离线监控、测量、试验等，以此判明设备是否处于正常状态。

高压电气设备的绝缘状态监测项目包括介质损耗、局部放电、漏电流和电晕等。绝缘在线监测在高电压工程及高压电气设备领域中多年来一直有专题研究，目前与开关有关，应用比较成熟的主要有开关电容套管电容量、介质损耗的在线监测以及系统漏电流的监测等。交流泄漏电流可有效地反映开关电器绝缘部件的绝缘状态，而绝缘部件的交流泄漏电流为微安级，大多数传感器产品难以满足测试精度要求。因此，传感性能的提高是解决该问题的关键。较难实施的是以 GIS 为代表的封闭式高压开关设备绝缘的在线监测。GIS 局部放电在线监测一般涉及如下几项内容：局部放电信号（或能表征局部放电的信号）的监测，局部放电信号的定位，局部放电模式的识别。

GIS除进出线套管外没有外露的带电部分，采用SF$_6$气体绝缘，可靠性较高，检修少，通过开展外部诊断、监视可减小不必要的拆卸检修工作量。GIS是一种不解体设备，可以从外部进行各种（在线的、离线的、带电的、停电）测量，监视、诊断其内部状态及性能的好坏，包括故障定位。

GIS的绝缘性能是确保其安全运行的重要条件。GIS设备内部中的金属微粒、粉末和水分等导电性杂质是引发GIS故障的重要原因。GIS存在导电性杂质时，因局部放电而发出不正常声音、振动，产生放电电荷、发光，产生分解气体等异常现象。因此局部放电是GIS状态监测重要对象之一。

局部放电通常伴随着声、光、振动、化学和电现象，为在线检测提供了很多途径。其中电学方法有外壳电极法、内部电极法、外接电流传感器法和特高频法等，目前在大力发展的方法是特高频法。特高频法的优点是传感器接收特高频电波信号，避开了电网中主要的低频干扰的频率；特高频电磁波信号在GIS内衰减不大，传感器相对于振动检测法而言，有效检测范围大，需要安装传感器的检测点少。缺点是电磁干扰的问题及其与放电量之间的关系不明确。但是，特高频法的缺点是可以克服的。根据GIS中电磁波的传播特点，可以利用特高频传感器接收其中500～3000MHz的特高频信号进行监测，可避免常规电磁脉冲干扰。这是因为空气中的电晕放电等电磁干扰频率一般在500MHz以下，从而提高局部放电监测的信噪比。可以在GIS易于出现绝缘故障的位置（如盆式绝缘子处）装设特高频电磁波探头，检测GIS中局部放电辐射出的特高频电磁波，通过光电变换用光缆输出，并可根据不同位置上测到的信号相位，进行局部放电定位。该方法不改变原有开关状态，是一种很好的尝试。局部放电信号定位方法有信号幅度比较法、信号先后比较法、平分面法、时间差计算等。

局部放电模式的识别需要先对局部放电信号进行特征提取，一般可以采用放电统计特征、脉冲波形特征、分形特征、矩特征、混合特征等。放电统计特征包括局放基本参数，如电量、脉冲放电次数和放电发生相位角等。脉冲波形特征包括峰值、上升时间、下降时间、脉宽、放电持续时间、偏斜度和不对称性等，采用的处理方法主要包括短时傅立叶分析、小波分析等时—频分析方法等。分形特征是指局部放电信号波形的分形维数等。矩特征主要是对局部放电的三维统计图谱进行划分，找出这些划分之间的相关性。还有将这些特征进行组合的可以称之为混合特征。

GIS及断路器分、合闸动作过程中的振动信号包含丰富的机械状态信息，因而振动信号的监测为断路器机械故障诊断的重要手段。断路器常见故障有传动机构变形、润滑不良、线圈故障、缓冲器故障、锁扣失灵、触头磨损、螺钉松动、部件破裂等。依据是断路器操作过程中有一系列的机构构件按照一定的顺序在动作，这些构件的冲击动作和运动形态的改变引起一系列的瞬态信号；这些瞬态信号沿一定的路径传播并最终叠加为振动信号，这些瞬态信号的激励源包括分合闸电磁铁、储能机构、脱扣机构、四连杆机等构件的运动和触点的撞击等；机械状态的改变将改变这些激励源产生的瞬态信号，振动也随之改变；通过监测振动信号、提取能表征激励源和传播路径状态信息的特征量，可以识别出机械故障和机械状态。振动信号监测是非侵入式监测，传感器尺寸小，工作可靠，安装方便，可以很好地解决隔离的问题。但振动信号监测也存在很多困难：断路器种类繁多，操动机构也纷繁复杂，通用性不够；激励源多，信号路径多样，测量信号对传感器的安装十分敏感，重复性有时比较差；振动信号的弥散、反射和折射使振动信号失真；断路器工作的电磁环境噪声大，同时断路器振动信号中夹杂着各种各样的噪声和随机振动；只能在断路器动作期间获得，信号量比较少。

　　GIS 及断路器振动信号是瞬时非平稳信号，通常在数十到数毫秒之间，不易借鉴旋转机械振动诊断的经验和处理方法，分析起来有困难。断路器振动信号在时间上有较好的分辨性，可以从中提取断路器操作过程中振动事件发的时间信息，如分合闸同期性等；振动信号由一系列的瞬态信号叠加而成，这些信号的频率有差别的，提取出频率信息，可以识别出不同激励源的状态；将时间信息、频率信息和其他信息结合（如分合闸线圈电流信号、储能电动机电流信号等），应当有更好的效果。由于断路器操作动作本身的分散，这样的振动波形不能用直观的参数进行表征，需要采用数字信号处理方法进行特征提取，再利用模式识别和人工智能方法来进行故障诊断。这里分段振动监测方法成功与否的关键是振动信号的处理方法，现有的振动信号处理方法为时域分析方法。分析方法直接从时域振动信号提取事件发生的时刻、幅值等时域波形参数作为特征；分析方法将断路器的振动信号变换到频域，以频率的分布和变化作为特征，包括细化谱分析、模态分析等；时频联合分析方法兼顾振动信号的时间和频率信息，能较好地表达信号特征，包括小波分析、小波包分析、经验模态分解、希尔伯特变换等。实际应用中通常将几种不同的方法相互组合。

　　小波分析具有独特的时频局部化特点，将小波分析应用于电力系统，特别是对电力系统暂态信号分析和处理，能够适应电力系统智能化、巨型化和复杂化发展的需要，为智能变电站和新一代继电保护—暂态保护的实现提供技术基础和技术保障，不断开拓电网及设备智能故障诊断新方法和新思路。小波变换已在电力暂态分析（如暂态信号检测、行波测距与保护）得到成功的应用，展示了小波变换在该领域的十分广阔的应用前景，电力系统暂态信号的小波分析是一个很有应用价值的研究方向。应该指出，小波分析的应用本身起步较晚，在电力系统小波分析应用研究的过程中，理论和实际研究、仿真和实际应用还有很多工作要做，因而在小波分析应用方面还有很多理论和实际问题需要电力工程技术人员去研究和解决。

参 考 文 献

[1] 崔锦泰. 小波分析导论[M]. 程正兴译. 西安：西安交通大学出版社，1995.

[2] 赵松年，等. 子波变换与子波分析[M]. 北京：电子工业出版社，1996.

[3] 程正兴. 小波分析算法与应用[M]. 西安：西安交通大学出版社，1998.

[4] Ingrid. Daubechies. 小波十讲(修订版)[M]. 李建平译. 北京：国防工业出版社，2011.

[5] 吴竞昌，等. 电力系统谐波[M]. 北京：水利电力出版社，1988.

[6] 孙树勤. 电压波动与闪变[M]. 北京：中国电力出版社，1998.

[7] 蔡尚峰. 自动控制理论[M]. 北京：机械工业出版社，1980.

[8] 曹志浩，张玉德，等. 矩阵计算和方程求根[M]. 北京：人民教育出版社，1979.

[9] 张旭俊. 用小波矩阵作小波分析[J]. 电力系统自动化，1999(24).

[10] 张旭俊. 小波分解和高次小波差分的奇异点[J]. 电力自动化设备.2001(2).

[11] 张旭俊. 用小波矩阵分析 Mallat 算法的物理几何含义[J]. 江西电力，2010(1).

[12] 孔瑞忠，董新洲，毕见广. 基于电流行波的小电流接地选线装置的试验[J]. 电力系统自动化，2006(30).

[13] 张旭俊，马建，等. 电能质量分析的新概念及其测量仪器[J]. 电测与仪表，2005(2).

[14] 张旭俊. 用小波矩阵分析法进行函数的分解与重构[J]. 江西电力，2007(4).

[15] 张旭俊. 用小波矩阵形式改进 Daubechies 小波的正交性[J]. 江西电力，2013(4).

[16] 张旭俊，舒展. 对采样数据序列进行时频分解法的改进[J]. 电测与仪表，2014(17).

[17] 张旭俊，唐建洪，等. 对三相瞬时无功功率理论本质及其缺陷的分析[J]. 电测与仪表，2008(12).

[18] 张旭俊，上官帖，等. 采用零序功率绝对值构成反时限零序电流保护的方案探讨[J]. 电力系统保护与控制，2009(23).

[19] 张旭俊. 非正弦波形下各种无功功率定义的剖析[J]. 华中电力，2001(3).

[20] 张旭俊. JSJW 电压互感器的设计改革和三相铁磁谐振现象的机理[J]. 中国电力，1980(3).

[21] 张旭俊，张爱民. JSZG-抗铁磁谐振三相电压互感器的原理和使用[J]. 华中电力，2000(6).

[22] 张旭俊. 某变电站"10kV 抗谐电压互感器烧毁事故"的调查[J]. 江西电力，2002(1).

[23] 殷波，陈允平. α/β 坐标系下瞬时无功功率理论与传统功率理论的统一数学描述及物理意义[J]. 电工技术学报，2003(5).

[24] HUANG N E, SHEN Z, LONG S R, et al. The empirical mode decomposition and Hilbert spectrum for nonlinear and nonstationary time series analysis[J]. Proceedings of the Royal Society of London Series A, 1998, 454(1971): 903-995.

[25] 闫光华，宗建华，杨林. 非正弦情况下无功功率定义的分析[J]. 电测与仪表，2003(2).

[26] 张旭俊. 非正弦波形下各种无功功率定义的本质[J]，电测与仪表，2004(1).

[27] 张旭俊. 非正弦波形及不对称下三相功率因素的定义[J]，电测与仪表，2004(5).

[28] 张旭俊，唐建洪，等. 异步电流和异步电流能量的允许标准的探讨[J]. 江西电力，2007(1).

[29] 张旭俊. 对特征多项式方程各种稳定判据的优缺点分析[J]. 江西电力，2010(3).

[30] 张旭俊. Prony 分解的本质及其算法改进的新途径[J]. 江西电力，2012(2).

［31］ 任子晖，刘昊岳，等. 基于小波变换和改进 Prony 方法的電能质量扰动分析［J］. 电力系统保护与控制，2016(9).

［32］ 张旭俊. 正弦逻辑向量和相全能阻抗继电器［J］. 南京电力自动化所技术通信，1976(1).

［33］ 王伟. Hilbert-Huang 变换及其在非平稳信号分析中的应用研究：硕士学位论文［M］. 北京：华北电力大学，2008.

［34］ 张玉春，杨成峰，等. 基于小波分析的变压器励磁涌流识别［J］. 湖南电力，2007(5).

［35］ 杨秋霞，宗伟，等. 基于小波分析的铁磁谐振检测［J］. 电网技术，2001(11).

［36］ 蔡超豪. 基于小波分析的自适应重合闸［J］. 东北电力技术，1999(3).

［37］ 王吉元. 基于小波分析的电能质量三相不平衡度虚拟仪，工业仪表与自动化装置［J］. 2012(1).

［38］ 曹志彤，何国光，等. 电机故障特征值的倍频小波分析［J］. 中国电机工程学报，2003(7).

［39］ 蔡琪. 多小波理论在配电网接地故障选线中应用的研究［J］. 电子设计工程，2016(8).